W0260404

F. H. Lange

Methoden der Meßstochastik

REIHE WISSENSCHAFT

Die **REIHE WISSENSCHAFT** ist die wissenschaftliche
Handbibliothek des Naturwissenschaftlers und Ingenieurs
und des Studenten der mathematischen, naturwissenschaftlichen
und technischen Fächer. Sie informiert in zusammenfassenden
Darstellungen über den aktuellen Forschungsstand in den
exakten Wissenschaften und erschließt dem Spezialisten den
Zugang zu den Nachbardisziplinen.

F. H. Lange

Methoden der Meßstochastik

Vieweg · Braunschweig

Prof. Dr. Ing. habil. F. H. Lange
Rostock

CIP-Kurztitelaufnahme der Deutschen Bibliothek

Lange, Franz Heinrich:
Methoden der Messstochastik. — 1. Aufl. —
Braunschweig: Vieweg, 1978.
(Reihe Wissenschaft)
ISBN 978-3-528-06843-1   ISBN 978-3-322-85950-1 (eBook)
DOI 10.1007/978-3-322-85950-1

Erschienen im Akademie-Verlag, 108 Berlin, Leipziger Straße 3—4

Lizenzausgabe für Friedr. Vieweg & Sohn Verlagsgesellschaft mbH, Braunschweig,
mit Genehmigung des Akademie-Verlages, DDR-Berlin

ISBN 978-3-528-06843-1

Vorwort

Bücher über die Meßtechnik behandeln meist die Meßgeräte und ihre technischen Anwendungen. Sie gehen von der physikalischen Betrachtungsweise aus, vom „physikalischen Aspekt" der Meßtechnik. Inzwischen hat sich unter dem Einfluß der Nachrichten- und der Regelungstechnik als zweite Betrachtungsweise der „informatorische Aspekt" als nützlich erwiesen. Er betrifft die Meßtheorie und hat die Zielsetzung, die gemeinsamen Gesichtspunkte der Meßwert-Gewinnung, -Übertragung und -Verarbeitung in multivalenter Form zusammenzufassen. Hierdurch kann man Methoden und Erfahrungen eines Arbeitsgebietes leichter auf ein anderes übertragen.

Den Grundstein jeder Meß-Theorie bildet die klassische Meßfehler-Theorie statischer Messungen. Daneben hat sich infolge der zunehmenden Automatisierungstechnik die Meßdynamik (WOSCHNI [20]) entwickelt, die zeitvariable Meßgrößen betrachtet. Eine Weiterentwicklung ergab sich bei der Untersuchung der Einflüsse von Störungen, ebenfalls unter Ausnutzung der Erfahrungen der Nachrichtentechnik. Dazu gehört die Korrelations-Analyse ([10]). So wurde allmählich ein Arbeitsgebiet der Meßtheorie ausgebaut, das am besten mit dem Begriff „Meß-Informations-Theorie" bezeichnet werden kann. Es bedient sich der Meßinformationssysteme (KRAUS, WOSCHNI [9]).

Es ist das Anliegen des vorliegenden Buches, unter dem Begriff der Meßstochastik die methodischen Grundgedanken der Meßtheorie zusammenzufassen, die nicht determinierte Meßgrößen als Nutz- und als Störsignale betreffen, sogenannte stochastische Prozesse.

Sie sind so mannigfaltig, daß eine systematische Zusammenfassung lohnend erschien. Die Meß-Informationstheorie geht weit über die SHANNONsche Informationstheorie hinaus, die sich speziell mit der Optimierung der Informationsübertragung und der Informations-Speicherung beschäftigt. Die Meß-Informationstheorie berücksichtigt vollständig die Amplituden-Information der Meßereignisse, während die SHANNONsche Theorie vorzugsweise die Wahrscheinlichkeits-Information zur Bildung von Kenngrößen ausnutzt. Die Grundlagen bieten die mathematische Statistik und Stochastik einschließlich der Wahrscheinlichkeitstheorie. Übereinstimmung herrscht in der bevorzugten Betrachtung des Empfanges von endlich vielen, diskreten Meßinformationen. Es wird auf die Fragen der Meß-stochastik für die optimale Informationsgewinnung durch Meßgeber und auf die Folgerungen aus der SHANNONschen Theorie für die Meßtechnik aus Gründen des Buchumfanges in diesem Buch nicht eingegangen, zumal diese ausführlich im Buch von KRAUS/WOSCHNI ([9]) behandelt worden sind. Auch wird auf inner-mathematische Probleme, z. B. der Maß-Theorie, und auf den semantischen Aspekt nicht eingegangen.

Vielmehr stehen neben einigen klassischen Methoden der Meßwertübertragung die Probleme der Informations-Reduktion und der Störfestigkeit bei der Meßwert-Verarbeitung und Kenngrößen-Bildung im Vordergrund. Es handelt sich mehr um den pragmatischen Aspekt, d. h. nach KLAUS ([34]) um Relationen, die die Be-ziehungen zwischen den Meßwerten und den Menschen betreffen, die diese Meß-werte oder Zeichen erzeugen und verwenden. Es steht der Gesichtspunkt der praktischen Anwendungsmöglichkeit der Meß-Informationstheorie im Vorder-grund. Danach richtet sich der Einsatz der Meßtheorie. Die nachfolgenden Be-trachtungen beschränken sich vorwiegend auf die Meßstochastik, speziell auf die Prozeß-Meßtechnik.

Die *Meßstochastik* ist ein Teilgebiet der Meßtheorie und dient zur Klärung von Fragen der Prozeßanalyse. Es klafft immer noch eine Lücke zwischen der mathe-matisch gut ausgebauten Theorie der stochastischen Prozesse und der Meßtechnik, die diese Theorie in der Praxis ausnutzt. Das vorliegende Buch soll einen Über-blick über die methodischen Grundgedanken der Informationsverarbeitung geben. Überall in der Technik müssen Meßwerte übertragen werden und aus ihnen Kenn-größen zur Beobachtung und zur Steuerung von laufenden Prozessen gewonnen werden. Ähnliche Fragen treten z. B. auch in der medizinischen Diagnostik auf. Hierbei wird aus der Fülle der anfallenden Informationen nur ein Teil ausge-nutzt, d. h., es wird stets eine Informationsreduktion durchgeführt. Dabei gilt es, anfallende Störungen zu unterdrücken, um eine hohe Störfestigkeit der Meß-wertübertragung und der Meßwertverarbeitung zu erreichen.

Diese Aufgabenstellung läßt sich nur unter weitgehender Anwendung mathema-tischer Modellvorstellungen erreichen. Die Auswahl der mathematischen Hilfs-mittel richtet sich hierbei nach den praktischen Bedürfnissen der Anwendungen. Sie wird durch die technische Aufgabenstellung und deren Randbedingungen stark beeinflußt (Analysis, Algebra, Wahrscheinlichkeitstheorie). Daher ergeben sich die axiomatischen Grundlagen der Lösung von Meßaufgaben erst am Ende, nicht aber wie in der reinen Mathematik am Anfang der Unter-suchungen. Die mathematischen Anforderungen überschreiten hier nicht den Rahmen der mathematischen Grundausbildung an den Hochschulen. Er-fahrungsgemäß sind sie dem Studenten wesentlich besser bekannt als die zugehörigen Anwendungsmöglichkeiten. Daher verzichtet die Darstellung auf eine nochmalige Ableitung und betont statt dessen die Einsatzmöglichkeit und die Aussagekraft der mathematischen Hilfsmittel. Sie gibt ferner Hinweise für ihre Auswahl.

Die Mathematik liefert Modelle für die sich abspielenden Prozesse als „Signaltheorie" und für die angewandten Mittel zur Informationsverarbeitung als „Systemtheorie" ([36]).

Der 1. Hauptabschnitt beschäftigt sich mit dem Informations-Aspekt der Meßtechnik und mit dem Problem der Informationsbewertung auf der Basis der Informationstheorie und der Stochastik. Als Grundstruktur der informationsverarbeitenden Systeme dient das Modell des zweifach ausgesteuerten Systems, hier als Verbundsystem bezeichnet. Dies ergibt eine Erweiterung der linearen Systemtheorie, die für die Meßtechnik in keiner Weise ausreicht.

Der 2. Hauptabschnitt behandelt die wichtigsten Methoden der Prozeßanalyse vom Standpunkt der Meßtheorie. Es werden Fragen der Klassifizierung und Darstellung von Informationsprozessen behandelt sowie die Methoden zu ihrer Umwandlung für die Zwecke der Meßwertübertragung und Meßwertverarbeitung. Hier werden viele Verfahren der klassischen Nachrichtentechnik von der Meßtechnik benutzt.

Die klassischen Verbundsysteme der Nachrichtentechnik zur Modulation, Abtastung und Kodierung dienen der Meßwertübertragung und arbeiten möglichst ohne Informationsreduktion. Die Verbundsysteme der Meßtechnik nehmen dagegen zur Kenngrößenbildung eine gewisse Informationsreduktion vor. Energetische Kenngrößen werden durch die einfache Analyse gewonnen, die eigentlichen informationshaltigen Kenngrößen aber vor allem durch eine Verbundanalyse ohne oder mit vorangegangener Prozeßwandlung (z. B. Begrenzung). Es zeigt sich, daß die Korrelationsanalyse eng mit anderen Methoden der Verbundanalyse verwandt ist, so daß die Verbundanalyse die universelle Methode zur Kenngrößenbildung ist. Für die Kenngrößenbildung ergeben sich vielfache Möglichkeiten durch die Darstellung im Zeit- oder im Spektral- oder im statistischen Bereich, durch eine vorangehende Prozeßwandlung, z. B. Begrenzung der Amplituden und durch eine Zeit- und Amplitudendiskretisierung des primären Prozesses, speziell unter Umwandlung der Amplitudenwerte in Binärsignale, d. h. durch Binärkodierung. In allen Fällen ist die vorgenommene Informationsreduktion ein Kriterium für die Optimierung der Prozeßanalyse, wobei aus den Momentanwerten Mittelwerte gebildet werden.

Der 3. Hauptabschnitt behandelt ein anderes Optimierungskriterium, die Störfestigkeit der Meßwert-Übertragung und -Auswertung, zunächst aus allgemeiner Sicht betrachtet, dann an je zwei Beispielen für analoge und für digitale Verfahren erläutert.

Zusammenfassend handelt es sich um folgende Fragen:

1. Welche Prozeß-Kenngrößen lassen sich in der Meßtechnik von stochastischen Prozessen bilden?

2. Welche Systeme stehen als Grundstrukturen zur optimalen Informations-Verarbeitung zur Verfügung?

3. Welche Optimierungs-Kriterien treten dabei auf?

Dieser Band behandelt als Übersicht das methodische Konzept der Meß-stochastik und setzt zum Verständnis bereits einige Vorkenntnisse voraus mit dem Ziel, die derzeitigen Entwicklungstendenzen der Meßstochastik darzulegen.

Als roten Faden der Darstellung soll der Leser den „algebraischen" und den „statistischen" Aspekt der Meßwert-Verarbeitung betrachten. Fragen der Meß-wert-Gewinnung durch Meßfühler werden nur gestreift. Die digitale Meßwert-Verarbeitung wird vorrangig behandelt. An Hand ausgewählter methodischer Beispiele — ohne Anspruch auf Vollständigkeit — sollen dem Leser die Grund-gedanken der Meßstochastik und ihrer systemtheoretischen Hilfsmittel so dar-geboten werden, daß er beim Entwurf von Meßverfahren einen nützlichen Ge-brauch machen kann. Dies gilt u. a. auch für den Einsatz von Mikroprozessoren (Minicomputern) mit ihrem minimalen Raum- und Gewichtsbedarf. Es wird ge-zeigt, welche Aufgaben sie in der Meßtechnik zu erfüllen haben. Die hierfür defi-nierten „Verbund-Systeme" treten als kleinste System-Strukturen zur Kenn-größen-Verarbeitung auf.

Anregungen zu diesem Buche verdanke ich den IMEKO-Kongressen und den Symposien der technischen Kommittees der IMEKO, ferner dem Gedanken-austausch mit den Kollegen Prof. FRITZSCHE (Dresden), Prof. HOFMANN (Jena) und Prof. WOSCHNI (Karl-Marx-Stadt).

Dem Akademie-Verlag danke ich für die Unterstützung bei der Drucklegung, vor allem der Lektorin Frau GISELA LAGOWITZ.

Rostock, im Sommer 1976   F. H. LANGE

Inhalt

1. Informationsbewertung durch Meßsysteme

1.1. Der Informations-Aspekt der Meßtechnik

1.1.1. Aufgaben der Meßtheorie und der Meßstochastik

Prozeßanalyse:

Bei der Prozeßmeßtechnik handelt es sich um folgenden, allgemein gültigen Fall: es läuft irgend ein physikalischer oder technischer oder biologischer Vorgang ab, den wir als Prozeß bezeichnen. Er hat einen regellosen Verlauf, bewegt sich aber mit einer gewissen Wahrscheinlichkeit auf ein bestimmtes Ziel zu (griech. „stochos" = Ziel). Daher wird er als *stochastischer Prozeß* bezeichnet. Er wird mit Meßeinrichtungen beobachtet und aufgezeichnet. Das Ergebnis nennt man die Realisierung des stochastischen Prozesses, z. B. in Form eines eindimensionalen Zeitvorganges als Meßspannungs-Verlauf, auch „Musterfunktion" genannt.

Meßinformationen werden mit *Signalen* übertragen. Man definiert ein Signal als den Träger einer Information. Ein Signal übermittelt eine Information über einen Zustand oder einen Vorgang in einem physikalischen System, und zwar als Ergebnis einer Messung an einem beobachteten physikalischen System. Die durch Signale übertragenen Meßinformationen werden zur Prozeß-Identifizierung oder zur Prozeß-Kontrolle benutzt.

Es besteht die Aufgabe, Gütekriterien zur Prozeßidentifizierung oder zur Prozeßkontrolle in Form von Kenngrößen zu erhalten. Diese Kenngrößen können Kennwerte oder Kennfunktionen sein, je nachdem sie Konstante sind oder von einem Parameter, der Zeit oder der Frequenz, abhängen. Die Gütekriterien müssen mathematisch definiert werden. Dadurch wird die Meßtechnik zu einer Meßtheorie und auf eine theoretisch zuverlässige Grundlage gestellt. Derartige mathematisch definierte Gütekriterien eines stochastischen Prozesses sind multivalent für verschiedenartige technische, physikalische, chemische, biologische und physiologische Vorgänge einheitlich nutzbar.

Dieses Grundkonzept der Meßtheorie wurde in den letzten Jahrzehnten zur Meßstochastik entwickelt und hat eine stürmische Weiterentwicklung erfahren, vor allem durch die zunehmende Automatisierung der Meßtechnik als „Autometrie".

Die Weiterentwicklung betraf sowohl die Meßmittel als auch die Meßmethoden für die Meßwertgewinnung, -Übertragung und -Verarbeitung.

Die physikalische Grundlagenforschung ergab neue Meßmethoden, z. B. die Isotopen-Strahlungsmeßtechnik oder die Holographie mittels Laserstrahlung. Dies betrifft den physikalischen Aspekt der Meßtechnik, von dem hier jedoch nicht die Rede sein soll.

Es ergaben sich nicht zuletzt dank der Rechnerentwicklung neue Methoden der Meßwertverarbeitung unter Ausnutzung der mathematischen Grundlagenforschung, z. B. die Korrelationsanalyse, die Informationsanalyse und die Auto-

Tafel 1: *Aufgaben der Prozeßanalyse*

---

a) Optimale Informations-Gewinnung durch den Meßgeber:
   Reaktionszeit verbessern!

b) Optimale Informations-Übertragung durch die Meßstrecke:
   Kein Informationsverlust, verzerrungsfrei und störfest übertragen!

c) Optimale Informations-Verarbeitung: durch elektronische Rechner:
   Optimale Informations-Reduktion, Bildung von prozeßrelevanten Kenngrößen

---

matentheorie. Die Nachrichten-, Meß- und Regelungstechnik entwickelte als gemeinsames Fundament die Signal- und die Systemtheorie. Diese betrifft den informatorischen Aspekt der Meßtechnik, der hier näher betrachtet werden soll. Das Kernproblem besteht dabei in der Kenngrößenauswahl und Kenngrößengewinnung durch informationsverarbeitende Systeme. Wir beschränken uns hierbei auf die elementaren Grundsysteme und Grundstrukturen, die bei jedem noch so komplizierten Rechenprogramm von Meßwertverarbeitungsanlagen benutzt werden.

Der informatorische Aspekt der Meßtechnik: Meß-Informationstheorie

Der informatorische Aspekt ist der Gegenstand und die Arbeitsmethode der *Meßtheorie*. Sie beschäftigt sich mit der sogenannten Meßkette, die aus den Meßgebern zur Meßwertgewinnung, aus den Übertragungs- und Verstärkungseinrichtungen der Meßwerte und aus den Auswertgeräten zur Bildung von Kenngrößen — als Kennwerte oder Kennfunktionen — besteht. Natürlich spielt auch der stoffliche und energetische Aspekt für die Meßtheorie eine Rolle, gehört aber vorwiegend zum laufenden Produktionsprozeß oder zum untersuchten Vorgang und wird bei den nachfolgenden Betrachtungen zeitweise ausgeklammert.

Die Informationstheorie von SHANNON und KOTELNIKOW, auf die wir nachfolgend noch eingehen werden, bildet — im Gegensatz zur Nachrichtentechnik — keine ausreichende Grundlage für die Meßtechnik, besonders was Fragen der Informationsauswertung anbetrifft. Die Meßtheorie hat ihre eigenen Aufgaben, die mit den Methoden und Begriffen der mathematischen Statistik und Stochastik gelöst werden und die die Amplitudeninformation der Messung voll ausschöpfen.

Die *Meßtheorie* gliedert sich in drei Teilgebiete auf, in die Meßstatik, die Meßdynamik und die Meßstochastik.

Die *Meßstatik* entspricht der klassischen Meßtheorie. Sie ist dadurch gekennzeichnet, daß der Meßgegenstand eindeutig und zeitkonstant vorliegt und daß vor allem der Zeitaufwand für die Messung keine Rolle spielt. Sie betrifft die Labormeßtechnik, die Eichmeßtechnik und viele Teilgebiete der industriellen und der naturwissenschaftlichen Meßtechnik.

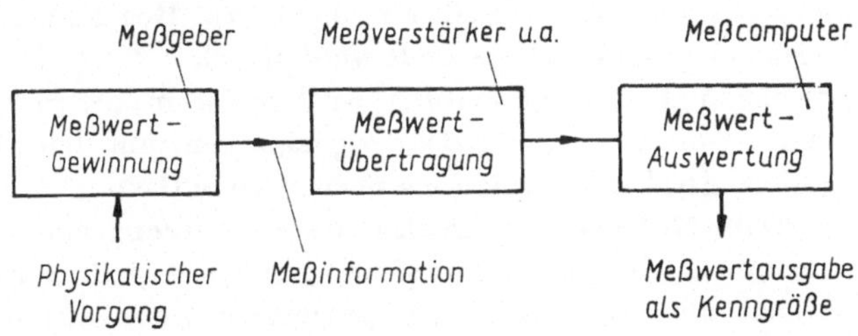

Abb. 1.1. Schema einer Meßstrecke zur Prozeßanalyse (Typ 1)

Die *Meßdynamik* behandelt die Messung zeitlich veränderlicher Größen. Hierbei soll die Zeitabhängigkeit möglichst nicht verändert werden. Daher rückt die Meßzeit in den Vordergrund der Genauigkeitsbetrachtungen. Beachtet man sie nicht, so kann man trotz großer Meßgenauigkeit etwas vollkommen Falsches messen, z. B. wenn der Einschwingvorgang des Meßobjektes noch nicht abgeklungen ist.

Bei der *Meßstochastik* entfällt auch die andere Voraussetzung, daß die Meßgröße des Meßobjektes determiniert ist. Sie stellt vielmehr selbst einen Schwankungsvorgang dar. Dieser Fall tritt vor allem bei der Messung an laufenden Produktionsprozessen und an Vorgängen im lebenden Organismus (Medizintechnik!) ein.

Tafel 2: *Teilgebiete der Meß-Informations-Theorie*

	Meß-Objekt	Meß-Parameter
Meß-Statik:	zeitkonstant, determiniert	meßbar
Meß-Dynamik:	zeitvariabel, determiniert	meßbar
Meß-Stochastik:	zeitkonstant oder zeitvariabel, nicht determiniert	schätzbar

Zielstellungen der Meß-Informations-Theorie und der Prozeß-Meßtechnik:

In der Meßstochastik kommt die Forderung hinzu, daß der Meßprozeß automatisch vorgenommen werden soll, um den Informationsfluß in kürzester Zeit zu verarbeiten. Der Mensch wird in der modernen Meßtechnik weitgehend als Beobachter und als Auswerter ausgeschaltet, wenn es sich um Betriebsmessungen handelt, die im Programmablauf völlig festgelegt sind. Diese Betriebsmeßtechnik stellt aber im automatisierten Produktionsprozeß keine geringeren Anforderungen als die Labormeßtechnik; denn die Meßwerte dienen zur Regelung des Prozesses. Man muß stets genauer messen als geregelt werden soll.

Die automatische Meßwertverarbeitung wird meist in peripheren Rechensystemen, nicht in einer zentralen EDV vorgenommen, um den Datenfluß zu reduzieren und die zentralen Informationsspeicher zu entlasten.

So ergibt sich für die Meßtechnik noch als weitere Forderung, eine *Informationsreduktion* vorzunehmen. Es kommt darauf an, nur den Anteil auszuwerten, der für den Prozeß charakteristisch ist — den prozeßrelevanten Anteil — und den anderen zu unterdrücken. Dieser letzere, der irrelevante Anteil, kann ein Teil des Nutzsignals sein, oft aber rührt er von Störungen her. So spielen in der Meßstochastik die Methoden zur Erhöhung der Störfestigkeit eine große Rolle.

Nachfolgend sollen die Probleme der Kenngrößenbildung und Kenngrößenverarbeitung im Rahmen der Meßstochastik näher betrachtet werden!

Hierbei sind zwei Teilaufgaben zu unterscheiden, die Meßwertübertragung und die Meßwertauswertung. Sie sind Bestandteile der technischen Kybernetik. NORBERT WIENER, der Schöpfer des Begriffes der Kypernetik, hat frühzeitig erkannt, daß die Nachrichtenübertragung und die Informationsverarbeitung in lebenden Organismen, speziell zur Regelung, ähnlichen Gesetzmäßigkeiten folgt wie in technischen Anlagen (= Maschinen). Dies gilt auch für die Meßstochastik und führt zu neuen Anwendungen in nichttechnischen Bereichen!

Modellbildung in der Prozeßmeßtechnik:

Die Aufgabe der Meßtheorie besteht in einer *mathematischen Modellbildung* zwecks Analyse oder Synthese von Meßvorgängen. Hierbei ergibt sich der Vorteil, daß physikalisch und technisch unterschiedliche Prozesse durch einen gemeinsamen Modellvorgang beschrieben werden können. Der physikalische Aspekt entfällt. Dies hat den Vorteil, daß Erfahrungen und Methoden eines Spezialgebietes leichter in ein anderes Spezialgebiet übertragen werden können. Dieser Standpunkt erscheint gerechtfertigt, da hinter dem Meßwertgeber die nichtelektrische Zustandsinformation des Meßobjektes in eine rein elektrische Information in Gestalt des elektrischen Meßsignals umgewandelt wird. Von welchem Prozeß es stammt, ist hier nicht mehr feststellbar und darum für die Informationsverarbeitung uninteressant. Die Meßstochastik betrachtet den untersuchten Vorgang lediglich als eine zeitabhängige Größe. Sie wird vom Meßfühler als el. Einheitssignal über Verstärkereinrichtungen abgegeben und soll nun zu Meßgrößen (Meßwerten oder Meßfunktionen) verarbeitet werden.

Durch Abstraktion wird dem Prozeß ein Modellvorgang zugeordnet, der gewisse mathematische Gesetzmäßigkeiten besitzt. Diese werden zur Bildung von Kenngrößen ausgenutzt. Man darf allerdings nicht übersehen, daß stets zwischen dem Prozeß und dem Modellvorgang keine volle Übereinstimmung herrscht.

An Hand des Modells wird entweder eine Analyse vorgenommen, d. h., es werden die Eigenschaften des Objektes bei vorgegebener Struktur bestimmt.

Objekt, System, Prozeß:	Analyse	Synthese
Eigenschaften	gesucht	vorgegeben
Struktur	vorgegeben	gesucht

Abb. 1.2. Analyse und Synthese als Hauptaufgaben der technischen Kybernetik

Oder es wird eine Synthese vorgenommen, d. h., es wird die Struktur des Objektes — speziell einer Meßanlage — an Hand vorgegebener Eigenschaften bestimmt. Diese Umkehraufgabe zur Analyse tritt bei jeder technischen Konstruktion auf. Die Analyse dient bei der Synthese zum Variantenvergleich als wichtigstes Hilfsmittel.

Optimierung als Kernproblem der Ingenieursarbeit:

Bei technischen Aufgaben spielt die Optimierung eines Gütekriteriums eine dominierende Rolle. Bei der mathematischen Modellbildung muß daher gefragt werden, welche Eigenschaften optimal sein sollen und welche Wertigkeit sie gegeneinander haben.

So kann bei der Meßwertübertragung entweder der Übertragungsaufwand minimalisiert werden, oder es kann die Übertragungsgüte optimiert werden. Meist ist beides gefordert, und der technische Entwurf ist ein Kompromiß zwischen widersprechenden Anforderungen.

Bei der Meßwertverarbeitung kann die Forderung bestehen, das Maximum an Information aus einer Messung herauszuholen oder umgekehrt eine möglichst starke Informationsreduktion vorzunehmen.

Jeder Standpunkt hat seine Berechtigung, führt aber zu einer anderen Theorie und zu einer anderen Methode. Die hierzu benötigte mathematische Grundlage muß so gewählt werden, daß sie Maßgrößen für die Optimierung und für die Systemsynthese liefert.

Hierbei bestehen erhebliche Unterschiede in der Arbeitsrichtung des Mathematikers und des Ingenieurwissenschaftlers. Der Mathematiker wird seine Theorie auf Axiomen und Definitionen aufbauen (Stufe 1), daraus eine mathematische

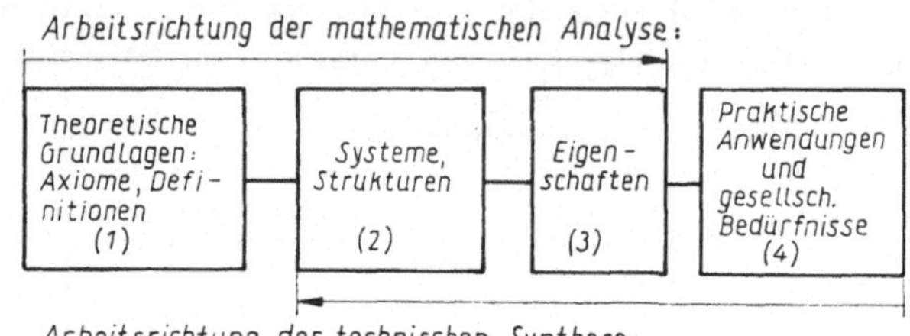

Abb. 1.3. Arbeitsrichtungen bei der Modellierung von informationsverarbeitenden Systemen

Struktur ableiten (Stufe 2) und deren Eigenschaften durch eine Analyse untersuchen (Stufe 3).

Die praktische Anwendung (Stufe 4) wird der Zusammenarbeit mit der Ingenieurwissenschaft bedürfen, die dem mathematischen Kalkül nicht eindeutig zugeordnet ist. Der Mathematiker bietet dem Ingenieur ein bestimmtes, von ihm entwickeltes Hilfsmittel an, ein anderer Mathematiker ein anderes!

Die Arbeitsrichtung des Ingenieurwissenschaftlers verläuft umgekehrt. Sie beginnt bei den gesellschaftlichen Bedürfnissen, der Anwendung (Stufe 4). Daraus ergeben sich die Eigenschaften des Objektes oder Systems (Stufe 3). Die Hauptarbeit besteht in der Synthese des Systems, indem die Struktur aus den geforderten Eigenschaften erarbeitet wird (Stufe 2). Bei der Modellbildung wird ein geeignetes mathematisches Werkzeug herangezogen, daß sich aus den Eigenschaften des geforderten Systems ergibt, also keineswegs schon am Anfang festliegt, oft gar nicht bekannt ist und auf halb heuristischem Wege von Ingenieuren erfunden wird (z. B. Operatorenrechnung von HEAVISIDE). Die Axiomatisierung und die Festlegung der Definition (Stufe 1) ist erst der Schlußstein einer technischen Theorie und bedarf nun der engen Zusammenarbeit mit einem Mathematiker, um die notwendige Strenge zu erreichen.

Es ist also die erste Aufgabe des Ingenieurs, sich über die zur Verfügung stehenden mathematischen Hilfsmittel zu informieren und ihre Einsatzmöglichkeit zu prüfen, ehe er sich dem tieferen Studium des Kalküls zuwendet. Das Hauptproblem jeder Theorie liegt im Auffinden des geeigneten mathematischen Hilfsmittels zur Problemlösung! Die dabei notwendige Kooperation mit der Mathematik bedarf einer gründlichen gegenseitigen Kenntnis der Fachbegriffe und der Fachsprache beider Partner, die ganz unterschiedlichen Bedürfnissen genügen müssen. Es gilt hier nach ALBERT EINSTEIN:

„Soweit die Mathematik exakt ist, beschreibt sie nicht die Wirklichkeit und soweit sie die Wirklichkeit beschreibt, ist sie nicht exakt". Dies charakterisiert die Grenzen der mathematischen Modellbildung, und dies gilt auch für die Meßstochastik.

Die tatsächlich sich abspielenden physikalischen oder technischen Prozesse weichen mehr oder weniger stark von den ausgewählten mathematischen Modellen ab. Daher muß man erst durch ein Experiment prüfen, ob die Modellkenngrößen den Prozeßkenngrößen auch entsprechen und für den Prozeß wirklich charakteristisch sind.

Daher werden wir nachfolgend die Frage in den Vordergrund stellen:

„Welche mathematischen Modelle werden von der Meßtheorie angeboten und inwieweit sind sie für die gestellte Aufgabe überhaupt brauchbar?".

Bei den Anwendungen der Modelltheorie kommen folgende Gebiete der Meßtechnik in Frage:

1. Meßtechnik im Produktionsbereich:
   1.1. Fertigungsmeßtechnik in diskontinuierlichen Prozessen
   1.2. Verfahrensmeßtechnik in kontinuierlichen Prozessen

2. Meßtechnik außerhalb des Produktionsbereiches:
   2.1. Verbrauchskontrolle der Konsumtion
   2.2. Umweltkontrolle
   2.3. Gesundheitskontrolle (Medizintechnik, Sportmedizin)

Hierbei treten Prozesse als Zeitvorgänge auf, die man verschieden einteilen kann, so z. B. in folgender Weise:

a) Determinierte und nicht determinierte Prozesse
b) Stationäre und nicht stationäre Prozesse
c) Analoge und diskrete Prozesse (bzw. kontinuierliche und diskontinuierliche Prozesse)
d) Periodische und aperiodische Prozesse
e) Amplituden-, zeit- oder frequenzbegrenzte Prozesse
f) Ein- oder mehrstellige Binärprozesse
g) Ein- oder mehrdimensionale Prozesse

Jeder Prozeßtyp hat seine eigene, ihm angepaßte mathematische Modelltheorie und Methodik.

1.1.2. Meßbewertung zur Informationsübertragung und zur Informationsspeicherung

1.1.2.1. Zufallsgrößen und Zufallsprozesse als Gegenstand der Meßstochastik, der statistische Aspekt der Meßtechnik

Es ist nicht die Aufgabe des vorliegenden Buches, die Grundlagen der mathematischen Statistik und der Wahrscheinlichkeitslehre zu erläutern (vgl. FISZ [54] und KEMPE [59]), sondern sie auf die Meßtechnik anzuwenden. Doch soll eingangs kurz auf einige wichtige Begriffe hingewiesen werden sowie auf einige hier geltende Einschränkungen.

Der Gegenstand aller nachfolgenden Betrachtungen ist ein phys. technischer Prozeß, dem kontinuierlich oder diskontinuierlich mit der Zeit Meßwerte entnommen werden. Die Meßwerte selbst können entweder diskrete Werte annehmen oder einen kontinuierlichen Bereich überstreichen.

Wir sprechen in diesem Falle von einem zufälligen Prozeß oder *Zufallsprozeß*. Er besteht aus einer Menge von Zufallsgrößen, die durch den reellen Zeitparameter t geordnet sind.

Die einzelne *Zufallsgröße* hat noch keine statistischen Eigenschaften, sondern erst die Zusammenfassung aller Zufallsgrößen $x(t_i)$ unseres Experimentes ergibt den Zufallsprozeß $x(t)$ als Gegenstand unserer Beobachtungen. Die zeitlich geordnete Folge der aufgenommenen Meßwerte des Zufallsprozesses wird als Musterfunktion oder auch als Realisierung des Prozesses bezeichnet.

Man kann nun den Apparat der klass. mathematischen Statistik anwenden, wenn man die Besonderheiten der Zeitabhängigkeit zunächst nicht in den Vordergrund stellt, sondern anstelle des einen Prozesses ein Ensemble von derartigen Versuchsanlagen zu einem festen Zeitpunkt betrachtet und annimmt, daß das Meßergebnis hieraus gewonnen wurde. Die Zusammenfassung der Zufallsgrößen ergibt eine *statistische* Beschreibung des Versuches. Nehmen wir nun an, daß es nur eine endliche Menge unterscheidbarer Meßergebnisse gibt (wie es bei der Amplitudenquantisierung s. u. der Fall ist), so kann man durch eine fortgesetzte Wiederholung des Versuches eine Häufigkeitsverteilung für die diskreten Meßwerte ermitteln. Nähert diese sich mit großer Wahrscheinlichkeit einem Grenzwert, so nimmt man an, daß eine Wahrscheinlichkeitsverteilung für ein mathematisches Modell existiert, das mehr oder weniger weitgehend unserem Versuch entspricht.

Damit wird dem Versuchsausgang x_i eine Wahrscheinlichkeit $P(x_i)$ zugeordnet, und es ergibt sich ein Wahrscheinlichkeitsfeld:

$$x_1 \qquad x_2 \qquad x_3 \qquad \ldots x_N$$

$P(x_1) \quad P(x_2) \quad P(x_3) \quad \ldots P(x_N)$ für N mögliche Versuchsausgänge.

Damit wird die Axiomatik von KOLMOGOROW in die Meßtheorie eingeführt. Hiernach ist die Wahrscheinlichkeit P_i eine dem i-ten Typ des Versuchsausganges zugeordnete Maßzahl.

Es gilt:

$$0 \leqq P(x_i) \leqq 1 \quad \text{und} \quad \sum_{i=1}^{N} P(x_i) = 1.$$

$P_i = 0$ gilt für ein unmögliches Ergebnis, $P_i = 1$ für ein sicheres Ergebnis als Grenzfälle.

Die Summe von Wahrscheinlichkeiten von Beobachtungen oder Messungen, die sich gegenseitig ausschließen, ist gleich der Summe der Wahrscheinlichkeiten dieser Ereignisse:

$$P(x_1, x_2) = P(x_1) + P(x_2).$$

Es handelt sich um das exklusive Oder von „disjunkten" Meßwerten, die also nicht gleichzeitig auftreten können.

Es gilt außerdem die entscheidende Voraussetzung, daß die Menge der unterscheidbaren Versuchsergebnisse abgeschlossen ist. Nimmt man ein weiteres Versuchsergebnis hinzu, so ändert sich auch die Wahrscheinlichkeitsverteilung, es sei denn, es handelt sich um ein unmögliches Ereignis, mit $P_i = 0$.

Qualitativ und quantitativ unterscheidbare Ereignisse:

Für das Verständnis der Meßtheorie erscheint folgender Hinweis für wichtig. Man hat zu unterscheiden, ob der Beobachtung des Auftretens eines Versuchsergebnisses (= Elementarereignis) nur eine Maßzahl P_i — die Wahrscheinlichkeit — zugeschrieben werden kann oder noch eine zweite Maßzahl, die Amplitude des Meßwertes. Im ersten Fall liefert eine „Ereignisquelle" Farben oder Buchstaben oder Symbole (als allgemeine Bezeichnung, wozu auch Situationen oder Strukturen gehören). Es muß sich nur um eine klar unterscheidbare und um eine abgeschlossene Menge von „Ereignissen" handeln, die mit unterschiedlicher Häufigkeit auftreten. Beträgt ihre Anzahl N und sind sie gleichwahrscheinlich, so gilt

$$P_i = \text{konst} = 1/N.$$

Diese Wahrscheinlichkeitsverteilung des Modells wird z. B. angenommen, wenn keine A-priori-Information über den Vorgang weiter vorliegt. Der erste Fall wird nachfolgend als Inhalt der klass. Informationstheorie weiter verfolgt werden.

Der zweite Fall liegt vor, wenn das Beobachtungsergebnis durch eine Amplitude (oder im mehrdimensionalen Fall durch mehrere Amplitudenwerte) beschrieben werden kann. Dann geht der „Ereignisraum" in einen linearen Raum über, im einfachsten Falle in eine Zahlengerade mit diskontinuierlicher oder kontinuierlicher Werteverteilung. In diesem Falle tritt ein skalarer Faktor des Ereignisses auf; man kann von einem Vielfachen des Ereignisses (= Meßwert) sprechen, was im ersten Falle nicht möglich ist. Diese Erweiterung auf ein oder mehrere Amplitudenmaßzahlen braucht man, wie noch näher erläutert werden wird, unbedingt zum Aufbau einer Meßtheorie der Informationsverarbeitung!

Wenn im zweiten Fall die Meßgröße einen kontinuierlichen Wertebereich überstreicht, dann tritt an die Stelle der Wahrscheinlichkeit die Wahrscheinlichkeitsdichte $p(x)$ mit:

$$P(x) = \int\limits_{x}^{x+\Delta x} p(x)\,\mathrm{d}x.$$

Sie stellt die Wahrscheinlichkeit pro Amplitudenintervall in einem hinreichend kleinen Wertebereich von x bis $x + \Delta x$ dar, und $P(x)$ ist der Mittelwert im Bereich von x bis $x + \Delta x$.

Es wird unten gezeigt werden, daß bei vielen Meßprozessen infolge der Meßunsicherheit nur diskrete Amplituden unterschieden zu werden brauchen, aber für theoretische Betrachtungen, z. B. des Stör-Rauschens, ist es zweckmäßiger, mit kontinuierlicher Amplitudenverteilung zu rechnen. Dies hängt von den anliegenden Meßproblemen ab, ob man den Übergang zu diskreten Meßwerten vor oder am Schluß der Analyse durchführt, und er ist nicht von grundsätzlicher Bedeutung!

Die Mittelwertbildung kann auch an Meßwertfunktionen $f(x)$ durchgeführt werden. Dies ergibt die Bildung von Momenten nach der statistischen Grundformel.

$$E\{f(x)\} = \int\limits_{-\infty}^{+\infty} f(x)\,p(x)\,\mathrm{d}x = \widetilde{f(x)}.$$

Diese statistischen Mittelwerte werden Erwartungswerte genannt und mit E bezeichnet, zum Unterschied von den zeitlichen Mittelwerten, von denen später die Rede ist. Sie dienen zur Bildung von Momenten.

Das Moment 1. Ordnung ist definiert als:

$$M_1 = E\{x\} = \int\limits_{-\infty}^{\infty} x\,p(x)\,\mathrm{d}x = \bar{x} \quad \sim \quad \text{bezeichnet den statist. Erwartungswert!}$$

Das Moment 2. Ordnung ist definiert als:

$$M_2 = E\{x^2\} = \int\limits_{-\infty}^{\infty} x^2\,p(x)\,\mathrm{d}x = \widetilde{x^2}.$$

Schließlich ist noch das Zentralmoment zu erwähnen:

$$M_{2z} = E\{(x - \bar{x})^2\} = \sigma^2 = \int\limits_{-\infty}^{\infty} (x - \bar{x})^2\, p(x)\, \mathrm{d}x = \overline{(x - \bar{x})^2}.$$

σ ist die „Streuung" und σ^2 wird als „Varianz" bezeichnet. Es gilt die Beziehung:

$$M_2 = M_1{}^2 + \sigma^2 \quad \text{bzw.} \quad \sigma^2 = M_2 - M_1{}^2,$$

sie ist der Mechanik bekannt als der STEINERsche Satz für das Zentralmoment.

Weitere Kenngrößen zufälliger Prozesse werden in 1.1.2. und 2.3. besprochen.

Zum Begriff der Verbundwahrscheinlichkeit:

Die Wahrscheinlichkeitsverteilung $P(X)$ oder $p(x)$ wird als Wahrscheinlichkeitsverteilung 1. Ordnung bezeichnet. Sie liefert energetische Aussagen in Form der Momente, wenn x eine Amplitude bedeutet. Ihr informationstechnischer Aussagewert ist gering.

Für die Informationstechnik bedeutungsvoller hat sich der Begriff der Wahrscheinlichkeitsverteilung verknüpfter Ereignisse als Wahrscheinlichkeitsverteilung 2. Ordnung erwiesen. Sie wird auch als *Verbundwahrscheinlichkeit* bezeichnet.

Betrachten wir eine Folge von diskreten Ereignissen von zwei Prozessen. Man versteht unter der Verbundwahrscheinlichkeit $P(X, Y)$ die Wahrscheinlichkeit, daß die Meßereignisse X und Y gleichzeitig auftreten.

Ferner versteht man unter der bedingten Wahrscheinlichkeit $P(X/Y)$ die Wahrscheinlichkeit, daß beim Auftreten des Ereignisses Y auch das Ereignis X auftritt.

Für das Auftreten eines derartigen verknüpften Ereignisses (X, Y) gilt:

$$P(X, Y) = P(X/Y) \cdot P(Y) \quad \text{und ebenso:}$$

$$P(X, Y) = P(Y/X) \cdot P(X).$$

Für alle voneinander unabhängig auftretenden Ereignisse gilt:

$$P(X, Y) = P(X) \cdot P(Y).$$

Zwei Ereignisse sind voneinander unabhängig, wenn die Wahrscheinlichkeit des verknüpften Ereignisses (X, Y) gleich dem Produkt der Einzelwahrscheinlichkeiten ist (Satz von der statistischen Unabhängigkeit).

Begriff der totalen Wahrscheinlichkeit:

Bei statistisch abhängigen Ereignissen gilt für ein bestimmtes Ereignis Y_i:

$$P(Y_i/X) = \frac{P(X, Y_i)}{P(X)} \quad \text{als bedingte Wahrscheinlichkeit.}$$

Daraus erhält man die totale Wahrscheinlichkeit $P(X)$, wenn man über alle möglichen Ereignisse Y_i summiert:

$$P(X) = \sum_{i=1}^{N} P(Y_i) \cdot P(X/Y_i) \text{ als Mittelwert aller bedingten Wahrscheinlichkeiten.}$$

Die gesuchte bedingte Wahrscheinlichkeit $P(Y_i/X)$ ergibt sich somit zu:

$$P(Y_i/X) = \frac{P(X/Y_i) \cdot P(Y_i)}{P(X)} = \frac{P(X/Y_i) \cdot P(Y_i)}{\sum\limits_{i} P(Y_i)\, P(X/Y_i)} .$$

Diese Beziehung wird als die Formel von BAYES bezeichnet.
Sie hat folgende Bedeutung:

Angenommen, es wird ein Meßereignis X beobachtet, daß von verschiedenen Ursachen Y_i hervorgerufen sein kann. Dies wird durch die bedingte Wahrscheinlichkeit $P(X/Y_i)$ beschrieben. Durch Mittelwertbildung (Nenner der Formel von BAYES) erhalten wir die Wahrscheinlichkeit für das Auftreten des Ereignisses X, des Meßergebnisses (Ausgangs-Seite).

Dann liefert die Formel die bedingten Wahrscheinlichkeiten für die N möglichen Ursachen Y_i des Meßereignisses. Man berechnet mittels der Formel von BAYES die Wahrscheinlichkeit der Ursache Y_i aus der Wahrscheinlichkeit der Wirkung, d. h. des beobachteten Meßereignisses.

Anstelle von Ursache kann man Y_i auch als Bedingung interpretieren. $P(X/Y_i)$ ist die A-priori-Information, mit welcher Wahrscheinlichkeit ein Meßereignis unter der Bedingung Y_i eintritt. $P(Y_i/X)$ ist die A-posteriori-Wahrscheinlichkeit, mit der die Bedingung Y_i für das Meßereignis X vorgelegen haben kann. Aus dem Versuchsausgang wird die Versuchsbedingung ermittelt.

Die Formel von BAYES findet in der Meßtechnik vielfache Anwendung, vorzugsweise in der Entscheidungstheorie.

In den nachfolgenden Abschnitten wird gezeigt werden, welche grundlegende Rolle der Begriff der verknüpften Ereignisse in der Meßtechnik spielt.

Ergänzungs-Literatur zur Wahrscheinlichkeitstheorie und Stochastik: [51, 52, 54, 55, 56, 57, 58, 59, 62, 65, 69, 70, 71, 76, 77, 79].

1.1.2.2. *Meßbewertung bei nur qualitativ unterscheidbaren Ereignissen durch die Informationstheorie, der algebraische Aspekt der Meßstochastik*

Neben der in 1.1.2.1. kurz skizzierten statistischen Betrachtungsweise der Meßstochastik spielen auch algebraische Betrachtungen eine Rolle, die wir hier als den *algebraischen Aspekt* bezeichnen wollen. Wir begegnen ihm nachfolgend an verschiedenen Stellen. In Zusammenhang mit der statistischen Betrachtungsweise tritt er in Form der BOOLEschen Algebra auf (mathematisch als Wahrscheinlichkeits-Algebra). SHANNON hat 1948 ([74]) hierzu die Begriffe auf die Bedürfnisse der Informationstechnik ausgerichtet. Es handelt sich um folgende Problemstellung:

Wie betrachten die gewonnenen Meßinformationen des Meßgebers nur als „Meßereignisse" oder als Symbole ohne eine Amplitudeninformation. Entweder ist diese nicht vorhanden, z. B. bei der Beobachtung von verschiedenen optischen Signalen, oder sie wird nicht ausgenutzt.

Die Meßereignisse sollen eine endliche und abgeschlossene Ereignismenge bilden, und sie sollen durch keine andere Maßzahl gekennzeichnet sein als durch die jedem Ereignis zugeordnete Wahrscheinlichkeit.

Das generelle Problem besteht darin, geeignete Kenngrößen aufzufinden, die den Prozeß diskreter Ereignisse charakterisieren. Diese Aufgabe hat sich die Informationstheorie von SHANNON gestellt und gelöst.

Eine weitere Aufgabe besteht darin, die Meßereignisse in geeigneter Weise umzuformen und umzurechnen. Die Aufgabe läßt sich mit Hilfe der Gruppentheorie oder mit Hilfe von anderen algebraischen Strukturen mittels meßinformationsverarbeitender Systeme lösen, wie im Abschnitt 1.3. gezeigt werden wird.

Die Einheit der Meßinformation, das Bit:

Wenn man in der Meßtechnik eine Meßinformation, die ein Meßgeber zu einem bestimmten Zeitpunkt liefert, quantitativ auswerten will, ergibt sich die Frage nach einer begrifflichen Definition der Meßinformation. Diese kann aus einer Maßzahl bestehen, aber auch aus einer bestimmten Meßbeobachtung in Form einer Farbe, eines Zeichens u. a., kurz Symbol genannt. Die Frage wird von der Informationstheorie folgendermaßen beantwortet: Man stellt sich vor, die Meßinformation sei aus einer endlichen Menge von N möglichen Meßwerten entnommen. Dann kann diese Auswahl eines „Symbols" der Menge in $q = \mathrm{ld}\, N = \log_2 N$ Auswahlschritten erfolgen. Hierbei nehmen wir zunächst an, daß N eine Potenz von 2 ist (andernfalls muß man die nächst höhere Potenz von 2 als Wert für N wählen!). Bei jedem Auswahlschritt denkt man sich die Restmenge in

2 Hälften geteilt, die mit 0 oder 1 bezeichnet werden. Die Angabe der Binärziffer gibt die Teilmenge an, die den Meßwert — das Symbol — enthält. So kann man jeden Amplitudenwert oder jedes Symbol durch eine bestimmte Binärzahl kennzeichnen. Eine 7stellige Binärzahl reicht zur Bezeichnung von einem aus $2^7 = 128$ Meßwerten aus.

Man kann durch Übertragung dieser Binärzahl den Meßwert als Meßinformation in kodierter Form einer Auswertstelle mitteilen. Die Einheit des Kodierungsaufwandes ist das „bit". Es kennzeichnet einen Auswahlschritt „0 oder 1". Die Stellenzahl q der Binärzahl ist gleich der bit-Zahl des Kode-Wortes. Es gilt: $q = [\text{ld } N] = 3{,}32 \log_{10} N$ für verschiedene Amplitudenwerte. Für 1000 Amplitudenwerte benötigt man $q = 9{,}96 \approx 10$ bit $= 10$ Stellen zur Kennzeichnung eines der 1000 Amplitudenwerte durch eine Binärzahl. Die eckige Klammer gibt die nächst höhere ganze Zahl an, da die Stellenzahl nur ganzzahlig sein kann. Für 10^6 Symbole benötigt man eine 20stellige Binärzahl.

Der Vorteil einer Übertragung von Binärsignalen wurde zuerst in der Nachrichtentechnik erkannt und für die Pulskodemodulation benutzt.

Die hier noch offene Frage, ob eine Diskretisierung von Meßamplituden sinnvoll und möglich ist, kann bejaht werden und wird in Abschn. 2.2. nochmals näher untersucht.

Von der Informationstheorie werden nur Fragen der Informations*übertragung* beantwortet, wobei die weiteren Untersuchungen sich dem Problem der Optimierung des Kodierungsaufwandes zuwenden. Die Umrechnung eines Meßamplitudenwertes in eine entsprechende Binärzahl und die Übertragung der Binärzahl bedeutet keinen Informationsverlust, wenn auf der Empfangsseite eine Kodeliste vorliegt und ein Dekodiergerät den Meßamplitudenwert zurückgibt.

Meßgröße des Informationsflusses:

Die Informationstheorie ergibt die Möglichkeit, eine Information quantitativ zu bewerten, wobei das logarithmische Maß für die Mannigfaltigkeit der Information einen sinnvollen Nullwert definiert: für $N = 1$ ergibt sich $q = \text{ld } 1 = 0$. Wenn nur eine einzige Möglichkeit (1 Zeichen, 1 Symbol) vorliegt, braucht man keine Auswahl zu treffen. Der „Informationsgehalt" ist Null. Sie bietet die Möglichkeit, den laufenden Informationsfluß quantitativ zu erfassen.

Die Einheit des bit läßt sich zur Einheit des *Informationsflusses* in bit/s erweitern. Dies bedeutet die Anzahl der Binärzeichen, die je s durch die kodierten Signale übertragen werden. Dieser Begriff läßt sich auf viele Bereiche anwenden, um eine Informationsübertragung quantitativ zu erfassen.

Der Informationsfluß oder Binärzeichenfluß muß unterschieden werden vom Symbolfluß, von der Anzahl der je s übertragenen oder entnommenen Symbole. Der Begriff Symbol ist hier eine Verallgemeinerung. In der Meßtechnik kann man

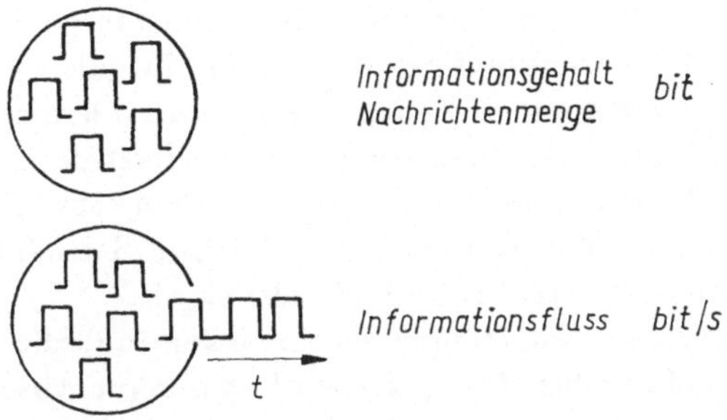

Abb. 1.4. Informationsgehalt und Informationsfluß

Meßwert dazu sagen, aber ein Symbol braucht keine quantitative „Amplituden-information" enthalten!

Es gilt die wichtige Beziehung für die Kodierung von Meßereignissen, allgem. von Symbolen:

Informationsfluß = Symbolfluß mal Kodierungsaufwand
$$F = V \cdot I$$

d. h.: Mit F — Informationsfluß in bit/s

V — Symbolfluß in Symbolen/s

I — Entscheidungsgehalt oder Kodicrungsaufwand in bit/ Symbol

Wenn alle Symbole mit gleicher Stellenzahl q kodiert werden, beträgt $I = \mathrm{ld}\, N$, wenn N die Anzahl der Symbole sind und es gilt:

$$F = V \cdot \mathrm{ld}\, N \text{ in bit/s}.$$

Zur Übertragung von Informationen über Meßereignisse benötigt man in der Zeit T die Informationsmenge:

$$Q_{\mathrm{inf}} = T \cdot V \cdot \mathrm{ld}\, N \text{ in bit}.$$

Bei Kodierung von Symbolen mit unterschiedlicher Stellenzahl q — entsprechend der Häufigkeit wie beim Morse-Alphabet — benötigt man einen mittleren Infor-mationsfluß von:

$$F_{\mathrm{mittel}} = V \cdot H \text{ in bit/s}.$$

Hierbei bedeutet H den mittleren Kodierungsaufwand je Symbol, der als Infor-mationsentropie bezeichnet wird (s. u.). Für die voll automatisierte Meßwert-übertragung hat eine ungleiche Symbolkodierung einen großen Nachteil:

Ein konstanter Symbolfluß V hat nur dann einen konstanten Informationsfluß zur Folge, wenn der Kodierungsaufwand je Symbol für alle Symbole gleich groß ist. Wenn man Meßwerte mit ungleicher Stellenzahl q kodiert, muß man bei einer automatischen Kodierungseinrichtung eine Pufferstufe (Informationsspeicher) einfügen, um bei konstantem Symbolfluß auch einen konstanten Zeichenfluß zu erreichen. Daher verwendet man bei automatischem Betrieb (Telex-Fernschreiber) nur eine gleiche Stellenzahl für alle Symbole.

Es bleibt zunächst die Frage offen, ob man bei einem kontinuierlichen Informationsfluß diese Begriffe gebrauchen kann. Es wird später (in Abschnitt 2.2.2.) gezeigt werden, daß dies unter bestimmten Bedingungen möglich ist, indem eine Zeitdiskretisierung durch Abtastung des Meßvorganges vorgenommen werden kann, allerdings nur bei frequenzbegrenzten Prozessen!

Zuordnung von binären Kodeworten zu quantisierten Meßwerten und Begriff der Informationsentropie:

Die Formel für den Kodierungsaufwand $q = \mathrm{ld}\, N$ läßt sich noch anders deuten. Wenn N Amplitudenwerte in einem stochastischen Prozeß mit gleicher Wahrscheinlichkeit auftreten, dann gilt: $P = P_i = 1/N$ für die Wahrscheinlichkeit des Auftretens eines Amplitudenwertes. Es ist $q = \mathrm{ld}\, 1/P = -\,\mathrm{ld}\, P$ mit $P = 1/N$. Hier ist q zugleich der mittlere Kodierungsaufwand $\tilde{q} = E\{q\}$ für ein Symbol der Symbolmenge, bzw. für eine Amplitudenstufe der Meßwertmenge.

Treten die Symbole mit verschiedener Wahrscheinlichkeit auf, die wir mit P_i für das Symbol mit dem Index i bezeichnen, so ergibt sich für jedes Symbol ein eigener Kodierungsaufwand, eine unterschiedliche Stellenzahl $q = -\mathrm{ld}\, P_i$ (wobei nur ganzzahlige q realisierbar sind).

Der mittlere Kodierungsaufwand für das ‚Alphabet' beträgt dann nach der Formel für einen statistischen Mittelwert ($=$ Erwartungswert)

$$E\{q\} = \tilde{q} = \sum_{i=1}^{N} P_i q_i = -\sum_{i=1}^{N} P_i\, \mathrm{ld}\, P_i = H\,.$$

H wird als „Informations-Entropie" bezeichnet.

Die Informationsentropie H hat also für die Meßtechnik zwei verschiedene Bedeutungen: erstens kennzeichnet sie den mittleren Kodierungsaufwand je Symbol in bit/Symbol, und zweitens kennzeichnet sie den mittleren Informationswert eines Symbols, ebenfalls in der gleichen Maßeinheit bit/Symbol. Der Zusammenhang mit der thermodynamischen Entropie ist für die makroskopische Meßtechnik ohne Bedeutung und soll daher hier nicht erläutert werden (vgl. PETERS [67]).

Für Gleichverteilung $P_i = P$ ergibt sich $H = -\mathrm{ld}\, P = \mathrm{ld}\, N$ für N Symbole. Dies ist der Maximalwert von H. Bei ungleicher Wahrscheinlichkeit der Symbole ist $H < H_{max}$. Dies bedeutet, daß bei ungleicher Kodierung der mittlere Kodierungsaufwand für ein Symbol verringert werden kann. Aber dies hat mehr theoretische als praktische Bedeutung, da dazu der Aufwand der Kodierungseinrichtung vergrößert werden muß, außerdem die Störfestigkeit verringert wird.

Beispiel: Wird alle 20 ms je eine aus 64 unterschiedenen Meßamplituden übertragen, so beträgt der Informationsfluß bei gleicher Wahrscheinlichkeit: $\dfrac{1\,000}{20}$ ld $64 = 50 \cdot 6$ $= 300$ bit/s und zur Kodierung werden Binärworte von $q =$ ld $64 = 6$ Stellen benötigt. Alle Symbole (Meßwerte) werden mit gleicher Stellenzahl kodiert.

Besitzen aber nur 25% der Meßwerte die mittlere Häufigkeit $P_i = 1/64$ der Gleichverteilung, sind dagegen 25% doppelt so häufig mit $P_i = 1/32$ und 50% halb so häufig mit $P_i = 1/128$ (wobei $\sum\limits_{i=1}^{N} P_i = 1$ erfüllt ist), ergibt für die drei Gruppen jeweils eine Kodierung mit $q_i = -$ld P_i von 6 oder 5 oder 7 Binärzeichen und die mittlere Stellenzahl (= Informationsentropie) ergibt sich zu:

$$H = - \sum_{i=1}^{N} P_i \, \text{ld} \, P_i = 16 \cdot \frac{1}{32} \cdot 5 + 16 \cdot \frac{1}{64} \cdot 6 + 32 \cdot \frac{1}{128} \cdot 7$$

$$= 2{,}5 + 1{,}5 + 1{,}75 = 5{,}75 \text{ bit} < H_{max} = 6 \text{ bit.}$$

Im Mittel wird also 0,25 bit/Symbol an Kodierungsaufwand eingespart. Doch bedeutet eine ungleichmäßige Kodierung von Symbolen (Amplitudenwerten) entweder einen Mehraufwand für ein Pausenzeichen am Ende jedes binären Kodewortes oder eine extreme Störanfälligkeit, da bei einem einzigen Fehler die fortlaufende Reihe von Binärsignalen (0,1) nicht mehr dekodiert werden kann.

Man benutzt die Informationsentropie einer Meßwertmenge, um den Informationswert eines Symbols dieser Menge im Mittel zu kennzeichnen. Dies ist u. a. für den Vergleich von Kommunikationsmitteln (Sprachen) von Interesse, setzt aber die Kenntnis der Wahrscheinlichkeitsverteilung der Symbole voraus. Dies geschieht durch die Analyse der Häufigkeit von Buchstaben in sehr langen Texten. So ergeben 26 Symbole gleicher Wahrscheinlichkeit $H = H_{max} = $ ld $26 = 4{,}70$ bit/ Symbol. KÜPFMÜLLER ermittelte aus der Häufigkeitsverteilung der 26 deutschen Buchstaben eine Informationsentropie von 4,097 bit/Buchstabe als „Entropie der deutschen Sprache". In der Wirklichkeit ist aber die Wahrscheinlichkeit für das Auftreten eines Buchstabens von den bereits durchgegebenen oder noch folgenden Buchstaben abhängig (vom „Kontext"). Bei modernen Sprachen liegt der Informationswert in der Größe von 1,5 bit/Symbol. Für die Meßauswertung hat diese Kennzahl aber keine Aussagekraft, da nur die Häufigkeit eines Meßwertes, aber nicht seine absolute oder relative Größe erfaßt wird. Dies ist aber in sehr vielen Fällen der Meßtechnik unbedingt erforderlich. Damit sind die Grenzen der Informationstheorie erreicht, eine Theorie, die ja auch nur für die Optimierung

der Informationsübertragung geschaffen wurde und nicht für die Informationsauswertung.

Man hat für spezielle Anwendungsfälle versucht, diesem Mangel durch Bewertungskoeffizienten der Symbole abzuhelfen, aber damit nur einen begrenzten
Erfolg erreicht.

Ergänzungs-Literatur zur Informationstheorie: [22, 53, 58, 62, 66, 67, 68, 75].

1.1.3. Empirische Meßbewertung zur Informations-Verarbeitung

Es sollen hier zwei Versuche erwähnt werden, die Kenngrößen der Informationstheorie auch für eine Meßbewertung, d. h. für eine Erfassung des quantitativen
Inhaltes eines Meßwertes, allgemeiner gesagt eines Meßgegenstandes, heran-
zuziehen. Hierbei war die Nebenbedingung gewählt worden, daß man bei Gleich-
bewertung die SHANNONsche Informationsentropie erhält!

So schlug z. B. G. LONGO vor, folgendermaßen die SHANNONsche Informations-
theorie durch Hinzunahme von „qualitativen" Parametern zu erweitern. Er will
damit die Nützlichkeit einer Information erfassen, während die SHANNONsche
Definition nur die Wahrscheinlichkeit (die Häufigkeit) eines Symbols einer Inf.-
Quelle ohne jede Semantik verwendet. LONGO ordnet einem Symbol oder einem
Ereignis jeweils einen Nützlichkeitskoeffizienten zu:

$$u_i > 0 \ [64].$$

Die Nützlichkeitsverteilung ist unabhängig von der Wahrscheinlichkeitsverteilung. LONGO definiert die „Selbstinformation" zu:

$$I(u, p) = -ku \log p,$$

wobei k eine Konstante und $p = p_i$ die Wahrscheinlichkeit des $i$ten
Ereignisses ist.

Der statistische Mittelwert, d. h. die „Nützlichkeitsentropie" lautet dann:

$$H(P, U) = -k \sum_i p_i u_i \log p_i.$$

Für $u_i =$ konst. geht die Nützlichkeitsentropie in die gewöhnliche Informationsentropie über.

Für nutzlose Ereignisse mit $p_i > 0$ setzt man $u_i = 0$. Wenn aus $u_i > 0$ folgt:
$p_i = 0$, so bedeutet dies, daß nützliche Ereignisse unmöglich sind, z. B. beim
Rauschen. Mit diesem Ansatz $H(U, P)$ wird das Konzept der Informationstheorie durch ein subjektives Element ergänzt.

Ein zweiter Versuch, die SHANNONsche Informationsentropie zu verallgemeinern und dabei den Begriff einer bewerteten Informationsentropie zu entwickeln, stammt von G. SCHULZ ([74]). Auch er versuchte, die Inf. Entropie als statistischen Mittelwert des Informationsgehaltes ld $1/p_i$ der Einzelereignisse: $H = -\sum\limits_i p_i \, \mathrm{ld}\, p_i$

abzuändern, um sie nicht nur für die Informationsübertragung, sondern auch für die Informationsauswertung geeignet zu machen. Er betrachtet dabei als Anwendungsbeispiel die Bewertung der Wirksamkeit eines Medikamentes. Er führt hierfür eine Bewertungsskala ein, wobei für den ungünstigsten Fall die niedrigste Punktzahl und für den günstigsten Fall die höchste Punktzahl (in geometrischer Progression) festgesetzt wird, z. B. bei 6 Versuchsergebnissen:

$$V_0 = 1, \ V_1 = 2, \ V_2 = 4, \ V_3 = 8, \ V_4 = 16, \ V_5 = 32.$$

Daraus bildet er die relativen Bewertungskoeffizienten:

$$v_0 = \frac{V_0}{\sum\limits_\mu V_\mu} \quad \text{bis} \quad v_m = \frac{V_m}{\sum\limits_\mu V_\mu}.$$

Sie stehen gleichberechtigt neben der Folge der relativen Häufigkeiten p_μ.

Der naheliegende Ansatz $H(p, v) = -p_\mu v_\mu \log p_\mu v_\mu$ ist nicht brauchbar, weil die Zusatzforderung gestellt wird, daß bei gleicher Bewertung aller Versuchsausgänge sich die SHANNONsche Informationsentropie ergeben soll. Der Ansatz ist daher so umzuformen, daß bei gleichen Bewertungskoeffizienten die Größen v_m aus der Funktion und insbesondere aus dem Logarithmus herausfallen.

$$H(p, v) = H(p_1, p_2, \dots p_m;\ v_1, v_2, \dots v_m) = -\sum_{\mu=1}^{m} \frac{p_\mu v_\mu}{\sum\limits_{\gamma=1}^{m} p_\gamma v_\gamma} \ \log\ \frac{p_\mu v_\mu}{\sum\limits_{\gamma=1}^{m} p_\gamma v_\gamma}.$$

Die Funktion $H(p, v)$ ist in bezug auf p und v symmetrisch. Für $p_i = $ konst.

ergibt sich: $H(v) = -\sum\limits_{\mu=1}^{m} v_\mu \log v_\mu$ und für $p_1 = p_2 = \cdots p_m = v_1 = v_2 = \cdots v_m$

folgt der Grenzfall $H(m) = -m \sum\limits_{\mu=1}^{m} \log 1/m = \log m$ mit m als Anzahl der Versuchsausgänge. Man kann auch mit den absoluten Bewertungskoeffizienten V_μ und den absoluten Häufigkeiten P_μ rechnen.

$$H(P, V) = -\sum_{\mu=1}^{m} \frac{P_\mu V_\mu}{\sum\limits_{\gamma=1}^{m} P_\gamma V_\gamma} \ \log\ \frac{P_\mu V_\mu}{\sum\limits_{\gamma=1}^{m} P_\gamma V_\gamma}.$$

Es sind nur positive V_μ zugelassen!

Meist rechnet man mit dem dualen Logarithmus und der Maßeinheit 1 bit. Als Maßeinheit für die Bewertung schlägt SCHULZ 1 val vor. Der Grundgedanke dieses Vorschlages besteht darin, daß die Wahrscheinlichkeit eines Ereignisses bewertet wird.

Es gilt dabei:

$$H(p, v) = H(P, V) = H(w) = - \sum_{\mu=1}^{m} w_\mu \, \mathrm{ld} \, w_\mu$$

in formaler Übereinstimmung mit der unbewerteten SHANNONschen Entropie:

$$H(p) = - \sum_{\mu=1}^{m} p_\mu \, \mathrm{ld} \, p_\mu.$$

$H(w)$ ist im Definitionsbereich $0 < w < 1$ nur positiv und nimmt für $w_\mu = 1/m$ das einzige Maximum an, wie die SHANNON-Entropie $H(p)$.

SCHULZ hat mit dieser Kenngröße versucht, die Verbesserung der Wirkung eines verabreichten Medikaments durch die Maßzahl der bewerteten Informationsentropie auszudrücken. Eine gewisse Willkür liegt in der Wahl der Bewertungskoeffizienten!

Zusammenfassend ist festzustellen, daß die klassische Informationstheorie von SHANNON als Theorie der optimalen Informations-Übertragung und Informations-Speicherung Fragen der optimalen Informations-Auswertung nicht ausreichend beantworten kann. Diese Erweiterung führt in der Meßtechnik zur Meß-Informationstheorie, speziell zur Meßstochastik.

1.2. Der System-Aspekt der Meßtechnik

Die Meßtechnik verlangt von der Theorie mathematische Modelle, mit deren Hilfe die Meß-Systeme optimal dimensioniert werden können. Dazu werden Kenngrößen eingeführt. In Abschn. 1.1. wurde der Begriff der Informations-Entropie als Mittelwert des Kodierungsaufwandes für ein Meßereignis zur Optimierung der Informationsübertragung und Informationsspeicherung vorgestellt. Dazu benötigt man die *Wahrscheinlichkeitsverteilung* der *Meßereignisse*, die eine abgeschlossene Menge bilden müssen. Man kann diese Verteilung nur durch umfangreiche Versuche ermitteln und benötigt dazu ein Meßsystem (vgl. Abschn. 2.3.1.1.). Um derartige Meßsysteme zur Bewertung von Informationsflüssen handelt es sich bei den folgenden Betrachtungen.

Die SHANNONsche Informationstheorie berücksichtigt meist nur die Wahrscheinlichkeitsverteilung der Meßereignisse und benutzt bemerkenswerterweise nicht die Amplitudeninformation des Meßereignisses, d. h. den eigentlichen Meßwert selbst.

Wie in Abschn. 2.2.2.2. später gezeigt wird, wird nur noch die mittlere Signalleistung zur Amplituden-Diskretisierung, d. h. zur Festlegung der Anzahl der unterscheidbaren Amplituden benötigt. Mit anderen Worten: die klass. Informationstheorie von SHANNON arbeitet nur mit A-priori-Informationen über den empfangenen Informationsfluß (lat. a priori: ,vorher'). Im Gegensatz dazu benutzt die Meß-Informations-Theorie, speziell die Meßstochastik, zur Informations-Verarbeitung die Amplitudeninformationen der Meßereignisse, d. h. die A-posteriori-Informationen (lat. a posteriori: ,nachher'), die sich erst nach dem Eintreffen des Meßwertes ergeben.

Kenngrößen-Bildung durch informationsverarbeitende Systeme:

Wir treffen hier auf den System-Aspekt der Meßtechnik, die Betrachtung der Meß-Informations-Systeme. Abb. 1.5 stellt die Situation dar, das Schema der Informations-Verarbeitung stochastischer Prozesse, auf das sich die nachfolgenden Ausführungen beziehen.

An einem Meßort gibt der laufende Prozeß über eine physikalische Größe (Lautstärke, Abstand, Geschwindigkeit, Temperatur, Druck u. a.) eine Meßinformation an einen Meßfühler ab. Dieser setzt sie in ein elektrisches Meßsignal um, das in Meßanlagen entweder kontinuierlich übertragen oder zu diskreten Zeitpunkten kontinuierlich abgetastet wird.

Die diskreten Amplitudenwerte stellen den Symbolfluß — in der Ausdrucksweise der Informationstheorie — dar.

Bei diesen diskreten Meßsystemen, die uns vorrangig interessieren, werden die diskreten Amplitudenwerte über einen A/D-Wandler in binäre Kodeworte umgewandelt. Diese ergeben den Signalfluß (oder Informationsfluß) in bit/s.

Die nachfolgend betrachtete Aufgabe ist die Umwandlung des primären Meß-informations-Flusses in einen sekundären Informationsfluß oder in eine Prozeß-Kenngröße in Form eines Kennwertes oder einer Kennfunktion.

Hierzu benötigt man ein informationsverarbeitendes System. Den hiermit zusammenhängenden Fragenkomplex nennen wir den Systemaspekt der Meßtechnik.

Ferner unterscheiden wir zwei Hauptaufgaben, die Informationsübertragung, die meist ohne Informationsreduktion (Informationsverlust) vor sich gehen soll, und die Informationsauswertung, die meist mit einer Informationsreduktion verbunden wird. In beiden Fällen treten folgende Fragen auf:

1. Welche Systemstrukturen stehen zur Informationsverarbeitung prinzipiell zur Verfügung?

2. Welche Kenngrößen oder welche Sekundärprozesse lassen sich mit Hilfe der Systeme herstellen?

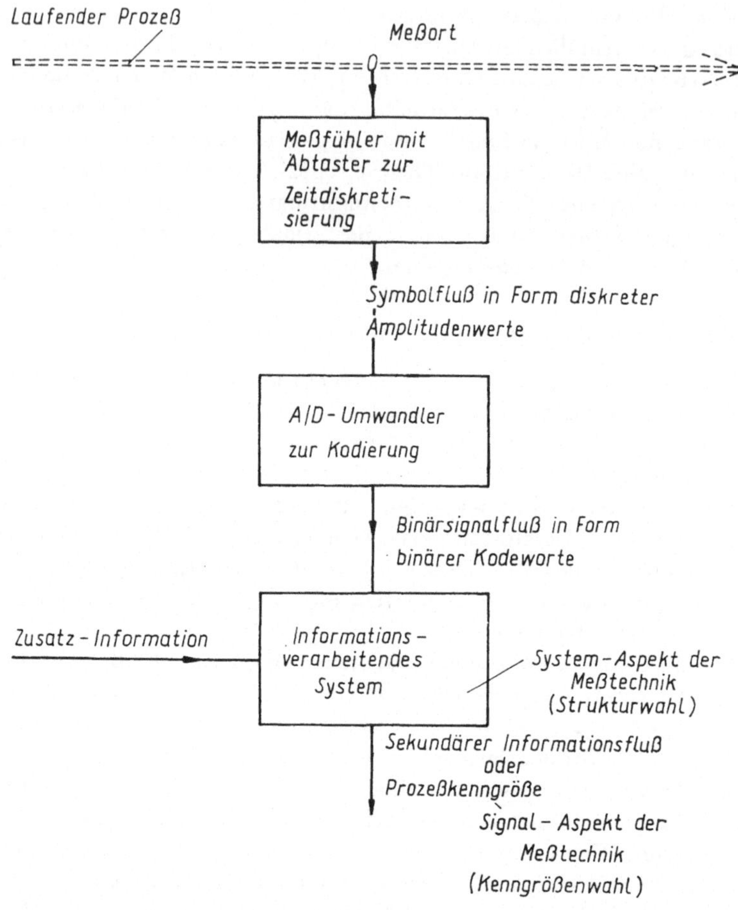

Abb. 1.5. Schema der Informationsverarbeitung stochastischer Prozesse

Der nachfolgende Abschn. 1.2. soll einen kurzen Überblick über die System-
darstellung der Nachrichten- und Regelungstechnik geben, und anschließend
wird eine für die Meßtechnik optimale Systemstruktur vorgeschlagen, die sowohl
die Analog- als auch die Digitaltechnik berücksichtigt.

1.2.1. Die black-box-Darstellung und die Theorie der linearen Systeme

Systeme werden in der Kybernetik wie folgt definiert: „Ein System ist eine
Menge von Elementen und eine Menge von Relationen, die zwischen den Elementen bestehen. Alle isomorphen Gesamtheiten dieser Art werden als ein und

dasselbe System betrachtet. Die Menge der Relationen zwischen den Elementen macht die Struktur aus" ([34]).

Zur Ausnutzung der mathematischen Grundlagen ist es notwendig, eine gemeinsame Basis für die Kooperation von Mathematik und Meßtechnik zu finden. Diese ergibt sich aus der obenstehenden Definition eines Systems.

Ein „System" wirkt mathematisch betrachtet als Operator auf den Eingangs-informationsfluß bzw. auf das Eingangs-Signal, je nachdem welcher Ausdrucks-weise wir uns anschließen. Zur anschaulichen Darstellung des Sachverhaltes hat man in der Kybernetik den Begriff des „Schwarzen Kastens" eingeführt (engl. black-box). Dies ergibt folgendes Schema:

$$\text{Eingangs-Information (Eingangs-Signal)} \rightarrow \text{System} \rightarrow \text{Ausgangs-Information (Ausgangs-Signal)}$$

Man betrachtet hierbei nur einen Eingang und einen Ausgang. Mehrdimensionale Größen lassen sich durch Eingangs- und Ausgangs-Vektoren darstellen. Bleiben wir zunächst beim eindimensionalen Fall!

In der Informationstechnik unterscheidet man analoge und digitale Systeme, je nachdem dem Eingang eine kontinuierliche oder eine diskrete Folge von Eingangs-Signalwerten entnommen wird. Die analogen Systeme werden durch eine elektronische Schaltung realisiert, die digitalen gleichfalls, aber auch durch einen Computer ersetzt, der allerdings letzten Endes auch wieder aus einer elektronischen Schaltung besteht.

Die analogen Operationen lassen sich auf der Basis des Abtast-Theorems nach Abschn. 2.2.2. durch digitale Operationen ersetzen. Es werden dann nur die Abtastwerte des Eingangs verarbeitet.

Eine wichtige Einteilung ist die in lineare und in nichtlineare Systeme, d. h. in Systeme zur linearen und zur nichtlinearen Signalwandlung.

Lineare Systeme sind Systeme, für die das Superpositionsgesetz gilt: wenn ein Eingangssignal x_{e_1} ein Ausgangs-Signal x_{a_1} hervorruft und ein Eingangssignal x_{e_2} ein Ausgangs-Signal x_{a_2}, dann ruft bei einem linearen System die Summe der Eingänge $x_{e_1} + x_{e_2}$ die Summe der Einzelreaktionen des Systems hervor: d. h. $x_{a_1} + x_{a_2}$. Daraus folgt, daß eine n-fache Eingangsamplitude $n \cdot x_e$ die n-fache Ausgangsamplitude $n \cdot x_a$ hervorruft. Das System ist amplitudenunabhängig.

Bei Erregung mit harmonischen Schwingungen entstehen keine neuen Frequenzen in linearen Systemen.

Bei realen Systemen gilt dies nur für hinreichend kleine Amplituden!

Lineare Systeme werden vorzugsweise zur Informationsübertragung und zur spektralen Signalselektion benötigt, die nichtlinearen Systeme zur Informationsumsetzung (auf Trägersignale), zur Signalwandlung (z. B. als Begrenzer) und zur Informationsverarbeitung. Letztere sind für die Meßtechnik besonders wichtig und werden uns nachfolgend noch beschäftigen. Hier spielen die Verbundsysteme (Abschn. 3.2.) eine große Rolle.

Bleiben wir zunächst bei der black-box-Vorstellung mit einem einzigen Signaleingang, dem einfach ausgesteuerten System. Nach dem obigen Schema lassen sich drei Fälle unterscheiden: entweder ist das Eingangssignal oder das System oder das Ausgangssignal unbekannt und zu bestimmen, während die anderen beiden Größen vorgegeben sind.

Fall der	Eingang	System	Ausgang
Meßtechnik, Signalanalyse	unbekannt	gegeben	gegeben
Systemtechnik, Systemsynthese	gegeben	unbekannt	gegeben
Nachrichtentechnik, Systemanalyse	gegeben	gegeben	unbekannt

Die Systemtheorie steht vor der Aufgabe, eine Beziehung der Form

Ausgangssignal = Systemfunktion mal Eingangssignal

herzustellen. „mal" bedeutet hier eine verallgemeinerte, multiplikative Verknüpfungsoperation.

Bemerkung: Die nachfolgenden Ausführungen setzen bereits die Kenntnis der Funktionstransformationen nach FOURIER und LAPLACE voraus, die Gegenstand der Grundlagenausbildung an allen techn. Hochschulen für Elektrotechnik sind (vgl. FRITZSCHE [7], LANGE [37] und WUNSCH [47—49]).

Hier sollen nur einige Eigenschaften und Aussagen in Erinnerung gebracht werden, um den Einsatzbereich in der Meßtechnik zu klären.

Dieses Konzept läßt sich am einfachsten bei linearen Systemen verwirklichen, bei denen man eine Systemfunktion unabhängig von der Art und Form des Eingangssignals definieren kann. Die lineare Systemtheorie unterscheidet eine Darstellung im Zeitbereich und eine Darstellung im Spektralbereich (= Bildbereich) genau wie die Signaltheorie.

Im Zeitbereich wird die Ausgangszeitfunktion eines linearen Systems dargestellt als Faltungsintegral:

$$x_a(t) = \int_0^t x_e(\tau)\, g(t - \tau)\, d\tau \qquad \text{mit } g(\tau) \text{ als Gewichtsfunktion des Systems}$$

(in [37] mit $h(\tau)$ bezeichnet).

Man schreibt diese Verknüpfungsoperation auch abgekürzt:

$$x_a(t) = x_e(t) * g(t) \quad \text{mit} \quad * \text{ als Faltungsprodukt.}$$

Das Faltungsprodukt ist kommutativ:

$$x_e(t) * g(t) = g(t) * x_e(t).$$

Im Spektral- oder Bildbereich wird das Ausgangsspektrum eines linearen Systems dargestellt als algebraisches Produkt des Eingangs-Amplitudenspektrums mit dem Frequenzgang $G(j\omega)$ des Systems (in [37] mit $H(j\omega)$ bezeichnet):

$$X_a(j\omega) = X_e(j\omega) \cdot G(j\omega) \quad \text{oder auch abgekürzt:}$$

$$X_a(\omega) = X_e(\omega) \cdot G(\omega).$$

Die Spektren $X_e(\omega)$, $X_a(\omega)$ und $G(\omega)$ sind die jeweiligen FOURIER-Transformierten der Zeitfunktionen $x_e(t)$, $x_a(t)$ und $g(t)$. Man rechnet vorwiegend mit der FOURIER-Transformation, wenn die Zeitvorgänge zweiseitig zeitbegrenzt sind. Dies ist in vielen technischen Anwendungsfällen der Fall.

Für eine tiefere Einsicht in die Systemeigenschaften, speziell für die Lösung von Umkehraufgaben (Systemsynthese) empfiehlt sich die LAPLACE-Transformation. Mit der komplexen Frequenz $p = \sigma + j\omega$ als Bildvariable lautet die Verknüpfungsoperation im Bildbereich:

$$X_a(p) = X_e(p) \cdot G(p) = G(p) \cdot X_e(p).$$

Sie stellt wie bei der FOURIER-Transformation ein einfaches, speziell kommutatives, algebraisches Produkt dar. Sie gilt nur für Einschaltvorgänge ab $t = 0$ mit der Nebenbedingung $x(t) = 0$ für $t < 0$.

Die hierbei benutzte mathematische Struktur der p-Funktionen ist ein Körper, d. h., es sind die vier Verknüpfungsoperationen Addition, Subtraktion, Multiplikation und Division von zugelassenen p-Funktionen möglich. Daher sind im Bildbereich die Umkehraufgaben der oben als Systemanalyse bezeichneten Operation möglich.

Es gilt für die Signalanalyse: $X_e(p) = X_a(p)/G(p)$ } als Umkehraufgaben der und für die Systemsynthese: $G(p) = X_a(p)/X_e(p)$ } Systemtechnik.

Bei den linearen Systemen, die aus diskreten Bauelementen bestehen, ist die gesuchte Funktion schon durch die Angabe der Pole und der Nullstellen — bis auf eine Konstante — völlig bestimmt.

Da der Vorgang im Zeitbereich interessiert, muß nach der Lösung der Gleichung des Bildbereiches die Lösung im Zeitbereich durch eine LAPLACE-Rücktransformation aufgefunden werden. Hierbei ist das Hauptproblem die Frage, ob solch ein Zeitvorgang überhaupt physikalisch realisierbar ist.

Man erkennt hieraus, daß viele Fragen der Signaltheorie in der Theorie der signalverarbeitenden Systeme in ähnlicher Form wieder auftauchen. Ja, man kann diesen Teil der Systemtheorie direkt als Signaltheorie auffassen. Alle Eigenschaften der linearen Systeme lassen sich als Systemreaktionen auf bestimmte Testsignale auffassen.

So erkennt man, daß für $X_e(p) = 1$ die formale Beziehung gilt:

$$G(p) = X_a(p).$$

Die LAPLACE-transformierte Gewichtsfunktion

$$G(p) = \mathscr{L}\{g(t)\} = \int\limits_0^\infty g(t)\, e^{-pt}\, dt$$

ist die Systemreaktion auf die Stoßfunktion $X(p) = 1$, die im Zeitpunkt $t = 0$ einen DIRAC-Stoß darstellt:

$$\mathscr{L}_{-1}\{X(p)\} = \mathscr{L}_{-1}\{1\} = \delta(t).$$

Daher wird die Gewichtfunktion auch als Stoßreaktion des linearen Systems bezeichnet. Die dazugehörige LAPLACE-Transformierte $G(p)$ wird als Übertragungsfunktion des Systems bezeichnet.

Die eigentliche Systemtheorie beginnt bei der Berechnung der Übertragungsfunktion $G(p)$ eines vorgegebenen Netzwerkes von linearen Bauelementen.

Dies ist die Systemanalyse.

Dazu gehört die ingenieurtechnische Umkehraufgabe, zu einer vorgegebenen Übertragungsfunktion $G(p)$ das zugehörige Netzwerk aufzufinden.

In beiden Fällen ist man bestrebt, nur Widerstände und Kondensatoren als passive Bauelemente, also keine Induktivitäten zu verwenden. Dies gelingt in einer begrenzten Anzahl von Fällen bei zusätzlicher Verwendung von aktiven Bauelementen (Operationsverstärkern, Mikroelektronik!).

Zusammenfassend ist festzustellen, daß die LAPLACE-Transformation für die Analyse und die Synthese von linearen Netzwerken geeignet ist. Sie liefert zusammen mit dem Sonderfall der FOURIER-Transformation ($p \to j\omega$) die Grundlagen für die spektrale Betrachtungsweise der Informationstechnik. Hierzu gehört vor allem der Begriff des Frequenzganges von linearen Systemen!

Zur Lösung in diskreter Darstellung bildet das Abtast-Theorem die Grundlagen (vgl. Abschn. 2.2.2. und [35 a]).

1.2.2. Frequenzgang-Beschreibung von linearen Systemen

Unter den Systemreaktionen, die für die Beschreibung des System-Verhaltens am häufigsten herangezogen werden, gehört der *Frequenzgang*. Man versteht darunter die Antwort eines linearen Systems auf eine harmonische Schwingung als *Eingangs-Erregung*. Hierbei ändern sich die Amplitude und die Phase der harmonischen Schwingung, ohne daß neue Frequenzen entstehen.

Es sei für $x_e(t) = e^{j\omega_0 t}$ als Eingangssignal die zugeordnete Ausgangs-Zeitfunktion:

$$x_a(t) = G(\omega)\, e^{j\omega_0 t + \Phi_0}.$$

$G(\omega)$ bedeutet hier das Verhältnis der Ausgangs-Amplitude zur Eingangs-Amplitude, die gleich Eins gesetzt wurde. Man trägt meist die Frequenzgang-Funktion $G(\omega)$ logarithmisch auf und erhält mit $10\lg G(\omega)$ den Amplitudengang in dB. ($\lg = \log^{10}$). $\Phi(\omega)$ stellt den Phasengang dar.

Der Frequenzgang gestattet eine Klassifizierung der linearen Systeme in Tief-, Hoch-, Band- und Sperr-Pässe. Dazu gehören auch die Allpässe, die alle Frequenzen gleich stark verstärken oder bedämpfen, aber einen Phasengang aufweisen. Letztere dienen zur Laufzeitkorrektur. Die Ortskurve $G(\omega)$, dargestellt in kartesischen Koordinaten mit Re $(G(\omega))$ und Im $(G(\omega))$ als Abszisse und Ordinate, wird besonders in der Regelungstechnik als Kennlinie des Systemverhaltens benutzt.

Tiefpaß und Integrator:

Im Falle $\Phi(\omega) = -\pi/2$ verhält sich ein lineares System im zugehörigen Frequenzbereich wie ein Integrator; denn es soll gelten:

$$x_a(t) = \text{konst.} \int\limits_0^t x_e(t)\, \mathrm{d}t.$$

Dann ergibt sich für eine harmonische Erregung mit $p = j\omega$ im Bildbereich:

$$X_a(p) = \frac{1}{p}\, X_e(p) \quad \text{und} \quad X_a(j\omega) = \frac{1}{j\omega}\, X_e(j\omega) \quad \text{mit} \quad \frac{1}{j} = e^{-j\pi/2}.$$

Ein derartiges System muß alle Frequenzen um 90° in der Phase verzögern. Ein solches Verhalten ist nur in einem begrenzten Frequenzbereich realisierbar, zugleich ein Beispiel für das Problem einer Systemsynthese. Charakteristisch ist die Amplitudenabnahme mit $1/\omega$. Tiefe Frequenzen sollen gut durchgelassen, hohe Frequenzen angeschwächt werden. Daher ist ein Integrator zugleich ein Tiefpaßfilter. Abb. 1.6 a zeigt ein R-C-Kopplungsglied mit der zugehörigen Frequenzgang-Ortskurve $\underline{G}(\omega) = \dfrac{1}{1 + j\omega RC}$ nach den Regeln der Zeigerrechnung der Wechselstromtechnik.

Bei Benutzung der Laplace-Transformation und der Rechnung mit komplexen Impedanzen ergibt sich:

$$\underline{G}(p) = \frac{1/pC}{R + 1/pC} = \frac{1}{1 + RCp} = \frac{1}{1 + \tau p}$$

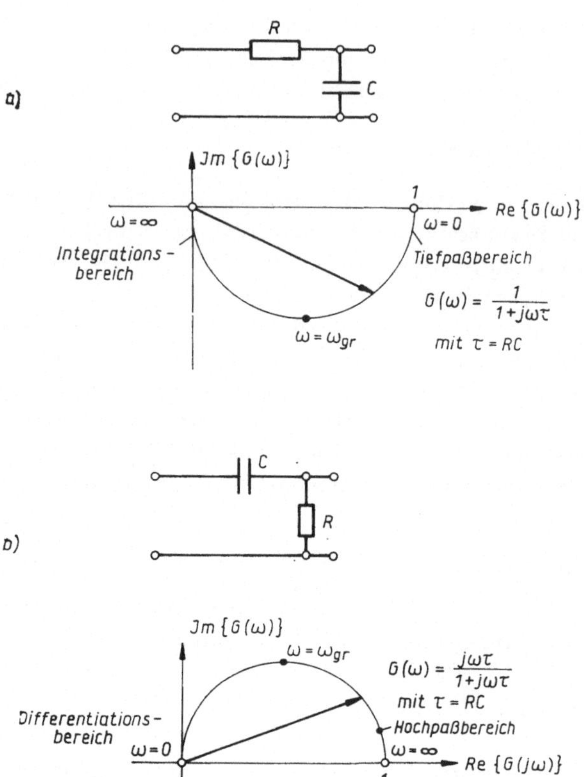

Abb. 1.6. Zur Einführung des Frequenzgang-Begriffes
a) Tiefpaß oder Integrator
b) Hochpaß oder Differentiator

als Spannungsteiler-Verhältnis im Leerlauf. Die Zeitkonstante des Systems ist: $\tau = RC$. Für hinreichend niedrige Frequenzen $\omega \ll 1/\tau$ erhält man $\underline{G}(\omega) \approx 1$. Für hinreichend hohe Frequenzen $\omega \gg 1/\tau$ dagegen gilt $\underline{G}(\omega) \approx 1/\tau p$. Der Frequenzgang ergibt sich für $p = j\omega(\sigma = 0)$: $\underline{G}(\omega) \approx 1/j\tau\omega = 1/j\Omega$. Hierbei führt man eine Normierung der Frequenz ein: $\Omega = \omega\tau = \omega RC$.

Beispiel des Hochpasses oder des Differenziergliedes:

Abb. 1.6.b zeigt das System, das durch Vertauschen von R und C entsteht. Es wird für tiefe Frequenzen als Differenzierglied benutzt, für hohe Frequenzen als frequenzunabhängiges Kopplungsglied; denn für den Leerlauf beträgt das

Spannungsverhältnis: $\underline{G}(p) = \dfrac{p\tau}{1 + p\tau}$, wieder mit der Zeitkonstanten $\tau = RC$.

Für den Frequenzgang ergibt sich mit $p = j\omega$: $\underline{G}(\omega) = \dfrac{j\omega\tau}{1 + j\omega\tau}$. Für niedrige

Frequenzen gilt $\omega \ll 1/\tau$ und $G(\omega) \approx j\omega\tau = j\Omega$. Für ein Differenzierverhalten wird gefordert:

$$x_a(t) = \text{konst.} \; \frac{\mathrm{d}x_e(t)}{\mathrm{d}t} = \text{konst.} \; j\omega \, \mathrm{e}^{j\omega t} = \text{konst} \, j\omega \, x_e(t)$$

für harmonische Erregung mit $x_e(t) = \mathrm{e}^{j\omega t}$ (im Sinne der Zeigerrechnung, wobei der Realteil von $x_e(t)$ die Schwingung darstellt!).

Die Differenzierwirkung tritt nur bei hinreichend kleinen Frequenzen auf $(\omega \ll 1/\tau)$, während bei hinreichend hohen Frequenzen die gleiche Schaltung als Allpaß wirkt und alle hohen Frequenzen gleich gut überträgt: $G(j\omega) \approx 1$. Das Verhalten im Übergangsbereich wird am klarsten durch die Ortskurve (vgl. Abb. 1.6) beschrieben.

Dieses einfache Beispiel zeigt grundsätzlich, wie man das spektrale Verhalten eines linearen Systems analysiert. Dies führt zur Filtertheorie elektrischer Netzwerke zum Zweck der spektralen Signaltrennung.

Der Entwurf derartiger Systeme mit vorgegebenen spektralen Eigenschaften ist als Systemsynthese die Umkehrung der Aufgabe der Systemanalyse und erfordert erhebliche mathematische und technische Überlegungen (vgl. [7] und [36]).

Hierbei ist zu beachten, daß stets ein Informationsverlust eintritt. Dieser ist meist erwünscht, um unerwünschte spektrale Anteile eines Informationsflusses auszusondern. Aber eine Frequenzbegrenzung tritt auch bei der Meßwertübertragung auf, z. B. über Telefonleitungen im Gebiet über 4 kHz. Dann ist sie durch Netzwerke mit inversem Frequenzgang nicht kompensierbar, da derartige Kompensationsnetzwerke nur annähernd physikalisch realisierbar sind. Außerdem werden bei der Kompensation Rauschanteile hervorgehoben, d. h., der Störabstand wird verschlechtert (vgl. 3.1.3.). Ein Kompensationsnetzwerk muß stabil sein (d. h. stets schwingungsdämpfend, nicht schwingungsanfachend). Ein lineares Netzwerk ist stabil, wenn die Pole der Übertragungsfunktion auf der linken p-Halbebene liegen, ein umkehrbares lineares Netzwerk darf auch keine Nullstellen auf der rechten p-Halbebene besitzen, da diese bei der Inversion zu Polen werden und die Stabilitätsbedingung verletzen (die Folge wäre eine Selbsterregung). Bei realisierbaren linearen Netzwerken besteht die Nebenbedingung, daß das Zählerpolynom der Übertragungsfunktion $G(p)$ im Bildbereich gleichen oder kleineren Grades sein muß als das Nennerpolynom (vgl. [37] und (49)). Diese Forderung widerspricht grundsätzlich der Umkehrbarkeit, da dabei Zähler und Nenner die Rollen vertauschen. Daher sind Umkehrnetzwerke nie exakt realisierbar!

Diese methodischen Grundlagen der Theorie der linearen Systeme reichen aber für die Informations-Meßtechnik nicht aus.

Die Systeme, die zur Informationsverarbeitung herangezogen werden, sind nicht immer linear, sondern oft nichtlinear. Außerdem sind sie nicht nur Analognetzwerke (Netzwerke für kontinuierliche Signale), sondern oft auch Digital-Systeme (Netzwerke für diskontinuierliche Signale, für diskrete Meßwertfolgen).

Daher muß die Anzahl der betrachteten Systeme zur Informationsübertragung und zur Informationsverarbeitung über die linearen und analogen Systeme hinaus erheblich erweitert werden und auch die einfache Darstellung als black-box-Systeme mit einer einfachen Eingangs-Ausgangssignal-Relation reicht nicht aus.

Dies gilt auch für folgende Erweiterung der linearen Systemtheorie:

Zustandsbeschreibung von linearen Systemen:

Die einfache Vorstellung des linearen Systems als black-box führt, wie gezeigt, zur Beschreibung des Systemverhaltens durch eine Ausgangs-Eingangs-Relation.

Bei mehreren Ein- und Ausgangs-Signalen, die zu je einem Eingangs- und Ausgangsvektor zusammengefaßt werden können, empfiehlt sich die Einführung einer Zustandsgröße oder eines Zustandsvektors z. Dann erhält man zwei Gleichungen:

$$z' = Az + Bx \quad \text{mit } x \text{ als Eingangsvektor und}$$
$$y = Cz + Dx \qquad y \text{ als Ausgangsvektor,}$$
$$z \text{ als Zustandsvektor.}$$

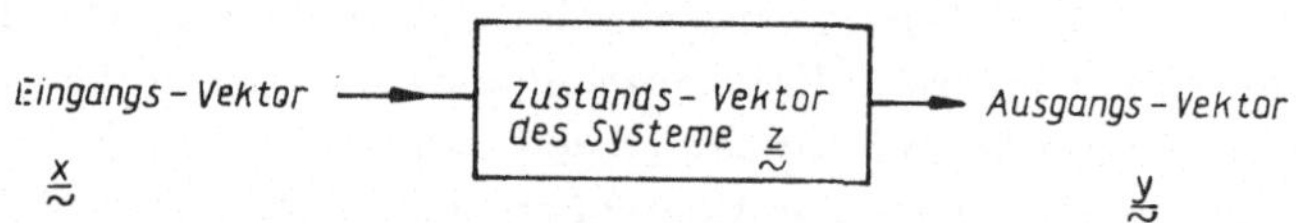

Abb. 1.7. Black-box-Darstellung eines linearen Systems mit Zustands-Beschreibung

Hierbei bedeutet

A die Systemmatrix

B die Steuermatrix

C die Beobachtungsmatrix

D die Durchgangsmatrix.

Im wesentlichen handelt es sich also hier um eine Relation zwischen dem Eingang und dem Systemzustand und um eine Relation zwischen dem Systemzustand und dem Ausgang. Die Komponente Dx tritt nur auf, wenn der Eingang zum Teil unmittelbar den Ausgang beeinflußt.

Diesen Weg beschreitet heutzutage vorzugsweise die Regelungs-Theorie ([42]). Man kann an Hand dieses Ansatzes u. a. beurteilen, ob das System steuerbar oder beobachtbar ist oder nicht. Diese Beschreibungsmethodik ist noch wenig in die Meßpraxis eingedrungen und wird im nachfolgenden Text nicht benötigt. Die moderne Meßtheorie benutzt die Zustandsgleichungen bei dem verallgemeinerten Filterverfahren von KALMAN und von STRATONOWITSCH ([9 a, 14 a, 15 a und 22 a]).

Wichtiger sind für die Meßtechnik Systeme, deren Zustand taktweise mit jedem Eingangs-Signal verändert wird. Diese Funktionsweise wird durch eine Überführungsfunktion $\delta(x_i, z_{i-1})$ beschrieben, wobei z_{i-1} den jeweils vorangegangenen Zustand z_{i-1} und x_i das eintreffende diskrete Eingangssignal x bedeutet. Hiernach ergibt sich der neue Systemzustand z_i. Ferner wird durch die Ausgabefunktion $\lambda(x_i, z_{i-1})$ das neue Ausgangssignal y_i gebildet. Die Funktionen δ und λ sind determinierte Abhängigkeiten und in sogenannten Automatentabellen festgelegt.

Nach diesem Schema werden die endlichen digitalen Automaten konstruiert, die die höheren Formen der Informationsverarbeitung in komplexen Meßanlagen durchführen. Mit ihnen beschäftigt sich die Automatentheorie ([44 a]).

Demgegenüber sind die nachfolgend betrachteten Verbundsysteme der Meßtechnik nur zur Ausführung einfacher algebraischer Operationen bestimmt.

1.2.3. *Zum Einsatz der Operatorenrechnungen:* *Einführung von multiplikativen Verknüpfungen zur* *Systemdarstellung*

Die in Abschn. 1.2.2. erläuterte Frequenzgang-Beschreibung von linearen und analogen Systemen bildete, historisch betrachtet, das erste Beispiel einer Systemdarstellung durch eine Überführungsfunktion (hier Übertragungsfunktion genannt) des Eingangssignals in das Ausgangs-Signal. Dies führte zum Begriff der Operatorenrechnung, zunächst auf der Basis der FOURIER- und der LAPLACE-Transformation. Wegen ihrer noch heute großen Bedeutung für die Meßwert-Theorie betrachten wir sie nachfolgend genauer!

Die FOURIER- und LAPLACE-Transformation wurden in der Systemtheorie als Weiterentwicklung der Zeigerrechnung der Wechselstromtechnik eingeführt, um auch für nicht periodische Vorgänge zu einer Beziehung „Ausgangs-Signal = Eingangssignal mal Systemfunktion" zu kommen. Dies ist nur für lineare

Systeme möglich, bei denen die Systemfunktion unabhängig von der Größe des Eingangssignals ist. Wie in Abb. 1.8 dargestellt ist, sind hier zwei methodische Grundgedanken zu unterscheiden:

a) Die systemabhängige *Funktionstransformation* dient dazu, das Eingangssignal in das Ausgangssignal zu überführen. Dies kann entweder im Zeitbereich oder im Bildbereich geschehen. Dabei wird angestrebt, im Bildbereich eine alge-

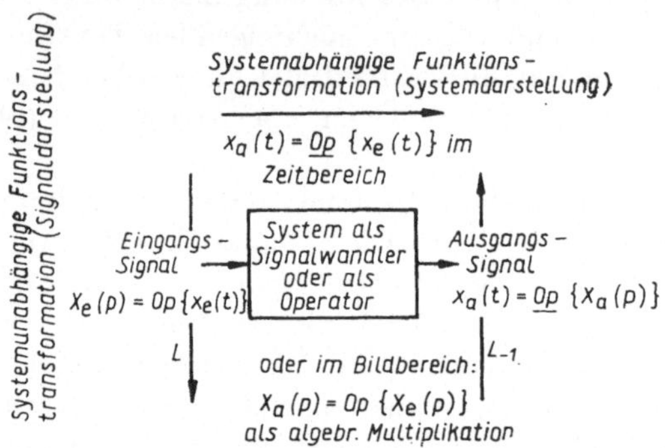

Abb. 1.8. Funktionstransformation zur

a) System-Darstellung und   b) Signal-Darstellung

braisch-multiplikative Verknüpfung zu erhalten, damit eine recht einfache Eingangs-Ausgangs-Relation zur Systembeschreibung erreicht wird. Wir schreiben bei der LAPLACE-Transformation:

$$X_a(p) = G(p) \cdot X_e(p),$$

wie die einfachen Beispiele in Abschn. 1.2.2. zeigten.

Der Differentiation im Zeitbereich $\left(\dfrac{d}{dt}\right)$ entspricht dann im Bildbereich eine Multiplikation mit dem Faktor $p = \sigma + j\omega$, und der Integration im Zeitbereich $\left(\int\limits_0^t \ldots \, dt\right)$ entspricht im Bildbereich eine Multiplikation mit dem Faktor $1/p$.

Im Zeitbereich gilt allgemein für lineare Systeme (Superpositionsprinzip) die kompliziertere Faltungsintegration:

$$x_a(t) = \int\limits_0^t x_e(\tau)\, g(t-\tau)\, d\tau = x_e(t) * g(t).$$

Eine Erweiterung bietet die Funktionalanalysis an, die Zeitfunktionen als Elemente eines Signalraumes betrachtet. Die Wirkungsweise des Systems entspricht dann einer Abbildung der Eingangs-Zeitfunktion in eine Ausgangs-Zeitfunktion im gleichen Signalraum: $x_a(t) = \text{Op}\{x_e(t)\}$: Das System wirkt als Operator Op auf das Eingangssignal $x_e(t)$.

Ein Informationsverlust (= Informationsreduktion) tritt ein, wenn der Ausgangs-Signalraum nur ein Unterraum des Eingangs-Signalraumes ist. Die Methoden der Funktionalanalysis werden insbesonders auf Systeme mit verteilten Parametern, d. h. auf partielle Differentialgleichungen, angewandt. Anwendungen fanden sich vor allem in der Regelungstheorie.

In der Informationstechnik überwiegt nach wie vor die Funktionaltransformation nach LAPLACE. Dank der von ihr durchgeführten Algebraisierung wird die Lösung der Umkehraufgabe möglich:

$$X_e(p) = X_a(p) \cdot G^{-1}(p) \ \text{ mit } \ G(p) = \frac{X_a(p)}{X_e(p)}.$$

Für jede Übertragungsfunktion eines Systems $G(p)$ im Bildbereich kann man daher formal die Umkehrfunktion $G^{-1}(p)$ angeben. So vertauschen Zähler und Nenner nur ihre Rolle bei Systemen mit konzentrierten Parametern: aus $G(p)$ $= \dfrac{M(p)}{N(p)}$ folgt $G_{-}^{1}(p) = \dfrac{N(p)}{M(p)}$. Dies erscheint ein Widerspruch zu den oben gemachten Ausführungen. Er erklärt sich dadurch, daß die Rücktransformation in den Zeitbereich keine physikalisch realisierbare Lösung ergibt!

Wohl aber kann man die Lösung als Näherung ansehen, z. B. für die Frequenzgangkompensation von Meßfühlern (vgl. WOSCHNI [20]). Allerdings ist das Umkehrsystem $G^{-1}(p)$ physikalisch nur näherungsweise realisierbar.

Eine von MIKUSINSKI vorgeschlagene Operatorenrechnung erweitert den Zeitbereich durch den Operator $\dfrac{\mathrm{d}}{\mathrm{d}t} = s$ und führt so im Zeitbereich zu einem algebraischen Quotientenkörper, mit der Umkehroperation der Division. Diese algebraische Methode bildet methodisch eine Brücke zur funktionalanalytischen Operatorenrechnung und benötigt keinen Bildbereich. Für die Ingenieurpraxis bietet sie keine Vorteile. Es fehlt ein leicht zu begründender Übergang zur Meßpraxis, der bei der LAPLACE-Transformation durch den Übergang von p auf $j\omega$ möglich ist. Auch fehlt eine der Residuenmethode gleichwertige Rücktransformation und überhaupt die funktionstheoretische Basis, die die bewährte P-N-Planmethode zur Analyse und Synthese von linearen Netzwerken (Pol-Nullstellenverteilung) liefert (vgl. FRITZSCHE [7]).

Von der systemabhängigen Funktionstransformation ist zu unterscheiden:

b) die systemunabhängige Funktionstransformation

$$X_e(p) = \text{Op}\{x_e(t)\} = \int\limits_0^\infty x_e(t)\, \mathrm{e}^{-pt}\, \mathrm{d}t \quad \text{und}$$

$$x_e(t) = \mathrm{Op}\,\{X_e(p)\} = \frac{1}{2\pi j} \int\limits_{\delta_0 - j\infty}^{\delta_0 + j\infty} X_e(p) \cdot e^{pt} dp$$

als Umkehr-Operation.

Die gleiche Beziehung gilt für $X_a(p)$ und $x_a(t)$!

Diese transformiert das Eingangs- oder das Ausgangssignal aus dem Zeitbereich in den Bildbereich und umgekehrt (Abb. 1.8.). Bei dieser Funktionstransformation tritt ein Wechsel der Variablen t und p ein, d. h., es wird ein Signal aus dem einen Signalraum in einen anderen Signalraum abgebildet. Dagegen bleibt der Informationsgehalt erhalten, es tritt keine Informationsreduktion ein, da es sich nur um ein und dasselbe Signal handelt.

Man nimmt diese systemunabhängige Funktionstransformation dann vor, wenn sich im Bildbereich die Systemoperation einfacher darstellen läßt als im Zeitbereich.

Wenn dagegen im Zeitbereich selbst eine algebraische Produktbildung vorgenommen wird, dann benötigt man dieses Hilfsmittel überhaupt nicht. Es ergäbe sich ja dann im Bildbereich die kompliziertere Operation, die Faltung der Spektralfunktionen, eine unnötige Komplizierung. Diese Feststellung gilt für die meisten informationsverarbeitenden Systeme, die nachfolgend betrachteten Verbundsysteme mit multiplikativer Verknüpfung. Eine weitere Anwendung der Funktionstransformation b) ist dann gerechtfertigt, wenn sie die Eigenschaften des Prozesses im Bildraum einfacher darstellt als im Zeitbereich. Sie dient dann nicht zu einer optimalen Systemdarstellung, sondern zu einer optimalen Signaldarstellung. Davon macht man in der Signaltheorie Gebrauch, z. B. um geknickte Zeitfunktionen durch geschlossene, analytische Ausdrücke im Bildbereich darzustellen. So stellt die LAPLACE-Transformierte $X(p) = \dfrac{1}{p^2}$ die Rampenfunktion

$$x(t) = t \quad \text{dar, mit } x(t) = 0 \text{ für alle } t < 0.$$

Ergänzungs-Literatur zur System-Theorie: [7, 20, 22, 23, 24, 27, 29, 30, 32, 35, 36, 37, 38, 39, 42, 43, 47, 48, 49, 50].

1.3. Das Verbundsystem als Grundstruktur der Meßtechnik

Vorbemerkung zur Systemklassifizierung:

In der Meßtechnik verwendet man Systeme sowohl zur Signalübertragung als auch zur Signalverarbeitung, im ersten Falle möglichst ohne Informationsreduktion, im zweiten Falle mit einer optimalen Informationsreduktion. Die Theorie der linearen Systeme bildet eine notwendige Grundlage; sie liefert die spektrale

Betrachtungsweise auf der Basis der *Funktionstransformationen* nach FOURIER und LAPLACE.

Wenn ein System kontinuierliche Prozesse verarbeitet, bezeichnet man es in der Fachliteratur als *analoges System*, obwohl diese Bezeichnungsweise sprachlich unbefriedigend ist und nicht den Kern der Sache trifft. Wenn ein System diskontinuierliche Prozesse verarbeitet, wird es als ein *digitales System* bezeichnet. Dies ist, wie noch gezeigt wird, häufig in der Meßtechnik der Fall. In beiden Fällen kann es sich um ein lineares System handeln, für das das Superpositionsgesetz gelten muß.

Den Gegensatz zu den linearen Systemen bilden die nichtlinearen Systeme. Aus dieser sehr großen Klasse wählen wir nachfolgend eine für die Meßwertverarbeitung sehr wichtige Klasse heraus. Es sollen alle diejenigen Systeme zusammengefaßt werden, die zur elektronischen Verarbeitung von Meßprozessen zu Meßprozessen mit neuen Eigenschaften (z. B. zur optimalen Übertragung) oder zu prozeßrelevanten Kenngrößen benutzt werden. Dabei steht die Frage des Rechnens mit Meßwert-Ereignissen und Meßwertamplituden im Vordergrund (= „algebraischer Aspekt"). Dies dient zugleich zum Verständnis der digitalen Meßwertverarbeitung als Entwicklungstendenz der modernen Meßtechnik.

Es handelt sich nachfolgend stets um doppelt ausgesteuerte Systeme. Diese lassen sich in verschiedenartige Teilklassen von meßwertverarbeitenden Systemen einteilen, je nach ihrem Aufbau und ihrer Wirkungsweise, doch nach einem einheitlichen Grundprinzip arbeitend, nach dem Prinzip der Informationsverknüpfung.

Zur Definition der Verbundsysteme:

Für die Zwecke der Meßtechnik genügt es, wie noch ausführlich gezeigt werden soll, die Wirkungsweise eines doppelt ausgesteuerten Systems auf eine algebraische Verknüpfungs-Operation zu beschränken.

Diese Systemklassen sollen nachfolgend als *Verbundsysteme* bezeichnet werden, in Anlehnung an die Verbundwahrscheinlichkeit, einem in der Statistik üblichen Begriff (joint probability).

Das Schema eines Verbundsystems zeigt Abb. 1.9. Es stellt in black-box-Darstellung ein doppelt ausgesteuertes System dar. Es sind zwei Eingänge zu unterscheiden, im allgemeinen zwei verschiedene Informationsflüsse, die durch das System mittels einer definierten mathematischen Operation zu einem resultierenden Informationsfluß verbunden werden. Es sind zwei Eingangssignale und ein Ausgangs-Signal vorhanden. Für die beiden Eingangssignale gilt nicht unbedingt das Superpositionsgesetz (nur bei additiver Verknüpfung!).

Wichtig ist für diese Auffassung, daß das zweite Eingangssignal auch ein deter-

miniertes Kontrollsignal oder eine Vergleichs-System-Funktion sein kann. Der
Vorteil dieser Begriffsbildung ist eine Möglichkeit, die verschiedenen Typen meßwertverarbeitenden Systeme zu klassifizieren und in ihrer Wirkungsweise ver-
gleichend zu beschreiben. Hierbei kann eine Einteilung a) nach der verwendeten
Verknüpfungs-Operation oder b) nach dem Vergleichssignal erfolgen. Die Verknüpfungsoperation kann additiv oder multiplikativ sein oder aus einer logischen
Verknüpfung bestehen, wobei es jeweils verschiedenartige Möglichkeiten gibt.

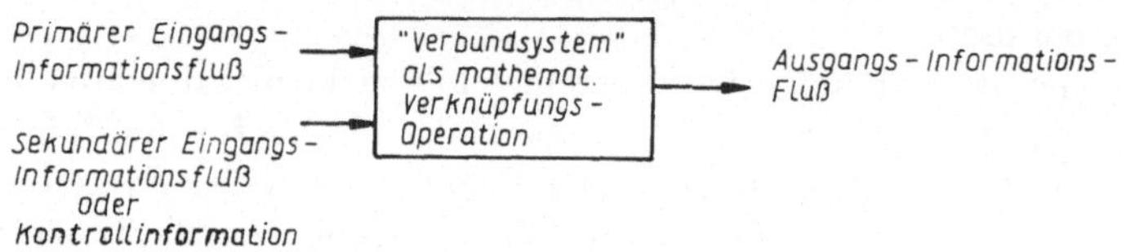

Abb. 1.9. Schema eines Verbundsystems als Grundstruktur meßwertverarbeitender Systeme

Im allgemeinen Falle wird die Verknüpfung der Eingangs-Signale durch eine
algebraische Struktur festgelegt. Informationstheoretisch betrachtet erfolgt in
einem Verbundsystem eine Signalwandlung, die meist mit einer Informationsreduktion verbunden ist.

Wir betrachten zunächst die analogen und dann die digitalen Verbundsysteme!

1.3.1. Analoge Verbundsysteme

Man kann das einfach ausgesteuerte lineare System bereits als ein Verbundsystem darstellen, wie es Abb. 1.10 zeigt. Die Verknüpfungs-Operation ist hier
die Faltungs-Multiplikation im Zeitbereich und die algebraische Multiplikation
im Spektralbereich, je nach der gewählten Darstellungsform. Das zweite Eingangssignal ist determiniert und stellt im Zeitbereich die Gewichtsfunktion, im Spektralbereich den Frequenzgang des Systems dar.

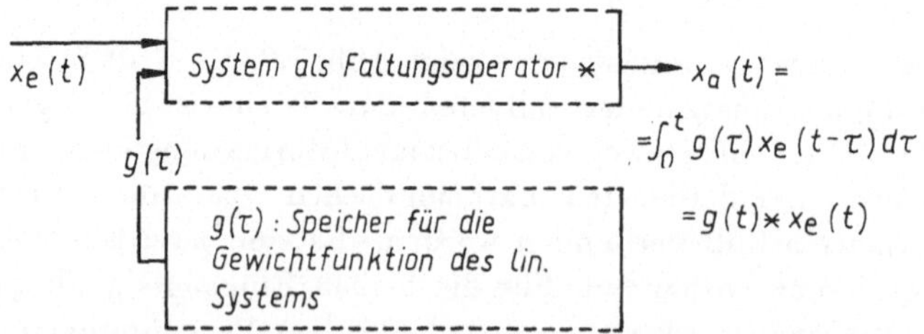

Abb. 1.10. Darstellung eines linearen Systems als Verbundsystem

Eine derartige Aufteilung nimmt man in der Tat vor, wenn man ein lineares Netzwerk durch ein Rechner-Programm realisiert. Es werden dann im Zeitbereich die Faltungs-Operation und die Gewichtsfunktion des Systems eingespeichert.

Zugleich dient diese Aufteilung dazu, den Zusammenhang mit anderen Formen von Analogsystemen aufzuzeigen.

So zeigt Abb. 1.11 die Erweiterung zu einem adaptiven System, wenn eine Störgröße gemessen und aufgeschaltet wird, um die Systemfunktion in geeigneter Weise den Umweltbedingungen (Luftdruck, Lufttemperatur u. a.) anzupassen. Wenn man eine Rückführung des Ausgangs zur Systemfunktion vornimmt, er-

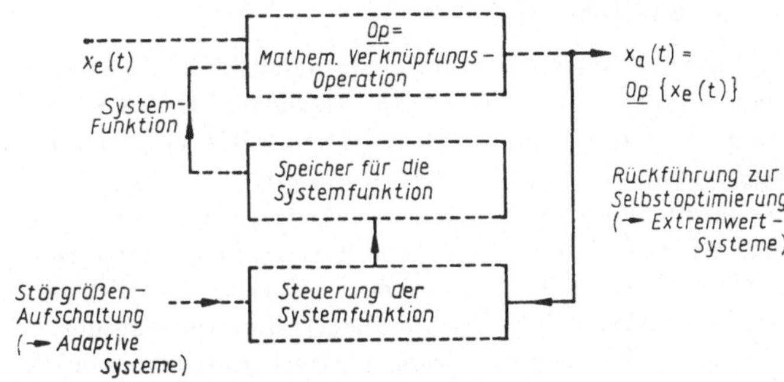

Abb. 1.11. Darstellung eines adaptiven und eines selbstoptimierenden Systems als Verbundsystem

geben sich Formen von selbsteinstellenden Extremwert-Systemen, wie sie in der Kybernetik und Regelungstechnik in verschiedener Weise benutzt werden. Die Systemfunktion ist dann entsprechend komplizierter.

Zum Begriff des Verbundsystems:

1. Ein Verbundsystem ist der elementare Bauteil meßwertverarbeitender Systeme.
2. Ein Verbundsystem ist ein doppelt oder mehrfach ausgesteuertes System mit analogen oder mit digitalen Eingangs-Signalen.
3. Ein Verbundsystem führt im Rahmen einer algebraischen Struktur eine mathematische Operation durch, die die beiden Eingangs-Signale zu einem Ausgangs-Signal verknüpft.
4. Da ein Verbundsystem auf der *Wechselwirkung* der Eingangs-Signale beruht, gilt das Superpositions-Gesetz im allgemeinen nicht: die Systemreaktion ist von beiden Signalen abhängig. Auch gilt das Superpositionsgesetz im allgemeinen Falle nicht für mehrfache Einwirkung auf einen der beiden Eingänge, in einzelnen Fällen gilt es.

5. Es erfolgt durch ein Verbundsystem eine notwendige und erwünschte Informations-Reduktion des Eingangs-Informationsflusses.

6. Die Klassifizierung der Verbundsysteme kann erfolgen nach dem Typ der mathematischen Verknüpfungs-Operation oder nach dem Typ des zweiten Eingangs-Signals, mit dem die Verknüpfung erfolgt. Letzteres kann sowohl determiniert sein (Kontroll- oder Vergleichs-Signal, Systemfunktion), oder es kann nicht determiniert sein (als 2. Informationsfluß).

7. Verbundsysteme können analog oder digital realisiert werden, im letzteren Falle z. B. durch Mikroprozessoren.

Zeitfunktions-Multiplikatoren:

Die beim linearen System benutzte mathematische Verknüpfungsoperation ist die *Faltungsintegration im Zeitbereich*. Zu ihr äquivalent ist die algebraische Multiplikation im Bildbereich unter Benutzung der FOURIER-Transformierten bzw. verallgemeinert der LAPLACE-Transformierten.

Eine Erweiterung der Klasse der linearen Systeme ergibt sich, wenn man andere mathematische Verknüpfungsoperationen dem Verbundsystem zuordnet, so z. B. die Bildung eines algebraischen Produktes im Zeitbereich. Dies ergibt den Multiplikator von Zeitfunktionen. Die äquivalente Verknüpfungsoperation im Bildbereich ist dann die Faltungsoperation der Spektralfunktionen. Es gilt also für den Multiplikator:

$$x_a(t) = x_{e_1}(t) \cdot x_{e_2}(t)$$

oder

$$X_a(\omega) = \frac{1}{2\pi} \int\limits_0^{\omega} X_{e_1}(\omega') \cdot X_{e_2}(\omega - \omega') \, \mathrm{d}\omega'.$$

Der Multiplikator ist also das zum linearen System inverse Netzwerk, wobei der Zeitbereich und der Bildbereich ihre Rollen vertauschen.

Eine Operatorenrechnung wird hierfür nicht benötigt, um die Wirkungsweise einfacher analysieren zu können wie bei den linearen Systemen.

In der Informationstechnik werden seit Jahrzehnten die Multiplikatoren als Modulatoren und als Demodulatoren benutzt, um Informationen über Trägersignale (= Hochfrequenzschwingungen) zu übertragen. Hierbei wird eine nichtlineare Kennlinie gleichzeitig mit dem niederfrequenten Modulationsfluß und dem hochfrequenten Trägersignal ausgesteuert. Nach Aussiebung unerwünschter Spektralbereiche durch Filter (z. B. Schwingkreise) bleibt die modulierte Trägerschwingung übrig. Der Unterschied gegenüber einer einfachen Multiplikation zweier Zeitfunktionen wird im 2. Abschnitt besprochen.

Weitere, seit langem bekannte analoge Multiplikatoren (vgl. Abb. 1.12) sind die Austaststufen (gates), die Amplitudenbegrenzer u. a.

Diese von der Nachrichtentechnik entwickelten Signal-Wandler sind nichtlineare Systeme, für die das Superpositionsgesetz nicht gilt. Sie lassen sich alle zu einer Klasse von Zeitfunktionsmultiplikatoren zusammenfassen und bilden auch wichtige Formen der Signalverarbeitung in der Meßtechnik.

Zur analogen Signalverarbeitung ist in den letzten beiden Jahrzehnten die digitale Signalverarbeitung hinzugekommen. Nachfolgend sollen die hier be-

System – Charakteristik	Systeme der Informationsübertragung mit _Linearem_ Verhalten	Systeme der Informationsverarbeitung mit _nichtlinearem_ Verhalten
Einfach ausgesteuerte Systeme	Verstärker Frequenzfilter Leitungen	Begrenzer Frequenzvervielfacher
Zwei – oder mehrfach ausgesteuerte Systeme (= Verbund – Systeme)	Pseudo – Verbundsysteme: (ohne Wechselwirkung) Summierstufen	_Verbundsysteme_: Multiplikatoren (Mischstufen, Modulatoren, Frequenzumsetzer, Korrelatoren, Systeme mit Wechselwirkung)

Abb. 1.12. System-Klassifizierung der Analog-Systeme

stehenden Möglichkeiten besprochen werden und gezeigt werden, daß der Begriff des Multiplikators viel allgemeiner gefaßt werden muß, da es eine Vielzahl von multiplikativen Verknüpfungsmöglichkeiten zwecks Informationsverarbeitung gibt. Dies gibt die Begründung, den neuen Begriff des „Verbundsystems" einzuführen und damit eine große Anzahl von nichtlinearen Systemen zu einer gemeinsamen Klasse zusammenzufassen, die in ihrer technischen Bedeutung in der Meßtechnik die der linearen Netzwerke weit übertrifft. Auch hier werden wir uns auf die methodischen Grundgedanken beschränken!

1.3.2. Digitale Verbundsysteme für einstellige Binärsignale

Der Begriff des Verbundsystems mit einer multiplikativen Verknüpfung ergibt die Möglichkeit, die lineare Systemtheorie auf eine große Klasse von nichtlinearen Systemen zu erweitern, die ihrerseits mathematisch übersichtlich untergliedert werden können. Es soll nachfolgend gezeigt werden, daß die Digitaltechnik zu einer erheblichen Erweiterung der Klasse der Verbundsysteme geführt hat. Der Ansatzpunkt zur Erweiterung liegt in der Erkenntnis, daß es verschiedenartige Möglichkeiten gibt, multiplikative Verknüpfungen zu definieren. Die Grundlage bietet die höhere Algebra einschließlich der Verbandstheorie. Hierbei wird ein informationsverarbeitendes System durch eine algebraische Struktur gekennzeichnet.

Wir kehren nun zu den Ausführungen von Abschn. 1.1.3. zurück, in dem das Binärsignal als Träger einer Information eingeführt wurde. Wir betrachten nun eine Folge von Meßereignissen, die durch Binärsignale beschrieben werden. Die Zuordnung soll eineindeutig sein, d. h., jedes Binärsignal kennzeichnet ein Meßereignis und umgekehrt. Die Zuordnung ist durch eine Kodeliste festgelegt, so

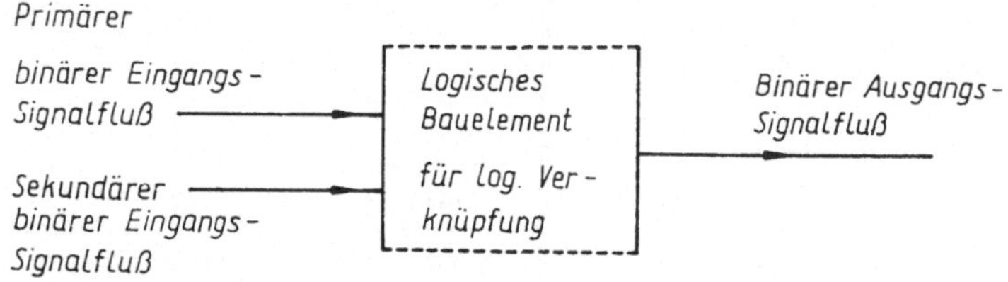

Abb. 1.13. Logisches Bauelement als Verbundsystem

daß eine Rückumwandlung stets wieder möglich ist. Die binären Kodeworte können einstellige oder mehrstellige Binärzahlen sein. Also hat man digitale Verbundsysteme für einstellige und für mehrstellige binäre Eingangssignale zu unterscheiden. Das binäre Kodewort kann einen Amplitudenwert bedeuten oder auch nur einen Index, indem wir die Ereignismenge in eine „wohl geordnete Menge" einteilen: Jedem Meßereignis ist eine Binärzahl zugeordnet. Das ergibt die Möglichkeit, mit den Meßereignissen formal im Rahmen einer algebraischen Struktur *rechnen* zu können. Hierbei brauchen wir eine Struktur mit einer abgeschlossenen (endlichen) Menge von Meßereignissen.

Verbundsysteme für einstellige Binärworte:

Diese liegen in Form von „logischen Bauelementen" in der Informationstechnik bereits vor (Abb. 1.13).

Man betrachtet zwei Binärsignalfolgen, die zu diskreten Zeitpunkten das Wertepaar (a, b) bilden mit $a \in \{0, 1\}$ und $b \in \{0, 1\}$. Es sind also eingangsseitig nur 2^2 „Ereignisse" möglich:

$$a = 0 \quad 0 \quad 1 \quad 1$$
$$b = 0 \quad 1 \quad 0 \quad 1$$

Jedem dieser Ereignisse ist ein Ausgangs-Binärsignal 0 oder 1 zugeordnet.

Die mathematische Auffassung des Sachverhaltes ist folgende: Aus der Menge der Elemente des Eingangs-Signalraums, die hier nur aus zwei Elementen besteht (0, 1), werden durch zwei Signalquellen A und B je ein Element a und b ausgewählt und zueinander in Relation gesetzt. Man schreibt hier: $a\,R\,b$.

Eine Relation ist eine logische Beziehung zwischen zwei oder mehreren Elementen.

In der hier benutzten BOOLEschen Algebra wird dem Elementepaar (a, b) mit a und $b \in \{0, 1\}$ ein neues Element zugeordnet:

$$c = f(a, b), \qquad c \in \{0, 1\}.$$

f kennzeichnet die Verknüpfungsoperation für die Elemente a und b. a und b sind die binären, einstelligen Meßwerte, f kennzeichnet das informationsverarbeitende System, hier in Form eines logischen Bauelements. Es stellt das „Verbundsystem" dar. In der Digitaltechnik interessieren uns informationsverarbeitende Systeme, für die zwei verschiedene Verknüpfungsoperationen f_1 und f_2 definiert sind. Sie ergeben eine *algebraische* Struktur. So arbeitet die BOOLEsche Algebra mit folgenden Verknüpfungen: $f_1 = $ log. inklus. Oder in der Form:

c	0	1
0	0	1
1	1	1

bezeichnet als Disjunktion $\vee$;
und $f_2 = $ log. Und in der Form:

c	0	1
0	0	0
1	0	1

und bezeichnet als Konjunktion $\wedge$.

Dagegen baut man den Körper der Binärzahlen mit folgenden log. Verknüpfungen auf:

$f_1 = $ Antivalenz oder exklus. Oder in der Form:

	0	1
0	0	1
1	1	0

bezeichnet als Addition modulo 2 mit $\oplus$

4*

und $f_2 = \log$. Und oder algebr. Produkt, bezeichnet mit

$$
\begin{array}{c|cc}
 & 0 & 1 \\
\hline
0 & 0 & 0 \\
1 & 0 & 1
\end{array}
$$

Die Verknüpfungen sind in diesen Fällen kommutativ:

$$a \vee b = b \vee a, \qquad a \wedge b = b \wedge a$$

sowie

$$a \oplus b = b \oplus a, \qquad a \cdot b = b \cdot a.$$

Aber es bestehen Unterschiede für die distributiven Gesetze beider Verknüpfungen: es gilt in der BOOLEschen Algebra:

$$(a_1 \wedge a_2) \vee b = (a_1 \wedge b) \vee (a_2 \wedge b)$$

und auch gleichzeitig

$$(a_1 \wedge a_2) \vee b = (a_1 \vee b) \wedge (a_2 \vee b).$$

Es gilt für den Körper der Binärzahlen nur das distributive Gesetz:

$$(a_1 \oplus a_2) \cdot b = (a_1 \cdot b) \oplus (a_2 \cdot b),$$

aber es gilt nicht:

$$(a_1 \cdot a_2) \oplus b = (a_1 \oplus b) \cdot (a_2 \oplus b).$$

Die BOOLEsche Algebra ergibt eine höhere algebraische Struktur, die als Verband bezeichnet wird.

Die meßtechnischen Anwendungen werden als *Schaltalgebra* bezeichnet und vor allem in der binären Steuerungstechnik zur Beobachtung von zwei gleichzeitig eintreffenden binären Informationsflüssen benutzt. Die algebraischen Strukturen für einstellige binäre Kodeworte (= binäre Ereignisse) dienen als Hilfsmittel beim Entwurf von Schaltsystemen mit folgenden *Zielstellungen*:

a) die in der Aufgabenstellung gegebenen Schaltbedingungen eindeutig durch logische Funktionen darzustellen,

b) für diese Funktionen solche Ausdrücke zu finden, die eine weitgehende eindeutige Abbildung der Schaltungen gestatten,

c) diese Aufgabe so umzuformen und dabei zu vereinfachen, daß wiederum möglichst eindeutige Angaben über die technische Realisierung mit einem minimalen Aufwand oder mit maximaler Störfestigkeit gewonnen werden.

1.3.3. Verbundsysteme für mehrstellige binäre Kodeworte

Wir benötigen die einstelligen Binärsignale und ihre Verknüpfungen nachfolgend für die Meßwertverarbeitung mehrstelliger Binärsignale. Als additive Verknüpfung wird die logische Verknüpfung „Addition modulo 2" bei den mehrwertigen Meßwerten, in Form von mehrstelligen binären Kodeworten, aus folgenden Gründen benutzt:

1. Die Stellenzahl der mehrstelligen Kodeworte bleibt bei der Addition erhalten.

2. Es ist ein Nullwort $(0, 0, \ldots 0)$ vorhanden, für das gilt:

$$a \oplus 0 = a.$$

3. Zu jedem Kodewort existiert ein inverses Kodewort a', das zugleich mit dem Kodewort identisch ist:

$$a + a' = 2a = 0 \qquad \text{z. B.: } \begin{array}{r} 1011 \\ \oplus \quad 1011 \\ \hline 0000 \end{array}.$$

Da auch das kommutative Gesetz gilt sowie das assoziative Gesetz

$$(a_1 \oplus a_2) \oplus a_3 = a_1 \oplus (a_2 \oplus a_3) = a_1 \oplus a_2 \oplus a_3,$$

bilden die mehrstelligen binären Kodeworte als algebraische Struktur eine Gruppe!

Die Eigenschaften von Verbundsystemen für mehrstellige binäre Kodewörter hängen weitgehend davon ab, welche algebraischen Strukturen man zur Meßwertverarbeitung benutzt. Die algebraischen Strukturen wiederum sind bestimmt durch die Verknüpfungsoperationen für die Kodewörter.
Additive Verknüpfungen 1) algebraische Addition
2) Addition modulo 2.

Bei der algebraischen Addition werden die 1-Signale fortlaufend zu natürlichen Zahlen addiert. Die Summe ist dann keine Binärzahl mehr, sondern eine gewöhnliche Zahl. Angewendet wird dies z. B. beim Polaritätskorrelator, vgl. Abschn. 2.3.

Entscheidend ist für die Wirkungsweise derartiger binärer Verbundsysteme die Wahl der zweiten Verknüpfungsoperation, die wir etwas verallgemeinert als die multiplikative Verknüpfung bezeichnen wollen.

Identisch mit den multiplikativen Verknüpfungen von n-Tupeln kann man n- stellige binäre Kodewörter verschiedenartig multiplikativ verknüpfen.

Vom meßtechnischen Standpunkt aus betrachtet, ist der Zweck der algebraischen Umwandlung für die Auswahl der 2. Verknüpfungsoperation entscheidend. Sie ergibt diejenige mathematische Struktur, die benutzt werden muß!

Entweder muß das Ausgangskodewort die gleiche Stellenzahl haben oder eine veränderte Stellenzahl.

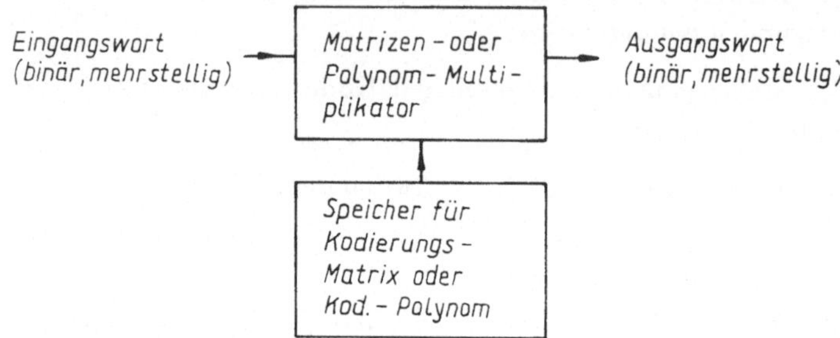

Abb. 1.14. Digitales Verbund-System zur Matrix- oder zur Polynom-Multiplikation

Digitale Verbundsysteme mit Beibehaltung der Stellenzahl der Kodewörter:

Für diese Verbundsysteme wird eine algebraische Multiplikation der Werte gleicher Stellenzahl benutzt. Man spricht hier vom Werteprodukt (nach BERG [24]). Beim Werteprodukt bleibt die Stellenzahl erhalten:

$$c = a \cdot b = (a_0 b_0, a_1 b_1, \ldots a_{n-1} b_{n-1}) \text{ für } a = (a_0, a_1, \ldots a_{n-1})$$

$$\text{und } b = (b_0, b_1, \ldots b_{n-1}).$$

Diese multiplikative Verknüpfung ist kommutativ: $c = a \cdot b = b \cdot a$. Sie bedeutet dann keine Informationsreduktion, wenn bei a als Informations-Eingangswort das Verknüpfungswort b bekannt ist. b bildet a aus dem Eingangssignalraum in c im gleichen Signalraum ab, der ein n-dimensionaler Dualraum ist (d. h., jede Koordinate nimmt nur die zwei Werte 0 oder 1 an).

Ein Verbundsystem, daß das Werteprodukt als mathematische Operation benutzt, ist ein Funktions-Multiplikator, wenn die Stellenziffern $a_0, a_1, \ldots a_{n-1}$ die n Abtastwerte eines Meßvorganges darstellen, die nicht unbedingt binäre Ziffern zu sein brauchen, also ein Multiplikator im üblichen Sinne. Bei manchen Anwendungen folgt auf den Multiplikator noch eine Summierstufe zur Mittelwertbildung, so z. B. beim digitalen Korrelator.

Faßt man den n-Tupel als Vektor auf, so ergibt die Aufsummierung das skalare

Produkt:

$$(ab) = a_0 b_0 + a_1 b_1 + \cdots + a_{n-1} b_{n-1}.$$

In der Physik dient es als Maß der geleisteten Arbeit. Hierbei wird algebraisch addiert!

Sind die Ziffern a_i und b_i Binärzahlen, so kann man auch die Addition modulo 2 vornehmen. Das Ergebnis kann dann nur 0 oder 1 lauten. Eine Anwendung dazu folgt anschließend.

Digitale Verbundsysteme mit Änderung der Stellenzahl der Kodewörter:

Gewisse Aufgaben der Meßwertverarbeitung, wie z. B. die Erhöhung der Störfestigkeit (Abschn. 3.3.), erfordern die Bildung neuer binärer Kodewörter, deren Stellenzahl größer oder kleiner als die des Eingangs-Kodewortes ist.

Hierfür gibt es zwei verschiedene mathematische Möglichkeiten, die in der Kodierungstheorie eine große Rolle spielen:

1. die Matrizenmultiplikation und
2. die Polynommultiplikation.

1.3.3.1. Anwendungen der Matrizen-Multiplikation

Man kann ein binäres Kodewort entweder als n-Tupel $a = (a_0, a_1, \ldots a_{n-1})$ oder als einreihige Matrix auffassen:

$$\begin{pmatrix} a_0 & a_1 \ldots a_{n-1} \\ 0 & 0 \ldots 0 \\ \cdots \\ 0 & 0 \ldots 0 \end{pmatrix} = A_{1,n}.$$

Hierbei bezeichnet der erste Index die Anzahl der Reihen und der zweite Index die Anzahl der Spalten der Matrix.

Durch die Multiplikation mit einer n-reihigen und k-spaltigen Matrix geht das Eingangs-Kodewort a in ein k-stelliges Kodewort über, wenn man die üblichen Regeln der Matrizenmultiplikation anwendet. Jede Stelle des Ausgangskodewortes $a \cdot M_{n,k} = c$ berechnet sich als skalares Produkt der einzigen Reihe von a mit der gleichzahligen Spalte vom $M_{n,k}$:

$$c_0 = (a \cdot sp_0) \quad c_1 = (a \cdot sp_1) \ldots c_k = (a \cdot sp_k).$$

Die runden Klammern sollen hier des skalare Produkt bedeuten und sp_i die i-te Spalte von $M_{n,k}$.

Die Bildung des skalaren Produktes bedeutet eine erhebliche Informationsreduktion. Der Signalraum wird auf der reellen Zahlengerade abgebildet, das skalare Produkt ist ein Funktional.

Funktionale sind meßtechnisch betrachtet Kenngrößen des Meßprozesses. Genauer genommen sind es Kennwerte, wenn man nach FRITZSCHE die Kenngrößen in Kennwerte und in Kennfunktionen einteilt.

Die Frage der Bildung derartiger Meß-Kenngrößen wird uns in Abschn. 2.3. weiter beschäftigen.

Beispiel für die Umwandlung eines zweistelligen Kodewortes in ein dreistelliges Kodewort: $c = a \cdot M_{2,3}$

$$(a_0 \ a_1) \cdot \begin{pmatrix} b_{11} & b_{12} & b_{13} \\ b_{21} & b_{22} & b_{23} \end{pmatrix} = (c_1 \ c_2 \ c_3)$$

mit $c_1 = a_0 b_{11} \oplus a_1 b_{21}$ $c_2 = a_0 b_{12} \oplus a_1 b_{22}$

und $c_2 = a_0 b_{13} \oplus a_1 b_{23}$.

Wenn die Koeffizienten nur Binärzahlen sind, dann führt eine Addition modulo 2 bei der skalaren Produktbildung das binäre Kodewort a wieder in ein binäres Kodewort c über. Die Koeffizienten c_j können dann nur die Werte 0 oder 1 annehmen. Die Rechnung verläuft sehr einfach, da nur $1 \cdot 1 = 1$ ist, sonst ergibt sich stets der Wert Null für die einzelnen Koeffizientenprodukte. Man setzt a als Spalte vor M und führt die Koeffizientenmultiplikation reihenweise durch. Die Addition modulo 2 der Spalten ergibt die Werte für c_j,

$$
\begin{aligned}
&\text{z. B. } a = (1, 0) \quad M_{2,3} = \begin{matrix} 100 \\ 010 \end{matrix} \\[4pt]
&a \cdot M_{2,3} \\
&1 \cdot 1\ 0\ 0 = 1\ 0\ 0 \\
&0 \cdot 0\ 1\ 0 = 0\ 0\ 0 \\
&\hphantom{0 \cdot 0\ 1\ 0 =} \overline{\hphantom{0\ 0\ 0}} \\
&\hphantom{0 \cdot 0\ 1\ 0} c = 1\ 0\ 0
\end{aligned}
$$

Die Matrizenmultiplikation ist nicht kommutativ: $a \cdot M \neq M \cdot a$. Für die Anwendungen ist die Tatsache interessant, daß diese algebraische Struktur Nullteiler besitzen kann, d. h., es kann das Produkt verschwinden, ohne daß die Faktoren verschwinden.

$$a \cdot M = 0 \quad \text{für} \quad a \neq 0 \quad \text{und} \quad M \neq 0.$$

0 bedeutet hier ein Nullwort: sämtliche Stellen sind gleich Null!

Matrizendarstellung linearer Systeme:

Es sei hier bemerkt, daß die Matrizenmultiplikation in der Elektrotechnik vorwiegend in der Vierpoltheorie angewendet wird, und zwar zur Beschreibung des Verhaltens linearer elektrischer Netzwerke. Hierbei tritt jeweils ein Paar elektrischer Größen — Spannung und Strom — der Eingangs- oder der Ausgangsseite auf, z. B. bei Verwendung der Kettenmatrix A:

$$\begin{pmatrix} u_2 \\ i_2 \end{pmatrix} = \begin{pmatrix} a_{11} & a_{12} \\ a_{21} & a_{22} \end{pmatrix} \cdot \begin{pmatrix} u_1 \\ i_1 \end{pmatrix} = A \cdot \begin{pmatrix} u_1 \\ i_1 \end{pmatrix}$$

als Zusammenhang zwischen der Ausgangs- und der Eingangsseite.

Es gibt andere Verknüpfungsmatrizen, z. B. die H-Matrix, die in meßtechnisch günstiger Form das Verhalten eines Transistors bei kleiner Aussteuerung beschreibt:

$$\begin{pmatrix} u_1 \\ i_2 \end{pmatrix} = \begin{pmatrix} h_{11} & h_{12} \\ h_{21} & h_{22} \end{pmatrix} \cdot \begin{pmatrix} i_1 \\ u_2 \end{pmatrix} = H \cdot \begin{pmatrix} i_1 \\ u_2 \end{pmatrix}.$$

Diese Darstellung der Wirkungsweise linearer passiver oder aktiver Netzwerke wird in der Meßtechnik für die Analyse linearer Meßgeber (Meßwandler) zur Meßwertgewinnung benutzt, die hier nicht behandelt wird (vgl. W. KLEIN [35] und [35a]). Die Theorie wurde von W. KLEIN zur Mehrtor-Theorie und zur ‚Finiten System-Theorie‘ erweitert.

Die Koeffizienten der Matrizen sind meist komplexe Größen bei Einwirkung von harmonischen Schwingungen, die als Zeigergrößen $u = \underline{U}e^{j\omega t}$ und $i = \underline{I}e^{j\omega t}$ mit komplexen Werten $\underline{U}$ und $\underline{I}$. Auch in dieser Form kann man lineare Systeme als Verbundsysteme mit multiplikativer Verknüpfung, eben der Matrizenmultiplikation, auffassen.

Im Gegensatz dazu betrachten wir im vorliegenden Abschnitt keine analogen, sondern digitale Eingangsgrößen und auch keine Größenpaare (z. B. Spannung und Strom), d. h., wir betrachten die Umwandlung einer diskreten Meßwertfolge.

Die Matrizentheorie fand neue Anwendungen für die Berechnung des Verhaltens linearer Netzwerke auf periodisch wiederholte Abtastfolgen in der „Finiten Systemtheorie" ([35a]). Es wird dort gezeigt, daß man bei Diskretisierung des Zeit- und des Spektralbereiches als Systemfunktion eine System-Matrix einführen kann. Diese Matrix ist zyklisch und enthält als „Kernvektor" (1. Spalte) die Abtastwerte der Stoßreaktion des Systems. So ergibt sich durch Multiplikation der zyklischen System-Matrix mit der Eingangs-Abtastfolge (als Vektor) die Ausgangs-Abtastfolge. Dies wird als diskrete Faltung bezeichnet. Die Lösung der Umkehraufgabe der Meßtechnik, d. h. die Bestimmung der Eingangs-Abtastfolge, ergibt sich durch Inversion der Matrix. Bei einer großen Anzahl von Abtastwerten ist dies kompliziert.

Daher wird auch in diesem Falle eine Funktionstransformation vorgenommen. Dazu wird die diskrete FOURIER-Transformation der Eingangs- und Ausgangs-Signale benutzt.

Im Bildbereich wird die System-Matrix zykl (h) durch die Hauptachsen-Transformation $F \cdot$ zykl $(h) \cdot F^{-1}$ in eine Diagonal-Matrix übergeführt, bei der die Inversion wesentlich einfacher durchgeführt werden kann. Die Umkehraufgabe wird hierbei wieder auf eine einfache Matrizen-Multiplikation zurückgeführt. Zusammenfassend kann dies so interpretiert werden:

> Die Funktions-Transformation nach FOURIER wird in der Digitaltechnik auch dann benutzt, wenn im Zeitbereich bereits eine multiplikative Verknüpfung in Form einer Matrizen-Multiplikation vorliegt und zwar zu dem Zwecke, die Systemmatrix in die zugehörige Diagonal-Matrix umzuformen und damit die gesamte Berechnung der Systembeziehungen (Bestimmung des Ausgangs- oder des Eingangs-Signals oder der Systemfunktion) rechnerisch einfacher durchführen zu können.

Anwendungen fand die diskrete Systemtheorie vor allem zur Berechnung von „Digitalfiltern", d. h. zur Berechnung von linearen Netzwerken zur Signal-Selektion. Eine meßtechnische Anwendung bietet sich für die Frequenzgang-kompensation von Meßwandlern an, ein Problem, auf das im vorliegenden Buche nicht eingegangen wird. Wir verweisen auf ([9]). Die Entwicklung ist hier noch in vollem Fluß!

1.3.3.2. *Anwendungen der Polynom-Multiplikation*

Eine andere Möglichkeit der Rechnung mit binären Kodewörtern ($= n$-Tupeln) ergibt sich, wenn man einem Kodewort ein Polynom zuordnet, dessen Koeffizienten die Binärziffern des Kodewortes sind. Für $a = (a_0, a_1, \ldots a_{n-1})$ ergibt dies ein Polynom der Form:

$$A(X) = a_0 + a_1 X + \cdots a_{n-1} X^{n-1}.$$

Hierbei wird aus innermathematischen Gründen eine Dualzahl nach steigenden Potenzen geschrieben, obwohl dies sonst nicht üblich ist. Zum Beispiel ist die Dezimalzahl 110 gleich $1 \cdot 10^2 + 1 \cdot 10^1 + 0 \cdot 10^0$ und die Dualzahl 110 ist gleich $1 \cdot 2^2 + 1 \cdot 2^1 + 0 \cdot 2^0 \triangle 6$. In der Kodierungs-Theorie hingegen schreibt man 110 in Polynomform: $1 + X$, aber nicht $X^2 + X$! Dies rührt u. a. daher, daß man die erste Reihe einer Einheitsmatrix mit $100 \ldots 00$ beginnt und nicht mit

00 ... 001. Die beiden Verknüpfungen sind die Polynomaddition und die Polynommultiplikation.

Bei der Polynomaddition werden die Koeffizienten gleicher Potenzen addiert. Schreibt man die Polynomsumme wieder als Dualzahl, so ergibt sich kein Unterschied gegenüber der Addition von Dualzahlen, wenn die Addition modulo 2 erfolgt.

Anders dagegen bei der Polynom-Multiplikation unter Anwendung der üblichen Regeln der Rechnung mit Polynomen.

Für $c = a \cdot b$ schreiben wir nun $C(X) = A(X) \cdot B(X)$ mit den Koeffizienten

$$c_k = \sum_{k=i+j} a_i \cdot b_j.$$

Die Stellenzahl des dem Produktpolynom entsprechenden Kodewortes ist stets größer als die Stellenzahl der Eingangskodeworte a und b. Beträgt diese für beide n, der höchste Polynomgrad also $(n - 1)$, so hat das Produktpolynom den Grad $2(n - 1)$ und die Stellenzahl des äquivalenten Kodewortes beträgt $(2n - 1)$.

Man rechnet wie in der Algebra das Produkt aus, addiert jedoch modulo 2. Hierzu ein Beispiel:

$$\begin{array}{r} 1\,101 \cdot 101 \\ \hline 1\,101 \\ 0\,000 \\ 1\,110 \\ \hline 111\,001. \end{array}$$

Abb. 1.15 zeigt die Schaltung zur elektronischen Multiplikation, wobei ein Schieberegister mit Taktsteuerung zur Einspeisung des Informationswortes benutzt wird. Der zweite Faktor bleibt bei den uns interessierenden Anwendungen als Kodierungspolynom konstant und wird durch die Verbindungsleitungen (1- Ziffer) von den Schieberegister-Speicherzellen zu den Summierstufen realisiert. Mit derartigen digitalen (binären) Verbundsystemen wird aus einem Eingangskodewort ein Ausgangskodewort hergestellt. Wenn z. B. 1101 das Informations-Eingangswort ist und 101 das Kodierungspolynom, so enthält das Ausgangskodewort stets den Faktor 101; in Polynomform mit $S(X) = I(X) \cdot G(X)$:

$$I(X) = \text{Informationswort} \qquad = 1 + X + X^3$$

$$G(X) = \text{„Basispolynom"} \qquad = 1 + x^2$$

$$S(X) = \text{zugelassenes Sendepolynom} \quad = 1 + X + X^2 + X^5 \text{[1])}$$

---

[1]) Beachte, daß die Faktoren 2 modulo 2 gleich Null gesetzt werden. Die Potenzen mit dem Faktor 0 werden nicht mitgeschrieben!

Die Umschreibung der binären Kodewörter in Polynome mit Binärkoeffizienten
hat den Vorteil, daß die innere Struktur des Kodes durch die Polynom-Algebra
klargelegt wird. Dies wird später in Abschn. 3.3. weiter erläutert werden.

Polynom-Multiplikation und diskrete Faltung:

Oben wurde darauf hingewiesen, daß die *Matrizen*multiplikation im Rahmen
der Digitalisierung für die lineare Netzwerktheorie neue Anwendungen gefunden
hat. Obwohl die lineare Netzwerktheorie nicht der Gegenstand vorliegender Be-

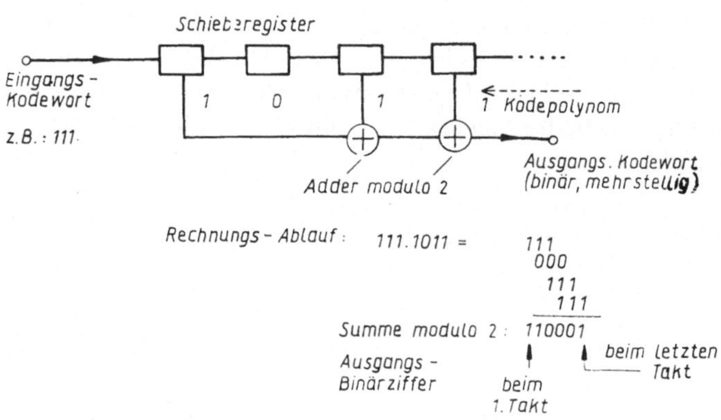

Abb. 1.15. Digitale Rechenschaltung mit Schieberegister zur Polynom-Multiplikation

trachtungen ist, sei bezüglich der *Polynom*-Multiplikation noch auf folgenden Zusammenhang mit der Theorie linearer diskreter Systeme aufmerksam gemacht:

Wenn ein n-Tupel von Meßwerten als zeitliche Folge ein lineares Netzwerk als
Eingangssignal erregt und wenn die Impuls- oder Stoßreaktion des Netzwerkes
ebenfalls durch ein Tupel von diskreten Werten dargestellt wird, geht das Faltungsintegral der analogen Systemtheorie in das diskrete Faltungsprodukt über.

Verknüpft man also zwei Meßwertfolgen:

$$a = (a_0, a_1, \ldots)$$

und

$$b = (b_0, b_1, b_2, \ldots)$$

durch eine Faltungsoperation, so ergibt sich die Ausgangsfolge

$$c = (c_0, c_1, c_2, \ldots) \quad \text{zu} \quad c = a * b \quad \text{mit} \quad c_i = \sum_{j=0}^{i} a_j \cdot b_{i-j}$$

als diskrete Faltungs-Operation. Hierbei ist einfach das Faltungsintegral durch die Faltungssumme ersetzt worden.

Zu der gleichen Beziehung zwischen den Koeffizienten gelangt man, wenn man die Polynomdarstellung der Meßwertfolgen wählt:

$$A(X) = a_0 + a_1 X + a_2 X^2 + \ldots \quad \text{und} \quad B(X) = b_0 + b_1 X + b_2 X^2 + \cdots,$$

so ergibt die Polynom-Multiplikation:

$$C(X) = A(X) \cdot B(X) = c_0 + c_1 X + c_2 X^2 + \ldots \quad \text{mit} \quad c_i = \sum_{j=0}^{i} a_j \cdot b_{i-j}$$

Die diskrete Faltungsoperation stimmt also mit der entsprechenden Polynom-Multiplikation als Koeffizienten-Verknüpfung überein!

Die Regelungstechnik macht in der Theorie der Abtastsysteme davon folgendermaßen Gebrauch:

Eine Abtastfolge von Meßwerten (vgl. auch Abschn. 2.2.) läßt sich mittels der DIRAC-Funktion folgendermaßen darstellen:

$$a(t) = a_0 \delta(t) + a_1 \delta(t - T) + a_2 \delta(t - 2T) + \cdots.$$

Der Verschiebungssatz

$$\mathcal{L}\{a(t - T)\} = A(p) \cdot \mathrm{e}^{-pT}$$

und die Bildfunktion

$$\mathcal{L}\{\delta(t)\} = 1$$

ergeben mit der neuen Variablen $z = \mathrm{e}^{pT}$ im Bildbereich die Signaldarstellung:

$$A(z) = a_0 + a_1 z^{-1} + a_2 z^{-2} + \cdots$$

Setzen wir für z^{-1} die Variable X ein (bekannt als TAYLOR-Transformation), so ergibt sich für den Bildbereich:

$$A(X) = a_0 + a_1 X + a_2 X^2 + \cdots.$$

Man erkennt, daß bei der z-Transformation im Bildbereich Polynome auftreten. Für Polynomprodukte $C(X) = A(X) \cdot B(X)$ bzw. $C(z) = A(z) \cdot B(z)$ gilt die oben genannte Koeffizientenbeziehung, als Bilddarstellung der diskreten Faltung im Zeitbereich. Da wir anderseits oben feststellten, daß die diskrete Faltung und die Polynomdarstellung die gleiche Koeffizienten-Verknüpfung zweier Meßwertfolgen ergeben, scheint hier ein Widerspruch zu der bekannten Tatsache zu bestehen, daß bei der LAPLACE-Transformation im Zeitbereich und im Bildbereich unterschiedliche Verknüpfungsgesetze auftreten. Dies ist aber hier nicht der Fall! Dies rührt daher, daß bei der z-Transformation, wie soeben gezeigt, die Koeffizienten in der Zeit- und Bild-Bereich-Reihen-Entwicklung übereinstimmen, der entscheidende Vorteil der z-Transformation: es entfällt dort die Rücktransformations-Berechnung, wenn im Bildbereich die Lösung in Folge einer z-Reihen-Entwicklung gewonnen wurde. Die Koeffizienten der Potenzen z^{-i} sind zugleich die Abtastwerte im Zeitbereich!

Der Vergleich der Koeffizienten-Verknüpfung bei der diskreten Faltung und bei der Polynom-Multiplikation zeigt, daß mit beiden algebraischen Verknüpfungsoperationen gleiche Systeme beschrieben werden, d. h. lineare Netzwerke in diskreter Arbeitsweise. Sie werden auch Zeitbereich-Filter genannt.

Wir werden später in Abschn. 3.3. sehen, daß die Polynom-Multiplikation aber auch völlig andere Systeme zu beschreiben gestattet, wenn man den Grad des Produkt-Polynoms durch eine zusätzliche Vorschrift, durch das Modul-Polynom, nach oben begrenzt. Dies führt dann über die Klasse der linearen Systeme hinaus.

Zusammenfassung: Es wurde gezeigt, wie man die Amplitudenwerte von Realisierungen von Zufallsprozessen (= Musterfunktionen) nach Umwandlung in binäre Kodeworte mittels ausgewählter algebraischer Strukturen verarbeiten kann. Hierbei benötigt man keine statistischen Gesetzmäßigkeiten. Man kann daher von dem algebraischen Aspekt der Stochastik sprechen. Daneben steht der statistische Aspekt, der uns noch nachfolgend beschäftigen wird.

Die Weiterentwicklung der algebraischen Methoden führte zur Automatentheorie und technisch zur Entwicklung der Minicomputer in komplexen Meßwertverarbeitungsanlagen des wissenschaftlichen Gerätebaues.

Die notwendige Ergänzung und Erweiterung der linearen Systemtheorie ergibt sich aus dem Begriff des Verbundsystems auf der Basis einer algebraischen Struktur. Hierbei besteht eine Auswahlmöglichkeit von additiven und von multiplikativen Verknüpfungen von Informationsflüssen, die die Struktur des Systems festlegen, entweder zum Zweck der Meßwertübertragung (vorzugsweise als Analogtechnik) oder zum Zweck der Meßwertverarbeitung (vorzugsweise als Digitaltechnik).

Tafel 3 zeigt eine Übersicht über die analogen und die digitalen Verbundsysteme der Informationstechnik. Diese Systeme sollen im nachfolgenden 2. und 3. Abschnitt für meßtechnische Anwendungen weiter analysiert werden.

Tafel 3: *Klassifizierung der meßwertverarbeitenden Systeme mit doppelter Aussteuerung und algebraischer Verknüpfung*

Verbundsysteme mit additiver Verknüpfung:	analog	— mit algebraischer Summierung
	digital	— mit binärer Summierung ohne Übertrag (Addition modulo 2, Antivalenz)
		— dsgl. mit Übertrag als Volladder
Verbundsysteme mit multiplikativer Verknüpfung:	analog	— Faltungs-Multiplikation algebr. Multiplikatoren (ohne Mittelbildung)
		— Korrelatoren (mit Mittelbildung)
		— Austaststufen (gate), Frequenzumsetzer
		— Modulatoren
		— Demodulatoren
		— Phasenregelkreise
	digital	— logische Bauelemente
		— Wertproduktbildung ohne Aufsummierung
		— Wertproduktbildung mit Aufsummierung (skalares Produkt als Mittelwert)
		— Matrizenmultiplikation und
		— Polynom-Multiplikation mehrstelliger Binärsignale
		a) als diskrete Faltung ohne Polynomgrad-Begrenzung
		b) als Restklassen-Algebra zur Polynomgrad-Begrenzung

2. Methoden der Informationsverarbeitung stochastischer Prozesse

2.1. Zielstellung und Randbedingungen der Informationsverarbeitung in der Meßtechnik

2.1.1. Prozeß-Identifizierung und Prozeß-Kontrolle

Es gibt zwei Zielstellungen der Informationsverarbeitung in der Meßtechnik: (1) Meßwerte zu übertragen und (2) Meßwerte auszuwerten.

Die erste Aufgabe ist fast identisch mit der der Nachrichtentechnik. Es werden in der Meßtechnik die gleichen Verfahren der Modulation und der Kodierung benutzt, um eine maximale Übertragungsgüte und Verzerrungsfreiheit zu erzielen. Dabei hat man analoge und digitale Verfahren zu unterscheiden. Die *Digitaltechnik* benutzt *diskrete* Wertefolgen, vorzugsweise zur Mehrfachübertragung mit Zeitstaffelung (Multiplex-Verfahren). Digitale Informationsübertragungsverfahren eignen sich besonders für eine automatische Weiterverarbeitung durch angeschlossene Rechenanlagen und gewinnen zusehends an Bedeutung. Der Meßtechniker muß jedoch auch die Grundprinzipien der Analogtechnik kennen, z. B. für die Meßwertgewinnung durch den Meßfühler mittels Amplituden- oder Frequenzmodulation (Abschn. 2.2.).

Die Übertragung der Meßinformation am Anfang der Meßstrecke vom Meßfühler aus wurde bereits durch das Schema von Abb. 1.1 dargestellt. In der Nachrichtentechnik stellt das Mikrophon oder die Morsetaste den Meßfühler dar. Wir werden diese Übertragungsform in Abschn. 2.2. behandeln.

Es gibt aber in der Meßtechnik auch noch einen anderen Fall, der durch das Schema von Abb. 2.1 dargestellt wird. Hier wird am Eingang der Meßstrecke ein Testsignal ausgestrahlt, und die Meßinformation wird erst auf dem Übertragungsweg gewonnen und dem Testsignal als Informationsträger aufmoduliert. Bezeichnet man Abb. 1.1 als Meßstrecke des 1. Typs, bei dem der Meßfühler aktiv die Meßinformation liefert, wird diese nach Abb. 2.1 als Meßstrecke des 2. Typs erst durch Anregung des Meßobjektes gewonnen, ein für die Prozeßidentifizierung und Prozeßkontrolle häufiger Fall. Die Fragen werden im Abschnitt 2.3. berührt (vgl. Abb. 2.22 und Abb. 2.23).

Die zweite Aufgabe, die Meßwertauswertung und Meßwertverarbeitung, ist die eigentliche Aufgabe der Meßtechnik. Hier rückt die Frage in den Vordergrund, was für Kenngrößen eigentlich gebildet werden können und in welchem Maße eine Informationsreduktion vorgenommen werden soll, um einen möglichst geringen Informationsfluß bei der nachfolgenden Ausnutzung der gewonnenen Meßdaten zu erhalten, z. B. um die zentrale EDVA nicht zu überlasten. Abschnitt 2.3. beschäftigt sich vorzugsweise mit dieser Frage.

Die *Auswahl* von *prozeßrelevanten Kenngrößen* dient zwei verschiedenen Aufgaben:

Die eine Aufgabe besteht darin, zu entscheiden, welcher Prozeß oder welches Meßobjekt vorliegt. Wir nennen dies die *Prozeß-Identifizierung*! Sie tritt auf vielen

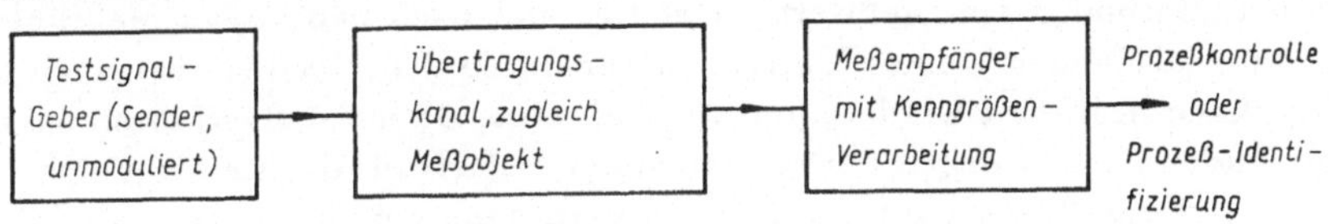

Abb. 2.1. Schema eines aktiven Meßverfahrens (Meßstrecke vom Typ 2)

naturwissenschaftlichen Gebieten der Grundlagenforschung auf, in der Physik, in der Biologie und Physiologie und auf ähnlichen Gebieten.

So sind in der Medizintechnik zu nennen: automatische Krankenüberwachung, objektive Audiometrie und Ophtalmologie, EKG-Analyse zur Herzfunktionsüberwachung, Kontrolle pränataler Herztöne des Fetus, Blutdruckmessung bei Säuglingen, Auswertung von Röntgenaufnahmen der Niere, Analyse von Gehirnströmen (Enzephalographie) u. a. Hierbei handelt es sich wieder um die Auswahl von charakteristischen Kenngrößen und um die Entdeckung von Nutzsignalen im biologischen Störspiegel (Potential-Evozierung). In der Regelungstechnik tritt auf allen Gebieten die Aufgabe auf, die Eigenschaften einer Regelstrecke zu erforschen. Um den laufenden Prozeß nicht durch Testsignale zu stören, verwendet man die natürlichen Prozeßschwankungen, z. B. beim Kernreaktor, um nur ein Beispiel von vielen zu nennen. Dort ist es der Neutronenfluß.

Gleichzeitig tritt bei den genannten Aufgaben aber auch noch eine zweite Frage auf: Verläuft der Prozeß normal, bzw. optimal oder nicht? Wir nennen dies die *Prozeßkontrolle*!

Prozeßidentifizierung und Prozeßkontrolle sind auf die Benutzung von Prozeßkenngrößen angewiesen!

Diese beiden Aufgaben werden meist automatisiert durchgeführt; man will die Untersuchung in recht kurzer Zeit und ohne Überlastung des Meß- und Kontrollpersonals durchführen. Ferner wird bei Produktionsprozessen das Ergebnis praktisch sofort benötigt, da es zur Korrektur des laufenden Produktionsprozesses verwendet wird. Die Forderungen einer automatischen Meßtechnik, *Autometrie* genannt, und einer minimalen Meßzeit stehen bei der Konstruktion einer Meßanlage im Vordergrund.

Dadurch wird die Verwendung zahlreicher, seit Jahrzehnten erprobter Labormeßverfahren erheblich eingeschränkt. Es entstand der Bedarf nach neuen physikalischen Methoden zur Meßwertgewinnung und nach neuartigen Meßfühlern; z. B. kann die Feuchte eines Materials zwar durch den Masseverlust nach dem Austrocknen bestimmt werden, und zwar absolut. Dieses Meßverfahren ist aber im laufenden Prozeß wegen des zu großen Zeitbedarfs für die Messung nicht einsetzbar. Bei der Prozeßkontrolle benutzt man dann ein elektrisches Verfahren, z. B. die Verlustwinkelmessung, auch wenn sie keine absoluten, sondern nur relative Messungen gestattet. Die klassische Methode der Austrocknung bleibt als Eichmethode verwendungsfähig. So kam es oft zu einer Veränderung zahlreicher Meßverfahren in Richtung der Meßelektronik. Rein mechanische Verfahren werden, wenn nur irgend möglich, vermieden! Die Zeitkonstante mechanischer Meßeinrichtungen steht im Widerspruch zum Bemühen um eine extrem kurze Meßzeit. Außerdem sind mechanische Meßeinrichtungen wegen Verschmutzung und Erschütterungen im rauhen Klima der Produktion stärker störanfällig.

Das Schwergewicht verschiebt sich daher immer mehr von der Meßmechanik zur Meßelektronik!

Eine weitere Randbedingung besteht darin, daß das Meßsignal computergerecht als elektrisches Einheitssignal oder sogar kodiert als Binärsignalfolge von der Meßeinrichtung abgegeben wird. Die Entwicklung zielt auf eine Kombination von Meßgerät (Meßfühler + Verstärker) und Kleinrechner, insbesondere im wissenschaftlichen Gerätebau bei wissenschaftlich anspruchsvollen Meßsystemen. Der Rechneranschluß ermöglicht die automatische Durchführung von indirekten Messungen, aus denen die gesuchte Meßgröße erst berechnet werden muß, so bei der Messung von komplizierten Teilen des Maschinenbaues. Ein klassisches Beispiel ist die Schiffsnavigation!

Eine weitere Schwierigkeit besteht besonders bei der Benutzung von Testsignalen zur Objektidentifizierung darin, daß ein Meßobjekt ein dynamisches Verhalten aufweist, ein Einschwingverhalten, das bei der Meßauswertung berücksichtigt werden muß. Der statische Endwert der Systemreaktion, z. B. bei der Erregung mit einer Sprungfunktion (= Ermittlung der Übergangsfunktion des Systems) wird erst nach Ablauf der Systemzeitkonstante näherungsweise erreicht. Dies hat zur Folge, daß die Meßzeit — vom System aus betrachtet — eine dazu hinreichende Länge haben muß, ein Widerspruch zu der möglichst kurzen Meßzeit, die für die Verwendung des Meßergebnisses gefordert wird.

Eine letzte Forderung ist die Kombination des Meßverfahrens mit der Verfahrenstechnik. Erst bei gründlicher Kenntnis der sich abspielenden physikalischen oder biologischen Vorgänge im Meßobjekt kann die richtige Auswahl der mathematisch definierten Kenngröße getroffen werden; hierauf wurde schon oben hingewiesen. Dies bedeutet, daß der „informatorische Aspekt" keinesfalls den physikalischen Aspekt ersetzen kann. Er ist notwendig, aber nicht hinreichend!

Hauptforderungen an die moderne Prozeßanalyse sind:

Die Informationsverarbeitung muß

   a) vollautomatisch
   b) betriebssicher
   c) störfest

erfolgen!
Daher Entwicklungs-Tendenz: rein elektronische und digitale Informations-Verarbeitung!

   Zusammenfassend sind also u. a. folgende Randbedingungen zu beachten_

1. Automatisierung des Meßverfahrens und der Meßwertverarbeitung
2. Erreichung einer minimalen Meßzeit zur Vornahme einer sofortigen Prozeßkorrektur
3. Vermeidung von mechanischen, trägen und störanfälligen Meßeinrichtungen
4. Berücksichtigung des dynamischen Verhaltens des Meßobjektes
5. Computergerechte Meßwertausgabe
6. Berücksichtigung verfahrenstechnischer Belange, des „physikalischen Aspektes".

Ein weiterer Fragenkomplex ergibt sich bei der Diskussion der Einflüsse von Störungen auf den Meßprozeß. Er wird im nachfolgenden 3. Abschnitt noch ausführlich behandelt werden als ein Kernproblem der Meßstochastik.

Zur Lösung der beschriebenen Aufgaben dienen Meßanlagen. Nach STARICEK hat man drei verschiedene Ausführungsformen von Meßgeräten zu unterscheiden ([1]):

1. Etalons und hoch präzise Meßgeräte für wissenschaftliche Zwecke
2. Einmalige Meßgeräte für Messungen bei wissenschaftlichen und technischen Untersuchungen
3. Kontrollgeräte für laufende Messungen in der industriellen Fertigung kontinuierlicher oder diskontinuierlicher Mengen.

Je nach dem Verwendungszweck wird ein unterschiedlicher Aufwand an Entwicklung, Konstruktion und Fertigungstechnologie benötigt.

Die innerhalb einer Meßkette zu lösenden Aufgaben (vgl. Abb. 1.1) kann man in Stichworten folgendermaßen charakterisieren:

Teilaufgabe	Optimale Eigenschaft	Stichwort der Methode
Informations-Übertragung	verzerrungsfrei und störfest	Modulation und Kodierung
Informations-Selektion	optimale Frequenz-, Zeit- oder Raum-Selektion	Filterung, Austastung, Bündelung
Informations-Verdichtung	optimale Redundanz-Reduktion	Meßgrößenbildung
Informations-Speicherung	verlustarm, schnell abrufbereit	Digital-Speicherung oder Analog-Speicherung
Informations-Erkennung	variantenreich, verwendungsgerecht, automatisch	Mustererkennung (pattern recognition)
Informations-Ausgabe (Display)	computergerecht (digital) oder humangerecht (akustisch, optisch)	Meßwert-Ausgabe

Abb. 2.2 zeigt die Stufen der Informations-Verarbeitung, die in Meßanlagen auftreten. Am Meßort wird über einen Meßwandler die Meßinformation gewonnen. Durch ein Korrekturglied wird die Zeitkonstante des Meßwandlers verbessert, um eine optimale Regelung vornehmen zu können. Dann kann auch —

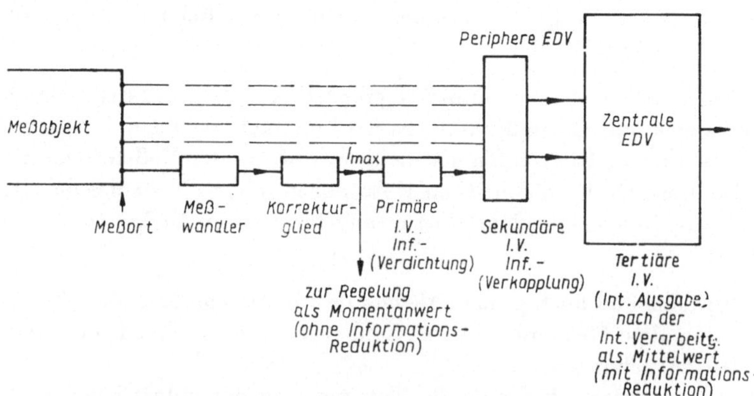

Abb. 2.2. Formen der Informationsverarbeitung auf Meßstrecken

allerdings für andere Zwecke — umgekehrt eine Informationsverdichtung (Informationsreduktion) vorgenommen werden sowie eine Informations-Verknüpfung mit anderen Informationsflüssen durch ein Verbundsystem. Die Informationsverarbeitung wird vorzugsweise in einer peripheren EDVA durch einen Kleinrechner vorgenommen, um eine zentrale EDVA zu entlasten. So hat man in größeren Anlagen verschiedene Stufen der Informationsverarbeitung (primär, sekundär, tertiär) zu unterscheiden.

Im Schema sind die Meßübertragungs-Einrichtungen, die zwischen den Teilstufen auftreten, zur Vereinfachung weggelassen worden.

2.1.2. *Signalerkennung und Parameter-Abschätzung bei Störeinflüssen*

Die Informationsverarbeitung zur Prozeßidentifizierung oder Prozeß-Kontrolle weist methodische Varianten auf, je nachdem ob Störeinflüsse unbedeutend oder von wesentlicher Bedeutung sind. Man hat also zwei Fälle zu unterscheiden:

I. Es liegt nur ein einziger stochastischer Prozeß vor, der die Nutzinformation liefert oder

II. es liegt eine Überlagerung von einem Nutz-Prozeß und einem Störprozeß vor.

Problemstellungen der Prozeßanalyse:

I. Prozeßanalyse eines ungestörten Schwankungsprozesses

II. Prozeßanalyse eines gestörten Schwankungsprozesses

    IIa. Das bekannte Nutzsignal soll aufgefunden werden. (*„Signalentdeckung"* als binärer Entscheidungsprozeß)

    IIb. Das Nutzsignal enthält unbekannte, aber zeitkonstante Parameter, die bestimmt werden sollen („Parameter-Abschätzung" als multipler Entscheidungs-Prozeß)

    IIc. Das Nutzsignal enthält unbekannte und zeitvariable Parameter als Schwankungsprozeß wie unter I, aber überlagert von Störsignalen.

Im ersten Fall (I) sind keine Störungen vorhanden. Der stochastische Prozeß liefert ein Nutzsignal, das die gewünschte Meßinformation bzw. den Nutzinformationsfluß enthält. Das Nutzsignal ist nicht determiniert; denn sonst würde es keine Information enthalten. Unsere bisherigen Betrachtungen bezogen sich vorwiegend auf diesen Fall.

Im zweiten Fall (II) liegen Störungen vor, die dem Nutzsignal überlagert sind. Das Nutzsignal kann selbst determiniert und a priori bekannt sein (IIa), ist aber von einem stochastischen Störprozeß überlagert. Es gilt hier, das Nutzsignal im Störrauschen nachzuweisen und den Zeitpunkt seines Auftretens festzustellen.

Das ist der Fall der „Signalentdeckung". Hier entsteht die Meßunsicherheit durch den Störpegel, der das Nutzsignal übertreffen kann.

Es braucht aber im Falle II das Nutzsignal selbst nicht vollständig bekannt zu sein. Es soll in seiner Struktur invariabel sein und noch unbekannte Parameter als Meßwerte enthalten (z. B. als Amplitude oder Frequenz oder Null-

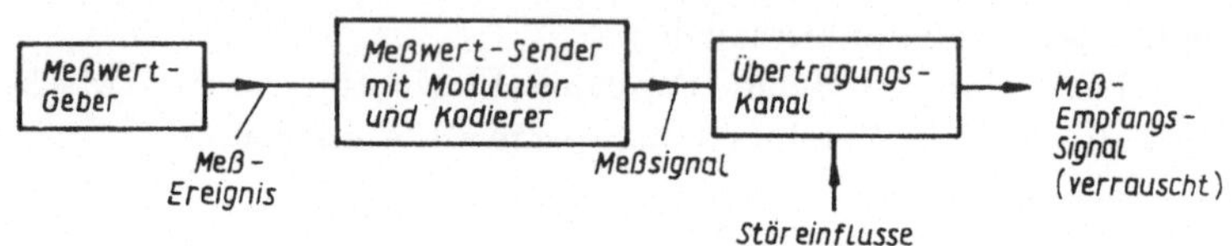

Abb. 2.3. Schema einer Meßstrecke mit Störeinflüssen

phasenwinkel). Dies ist der Fall II b der Parameterabschätzung. Die Meßunsicherheit entsteht wie im Falle II b durch den überlagerten Störprozeß, z. B. Rauschen.

Schließlich kann der Informationsparameter noch zeitvariabel sein und stochastisch schwanken, wie bei I ohne Störpegel angenommen wurde. Hier muß ein Meßinformationsfluß auf Grund vorliegender Meßwerte, jedoch bei überlagerten Störungen gewonnen werden. Mit anderen Worten: es ist sowohl der Störprozeß wie auch der Nutzprozeß stochastischer Natur (II c).

Die Schwierigkeit der Lösung der gestellten Aufgaben steigt im Falle II b und II c gegenüber dem Falle I und II a erheblich an und führte zu einem starken Ausbau der mathematischen Theorie, weit über die klassische Nachrichtentechnik hinaus. Es geht darum, daß am Ende einer Meßkette eine Entscheidung gefällt werden muß, deren Risiko abgeschätzt werden muß. Es sind nämlich im Falle II jeweils Situationen möglich:

Meßsituation:	Meßereignis liegt vor: „1"	Meßereignis liegt nicht vor: „0"
Meßentscheidung ist richtig:	Alarm erkannt: „1"	Kein Alarm: „0"
Meßentscheidung ist falsch:	Verpaßter Alarm: „$\bar{1}=0$"	Falscher Alarm: „$\bar{0}=1$"
	Querstrich /:Negation	

Wie diese Aufstellung zeigt, sind vier verschiedene Situationen zu unterscheiden, je nachdem, ob die Meßentscheidung richtig oder falsch war und ob das Meßereignis stattgefunden hat oder nicht. Das Problem besteht in der Festlegung der Entscheidungsschwelle im Störpegel. Die Bezeichnungen stammen aus der Radartechnik, haben aber auch in der Automatisierungstechnik Anwendung gefunden, z. B. bei der Grenzwertüberwachung von Produktionsprozessen. Das Nullsignal „0" kennzeichnet die Situation, daß der schwankende Meßwert noch im zulässigen Arbeits- oder Toleranzbereich liegt. Das Signal „1" bedeutet, daß der Meßwert die vorgeschriebene obere oder untere Toleranz-Grenze überschritten hat und ein Eingriff in den Prozeßablauf notwendig ist. Diese Entscheidungen, die vom Meßempfänger gefällt werden müssen, werden als „Hypothese" bezeichnet. Je größer der überlagerte Störpegel ist, desto größer ist die Entscheidungs-Unsicherheit.

Ehe aber überhaupt eine Entscheidung gefällt wird, muß die Meßanlage zwei Aufgaben lösen:

a) Die Meßinformation muß optimal übertragen und in eine geeignete Meßgröße umgeformt werden (vgl. Abschn. 2) und

b) Die Störfestigkeit der Meßanlage muß zur Verringerung des Entscheidungsrisikos so groß wie möglich gemacht werden (Abschn. 3).

So ergibt sich schließlich die Frage, welche methodischen Möglichkeiten dafür bestehen.

2.2. Übertragung von Informationsprozessen

Die moderne Meßtechnik benutzt zahlreiche Verfahren der Signal- und Systemtheorie, die z. T. der Nachrichtentechnik entnommen sind, aber in der Meßtechnik veränderten Zielstellungen dienen. Dies gilt u. a. für die Informationsgewinnung und Informationsübertragung in Meßanlagen. Obwohl es sich in weitem Umfang um stochastische Prozesse handelt — zu denen ja auch Musik und Sprache gehört —, greift man in vielen Fällen nach dem Vorbild der Nachrichtentechnik auf das Konzept determinierter Testsignale zurück, für die eine Anlage entworfen und mit denen sie geprüft wird. Die spektrale Betrachtungsweise ist die Leitlinie der modernen Meßtechnik und stellt den Fortschritt gegenüber der empirischen Statistik dar, die früher ausschließlich für die Meßauswertung von stochastischen Prozessen benutzt wurde.

Ein zentraler Begriff, dem wir nachfolgend mehrfach wiederbegegnen werden, ist der Begriff der *Bandbreite* eines stochastischen Prozesses, entscheidend für die Festlegung der Konstruktionsdaten einer Meßanlage und für ihre Optimierung. Wenden wir uns zunächst dem Problem der Informationsübertragung zu! Welche Methoden stehen zur Übertragung von Meßwertfolgen oder von Meßvorgängen zur Verfügung, welchen Aufwand (z. B. an Bandbreite) erfordern sie und durch welche Eigenschaften sind sie gekennzeichnet?

2.2.1. *Frequenzumsetzung von stochastischen Prozessen durch Modulation*

2.2.1.1. *Amplitudenmodulation*

Der in der Meßtechnik sich überall abspielende Vorgang ist folgender: der zu untersuchende Prozeß — das Meßobjekt — wird mittels eines Meßfühlers in ein elektrisches Meßsignal „abgebildet", derart, daß das Meßsignal den gleichen zeitlichen Verlauf der Meßamplitude aufweist.

Der *Meßsignalträger* kann ein Gleichstromsignal oder ein Wechselstromsignal sein. Man zieht den Wechselstrom vor, weil Wechselströme sich leicht verstärken und zu einem Auswertgerät weiterleiten lassen. Die Umsetzung des Meßwertes

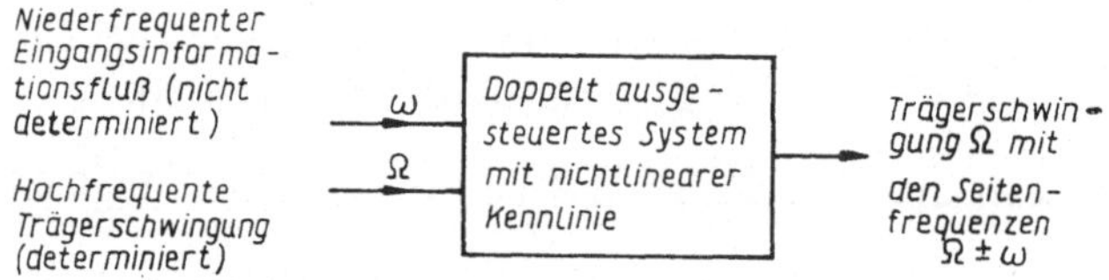

2.4- Amplitudenmodulator als Verbundsystem

auf ein Wechselstrom-Trägersignal wird als *Modulation* bezeichnet. Die Meßtechnik konnte sich hierbei weitgehend auf die Erfahrungen und Methoden der Nachrichtentechnik stützen. In diesem Sinne kann man das Mikrophon einer Rundfunk-Sprechanlage als Meßgeber betrachten.

Die drei wichtigsten Modulationsarten sind die Amplitudenmodulation, die Frequenz- und Phasenmodulation und die Pulsmodulation von harmonischen Schwingungen als Trägersignalen.

Beim Modulations-Vorgang wird eine hochfrequente Trägerschwingung in einem Parameter (Amplitude oder Frequenz oder Phase) von dem niederfrequenten Informationsfluß, der Nachricht, synchron verändert, und zwar nach dem gleichen zeitlichen Verlauf.

Wie noch gezeigt wird, entstehen dabei Seitenfrequenzen neben der Trägerfrequenz. Dieser Bandbreite-Bedarf ist ein zentrales Problem der Nachrichtentechnik. Die erste Aufgabe ist es, diesen Bedarf zu ermitteln, die zweite Aufgabe, Vor- und Nachteile der Modulationsverfahren miteinander zu vergleichen. Dabei spielt die Störfestigkeit eine wesentliche Rolle. Die Amplitudenmodulation überträgt die Information auf die Amplitude der Trägerschwingung:

$$x(t) = \hat{X}(t) \cos \Omega) \quad \text{(Abb. 2.4)}.$$

Will man positive oder negative Werte übertragen, so verfährt man folgendermaßen. Man setzt $\hat{X}(t) = \hat{X}_0(1 + m \cos \omega t)$ mit ω als Modulationsfrequenz (NF) und m als Modulationsgrad $(0 < m < 1)$. Es wird also nur die Umwandlung einer bestimmten Spektrallinie der Frequenz ω betrachtet, z. B. der oberen Grenzfrequenz. Der Scheitelwert der Trägerfrequenz wird dann im Bereich $\hat{X}_0(1 - m)$ bis $\hat{X}_0(1 + m)$ verändert. Die AM ist einfach, hat aber den Nachteil eines schlechten Wirkungsgrades, da stets die Mindestleistung $\dfrac{\hat{X}_0{}^2}{2}$ ausgestrahlt werden muß (Fall $m = 0$).

Bei $m = 100\%$ beträgt der Wirkungsgrad: $\eta_{\max} = 1/3$. Man erkennt dies durch die Zerlegung der modulierten Trägerschwingung in eine unmodulierte Trägerschwingung und zwei Seitenfrequenzschwingungen:

$$x(t) = \hat{X}_0(1 + m \cos \omega t) \cos \Omega t = \hat{X}_0 \cos \Omega \cdot$$

$$+ \frac{m}{2} \hat{X}_0 \left[\cos (\Omega - \omega) t \cdot + \cos (\Omega + \omega) t \cdot\right].$$

Die Trägerleistung beträgt $\dfrac{\hat{X}_0{}^2}{2}$, die Seitenbandleistungen bei $m = 1$ betragen zusammen:

$$2 \cdot \frac{1}{2} \cdot \frac{\hat{X}_0{}^2}{4} = \frac{\hat{X}_0{}^2}{4}.$$

Damit ergibt sich der Wirkungsgrad als Verhältnis der Nutzleistung zur Gesamtleistung zu: $\eta = \dfrac{1/4}{1/2 + 1/4} = 1/3$. Der Effektivwert der amplitudenmodulierten Schwingung beträgt:

$$x_{\mathrm{eff}_m} = x_{\mathrm{eff}_{m=0}} \cdot \sqrt{1 + \frac{m^2}{2}} = x_{\mathrm{eff}_{m=0}} \cdot 1{,}225 \quad \text{bei } m = 100\%.$$

Der Bandbreitebedarf der modulierten Schwingung beträgt also das doppelte der höchsten Modulationsfrequenz: $2\omega_g$ bzw. $2f_g$ in Hz. Die obere und die untere Seitenfrequenz hat die Amplitude $\dfrac{\hat{X}_0 m}{2}$. Beim Modulationsprozeß wird die Trägerschwingung nicht verändert, während die Seitenfrequenzen neu hinzutreten.

Der Träger enthält keine Information und kann bei der Übertragung fortgelassen werden. Ebenfalls genügt eine Seitenfrequenz (bzw. ein Seitenband) für die Informationsübertragung. Dies ergibt die Einseitenbandmodulation. Hier kommt es darauf an, daß bei der Demodulation der Träger mit genügender Frequenzkonstanz hinzugesetzt wird. In manchen Fällen überträgt man deswegen noch einen Trägerrest. Der Vorteil besteht in der Reduzierung des Bandbreitebedarfs auf die Hälfte und in einem erheblich größeren Wirkungsgrad, da praktisch nur die Nutzleistung übertragen wird.

Ein genereller Nachteil der Amplitudenmodulation ist die mangelhafte Störfestigkeit, da jede der Trägerschwingung überlagerte Störschwingung bei synchroner Phasenlage eine Störmodulation hervorruft, die der Störamplitude proportional ist. Einen Ausweg dazu bietet die Frequenzmodulation an (3.2.1).

In der Meßtechnik tritt eine Sonderform der Amplitudenmodulation auf: wenn man einen Meßgeber, z. B. einen Dehnungsmeßstreifen, in eine wechselstromgespeiste Brücke einschaltet (z. B. mit einem Träger von 5 kHz), dann ergibt sich beim Durchgang durch den Brückenabgleichpunkt (d. h. bei Brückengleichgewicht) ein Vorzeichenwechsel der Brückenabgleichspannung. Dieser Vorzeichenwechsel bedeutet beim Wechselstrom ein Phasensprung von 180°. Da beim Abgleich der Träger unterdrückt wird, entspricht dies einer AM mit unterdrücktem Träger!

Der Amplituden-Modulator wird technisch realisiert durch die Aussteuerung einer nichtlinearen Kennlinie. Hierbei werden neben der erwünschten multiplikativen Verknüpfungskomponente auch unerwünschte Signalkomponenten erzeugt, die nachträglich durch Resonanzkreise unterdrückt werden müssen.

Angenommen, es liegt eine nichtlineare Kennlinie der Form vor:

$$x_a(t) = a_0 + a_1 x_e(t) + a_2 x_e^2(t)$$

mit $x_e(t)$ als Eingangssignal und $x_a(t)$ als Ausgangssignal!

Dies ist eine parabolische Kennlinie mit linearem und konstantem Anteil.

Das Eingangssignal bestehe aus der additiven Mischung der Trägerschwingung der Frequenz Ω und dem Repräsentant der Information, der Modulationsschwingung der Frequenz ω:

$$x_e(t) = \hat{X}_1 \cos \Omega t + \hat{X}_2 \cos \omega t.$$

Dann beträgt das Ausgangssignal des nichtlinearen Signalwandlers:

$$x(t) = a_0 + a_1(\hat{X}_1 \cos \Omega t + \hat{X}_2 \cos \omega t)$$
$$+ a_2(\hat{X}_1^2 \cos^2 \Omega t + 2\hat{X}_1\hat{X}_2 \cos \Omega t \cdot \cos \omega t + \hat{X}_2^2 \cos^2 \omega t)$$

Nur in der Komponente $(a_2 \cdot 2\hat{X}_1\hat{X}_2 \cos \Omega t \cos \omega t)$ ist die gewünschte Verknüpfungskomponente des idealen Verbundsystems enthalten. Sie ergibt die beiden Modulationsseitenbänder unter Berücksichtigung der Umrechnung:

$$2 \cos \Omega t \cdot \cos \omega t = \cos(\Omega + \omega)\, t + \cos (\Omega - \omega)\, t.$$

zu:

$$a_2 \hat{X}_1 \hat{X}_2 \cos\left(\Omega \pm \omega\right) t = \frac{a_2}{a_1}\, \hat{X}_0 \hat{X}_2 \cos\left(\Omega \pm \omega\right) t\,.$$

Die Trägeramplitude lautet: $a_1 \hat{X}_1 \cos \Omega t = \hat{X}_0 \cos \Omega t$.
Der Modulationsgrad m ergibt sich aus der Beziehung:

$$\frac{m}{2}\, \hat{X}_0 = \text{Seitenfrequenzamplitude} = \frac{a_2}{a_1}\, \hat{X}_2 \hat{X}_0\,,$$

$$\text{zu}\quad m = \frac{2a_2}{a_1}\, \hat{X}_2\,.$$

Man erkennt, daß der Modulationsgrad, wie gefordert, der Modulationsamplitude $\hat{X}_2$ proportional ist. Alle übrigen Komponenten sind Störkomponenten. Es erscheint auf der Ausgangsseite noch der Gleichanteil a_0, die Modulationsschwingung der Frequenz ω und die doppelten Frequenzen 2Ω und 2ω. Letzteres folgt aus der Beziehung:

$$\cos^2 \Omega t = \frac{1}{2}\left(1 + \cos 2\Omega t\right) \quad \text{und} \quad \cos^2 \omega t = \frac{1}{2}\left(1 + \cos 2\omega t\right)$$

mit den Amplituden $\dfrac{a_2}{2} \cdot \hat{X}_1{}^2$ und $\dfrac{a_2}{2} \cdot \hat{X}_2{}^2$.

Daneben treten noch die gleichgerichteten Anteile $\dfrac{a_2}{2}\left(\hat{X}_1{}^2 + \hat{X}_2{}^2\right)$, um die sich der Gleichanteil a_0 bei der Aussteuerung ändert. Sofern die Nebenbedingung erfüllt ist: $2\omega \ll \Omega \ll 2\Omega$, lassen sich die Störkomponenten leicht von der Modulationsnutzkomponente trennen.

Das Beispiel soll zugleich zeigen, daß bei der technischen Realisierung stets Probleme auftreten, die in der theoretischen Aufgabenstellung zunächst nicht erkennbar sind. Man kann auch mit erheblich größerem technischen Aufwand einen idealen Multiplikator realisieren, muß aber entscheiden, ob dies ökonomisch sinnvoll ist.

Der Amplitudenmodulator ist wohl der älteste Vertreter eines Verbundsystems, indem nach Abb. 2.4 der niederfrequente Informationsfluß mit der determinierten Trägerschwingung multiplikativ verknüpft werden. In anderer Auffassung repräsentiert der Modulator ein rheolineares System mit gesteuertem Parameter. Zum Unterschied zu einem reinen Multiplikator, der nur die beiden Seitenfrequenzen liefern würde, enthält das Ausgangssignal noch die Trägerschwingung selbst als wesentliche Komponente.

Die Parametersteuerung wird durch die Aussteuerung einer nichtlinearen Kennlinie (s. o.) vorgenommen, d. h. durch ein nichtlineares Bauelement.

Zusammenfassend ist festzustellen, daß der Amplitudenmodulator dazu dient, die Meßwertfolge eines stochastischen Prozesses in Scheitelwertschwankungen einer Trägerschwingung umzuformen. Die modulierte Trägerschwingung dient zur Übertragung und Weiterverarbeitung des aufgenommenen Meßprozesses.

Wird dabei eine Frequenzverschiebung in störfreie Frequenzbereiche vorgenommen, so wirkt dies als „induzierte Störfestigkeit". Dies gilt für jede Modulationsart!

2.2.1.2. Frequenzmodulation

Die Amplitudenmodulation hat den Nachteil, daß sie störanfällig ist: entweder gegenüber additiv überlagerten Störsignalen oder gegenüber multiplikativen Störfaktoren; im ersten Falle können es Rauschstörungen oder induzierte Störspannungen sein, die sich dem Informationsfluß überlagern, im anderen Falle sind es Schwankungen der Verstärkung oder der Übertragungsdämpfung. In beiden Fällen wird die Meßgenauigkeit erheblich beeinträchtigt, wenn die Signalamplitude ein Maß der übertragenen Meßinformation ist.

Daher benutzt man in zunehmendem Maße in der Meßtechnik die Frequenzoder die Phasenmodulation nach dem Vorbild der UKW-Rundfunktechnik. Sie wurde 1936 von ARMSTRONG, dem Erfinder des Überlagerungsempfängers, vorgeschlagen und in die Funktechnik eingeführt.

Bei der Frequenzmodulation wird die Frequenz des Trägersignals als Modulationsparameter im Takte der Nachricht um den Mittelwert — die Trägerfrequenz Ω — verändert, wie bei der Amplitudenmodulation synchron, d. h. nach dem gleichen Zeitverlauf.

Bei der FM wird der Scheitelwert der Trägerschwingung mit der Frequenz Ω konstant gehalten, und bei einwirkenden Störungen auf die Trägersignalamplitude wird auf der Empfangsseite durch Amplitudenbegrenzung jede parasitäre Amplitudenmodulation unterdrückt. Es bleibt als Störeffekt nur die parasitäre Phasenmodulation übrig. In Abschn. 3.2.1 wird gezeigt, in welchem Maße sich hierbei die Störfestigkeit erhöht, und welche Voraussetzungen dafür bestehen (zusätzlicher Bandbreitebedarf).

Die Meßtechnik hat an der FM besonderes Interesse, weil sich Meßgeber mit FM leicht realisieren lassen, z. B. durch gesteuerte Kapazitäten von Resonanzkreisen, und weil die Verwendung der Frequenz als Meßgröße eine hohe Auswertgenauigkeit und Empfindlichkeit verspricht, beides Eigenschaften der elektr. Meßtechnik von Frequenzen.

Doch hier zunächst zur *mathematischen Modellierung* der Phasen- und Frequenzmodulation: Das Grundprinzip ist folgendes: Während bei einer unmodulierten harmonischen Schwingung der Phasenwinkel sich linear mit der Zeit ändert, daher die Phasengeschwindigkeit $\dfrac{d\varphi(t)}{dt} = \Omega$ konstant ist, wird hier die Phase nichtlinear mit der Zeit geändert, dis Phasengeschwindigkeit oder Kreisfrequenz ist eine Funktion der Zeit: $\dfrac{d\varphi(t)}{dt} = \Omega(t)$. Dem konstanten Anteil Ω_0 ist ein periodischer Anteil überlagert. $\Omega(t) = \Omega_0(1 + m \sin \omega t) = \Omega_0 + \Delta\Omega \sin \omega t$ mit $\Delta\Omega = m\Omega_0$ als Frequenzhub (eigentlich „Frequenzwechselamplitude"). Der Ansatz entspricht formal dem der Amplitudenmodulation, doch ist hier $m \ll 1$ bzw. $\Delta\Omega \ll \Omega_0$, sofern die relative Bandbreite klein gehalten werden soll. Dies ist aber meist notwendig. Stellt man nach dem Vorbild der Wechselstromtechnik den Träger Ω_0 als stillstehende Zeigergröße dar, so pendelt der modulierte Träger als Zeiger mit einem Phasenhub $\Delta\varphi$ hin und her; d. h., er läuft dem unmodulierten Träger periodisch voraus und bleibt periodisch hinter ihm zurück. Dies führt zum Begriff des Pendelzeigers!

Der Modulationsgrad $m = \dfrac{\Delta\Omega}{\Omega_0}$ spielt in der Theorie der FM nicht die Rolle des Modulationsgrades der AM. Die entscheidende Kenngröße ist vielmehr der Phasenhub $\Delta\varphi$. Dies erkennt man aus folgender Betrachtung:

Die frequenzmodulierte Schwingung lautet bei harmonischer Modulation mit der Niederfrequenz ω:

$$x(t) = \mathring{X}_0 \cos \varphi(t) = \mathring{X}_0 \cos \int_0^t \Omega(t)\, dt = \mathring{X}_0 \cos \int_0^t (\Omega_0 + \Delta\Omega \sin \omega t)\, dt$$

$$= \mathring{X}_0 \cos \left(\Omega_0 t - \frac{\Delta\Omega}{\omega} \cos \omega t \right);$$

mit $\dfrac{\Delta\Omega}{\omega} = \Delta\varphi$ ergibt sich: $\mathring{X}_0 \cos (\Omega_0 t - \Delta\varphi \cos \omega t)$

Aufspaltung in zwei Teile:

$x(t) = \mathring{X}_0 \left[\cos \Omega_0 t \cdot \cos (\Delta\varphi \cos \omega t) + \sin \Omega_0 t \cdot \sin (\Delta\varphi \cos \omega t) \right]$
Für kleinen Phasenhub $\Delta\varphi \ll 1$ oder $\Delta\Omega \ll \omega$ ergibt sich als Näherung:

$$x(t) = \mathring{X}_0 \cos \Omega_0 t + X_0 \Delta\varphi \cos \omega t \sin \Omega_0 t.$$

Die weitere Zerlegung ergibt die Trägerschwingung $\mathring{X}_0 \cos \Omega_0 t$, die durch die Modulation nicht verändert wird, und die beiden Seitenfrequenzen

$$\frac{\mathring{X}_0}{2} \Delta\varphi \left(\sin (\Omega_0 + \omega)\, t + \sin (\Omega_0 - \omega) \cdot t \right)$$

im Abstand ω vom Träger Ω_0. Die Amplituden der beiden Seitenfrequenzen betragen $\dfrac{\hat{X}_0}{2}\,\Delta\varphi$, während sie bei AM die Amplituden $\dfrac{\hat{X}_0}{2}\,m$ haben. Daher spielt bei der FM der Phasenhub die Rolle des Modulationsgrades m bei AM.

Die Seitenfrequenzen haben auch die gleiche Lage, d. h. den Frequenzabstand vom Träger, von $\pm\,\omega$.

Der Unterschied gegenüber der AM besteht darin, daß die Summe der Seitenfrequenzen in der Zeigerdarstellung nicht in die Richtung des Trägerzeigers fallen, sondern senkrecht dazu, in Richtung der Tangente zum Kreis, den die Spitze der Trägerschwingung überstreicht (Abb. 2.5b). Es tritt also bereits eine parasitäre AM auf, wenn das Maximum des Pendelhubes erreicht ist. Dies wird durch das Auftreten von höheren Seitenfrequenzen kompensiert. Diese ergeben sich aus der exakten Lösung für $\Delta\varphi \gg 1$.

Diese exakte Lösung muß bei der Verwendung der FM herangezogen werden, weil erst bei großem Phasenhub sich die Vorteile der Störfestigkeit bemerkbar machen. Der Fall $\Delta\Omega \gg \omega$ ist durchaus ein normaler Betriebszustand und macht sich umso mehr bemerkbar, je kleiner die Modulationsfrequenz ω gegenüber dem Frequenzhub $\Delta\Omega$ ist.

Bei der exakten Lösung setzen wir nicht mehr $\cos x \approx 1$ und $\sin x \approx x$ und erhalten nun:

$$x(t) = \hat{X}_0\,[\cos\Omega_0 t \cdot \cos(\Delta\varphi\cos\omega t) + \sin\Omega_0 t \cdot \sin(\Delta\varphi\cos\omega t)]$$

Die Berechnung ergibt eine Trägeramplitude $X_0 J_0\{\Delta\varphi\}$ und die Seitenfrequenzamplituden

$$\hat{X}_0 J_n\{\Delta\varphi\} \quad \text{mit den Frequenzen } (\Omega_0 \pm n\omega).$$

$J^0\{\Delta\varphi\}$ ist eine Besselfunktion nullter Ordnung mit dem Wert 1 bei $\Delta\varphi = 0$ und dem ersten Nulldurchgang bei $\Delta\varphi = 2{,}4$. Sie klingt mit wachsendem $\Delta\varphi$ rasch gegen Null ab (vgl. Abb. 2.5a) Dies bedeutet, daß bei der FM ein sehr geringer Leistungsaufwand für den Träger benötigt wird, wenn nur bei der Aussteuerung mit stochastischen Informationsprozessen im Mittel große Modulations-Indizes auftreten, und dies ist im allgemeinen der Fall. Die FM besitzt also einen hohen Wirkungsgrad im Gegensatz zur AM. Eine weitere Eigenart der FM bei großem Phasenhub $\Delta\varphi$ ist das Auftreten von weiteren Seitenbändern, auch bei rein harmonischer Modulation! Die Amplitude der 1. Seitenfrequenz steigt nur bei kleinen Phasenhüben proportional mit $\Delta\varphi$ an und sinkt dann wieder ab, um bei $\Delta\varphi = 3{,}8$ auf Null abzusinken. Nach dem Nulldurchgang steigt sie mit entgegengesetztem Vorzeichen wieder an (Abb. 2.5). Je größer die Ordnungszahl n der Seitenfrequenz n ist, bei desto größeren Werten von $\Delta\varphi$ beginnt sie erst in Erscheinung zu treten, wie das Abb. 2.5a zeigt.

(a)

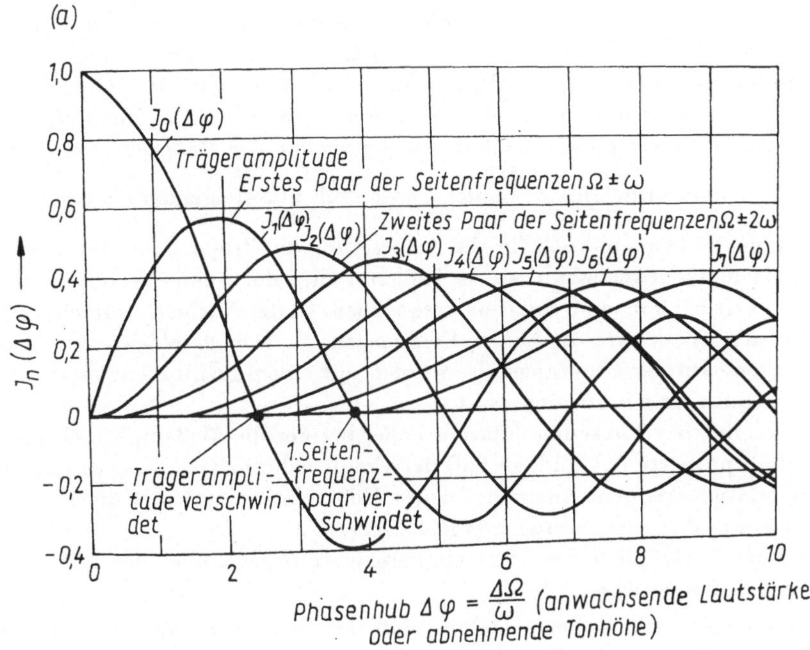

(b)

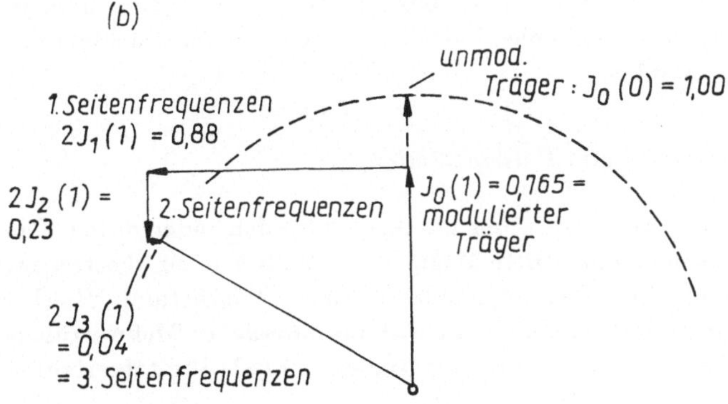

Abb. 2.5. Seitenband-Bedarf bei Frequenzmodulation

a) Relative Amplituden der Seitenfrequenzen bei FM in Abhängigkeit vom Phasenhub

b) Zeigerdiagramm der frequenzmodulierten Schwingung für $\Delta\varphi = 1$.

Dies bedeutet einen erheblich größeren Bandbreitebedarf als bei AM. Als Faustregel kann man annehmen, daß für eine weitgehend verzerrungsfreie FM-Übertragung eine Basisbandbreite von $B_{\mathrm{HF}} = (\varDelta\varOmega + 1\cdots 2)$ benötigt wird bzw. eine HF-Bandbreite von $B_{\mathrm{HF}} = 2B_{\mathrm{NF}}$. Die Seitenfrequenz der Ordnungszahl $n > (1 + \varDelta\varphi)$ kann näherungsweise vernachlässigt werden. Ein Nachteil der FM besteht darin, daß der Frequenzhub der Amplitude der Meßgröße proportional ist und nach der Formel $\varDelta\varphi = \dfrac{\varDelta\varOmega}{\omega}$ der Phasenhub mit steigender Niederfrequenz ω abnimmt. So bequem auch für die Auswertung die Proportionalität von Meßamplitude und Frequenzhub ist, so bedeutet dies doch eine Verringerung der Störfestigkeit bei hohen Modulationsfrequenzen. In der Nachrichtentechnik hebt man auf der Sendeseite die hohen Frequenzen an. Dies geschieht mit linearen Netzwerken. Auf der Empfangsseite werden mit einem reziproken Netzwerk die hohen Frequenzen wieder abgesenkt.

Dies kommt der Phasenmodulation nahe, bei der die Meßamplitude und der Phasenhub proportional sind, so daß der Frequenzhub $\varDelta\varOmega = \omega\varDelta\varphi$ proportional zur Modulationsfrequenz ansteigt. In der Meßtechnik überwiegt die Frequenzmodulation in den Anwendungen (vgl. 2.2.1.3a).

Der Vorteil bezüglich der Störfestigkeit der FM gegenüber der AM wird in Abschn. 3.2. besprochen.

Zusammenfassend ist festzustellen, daß der Frequenzmodulator eine Meßamplitudenfolge in eine Frequenzwertfolge als Abbild des stochastischen Prozesses umformt.

Dies hat gegenüber der Amplitudenmodulation sowohl bei der Meßwertübertragung (Störfestigkeit) als auch bei der Meßwert-Auswertung (Genauigkeit, Umformung in Digitalwerte) erhebliche Vorteile, ist aber mit einem Mehraufwand an Bandbreite verbunden.

2.2.1.3. Zeitdauer- und Pulsmodulation

Außer der Übertragung von Meßwerten durch Amplituden- oder durch Frequenzänderungen gibt es noch eine dritte Möglichkeit, Meßwerte zu übertragen: durch eine Umwandlung einer Meßamplitude in einen Zeitabstand. Hierbei sind Verfahren mit kontinuierlicher und mit diskontinuierlicher Meßwertübertragung zu unterscheiden. Sie werden auch als Analog- und als Digitalverfahren bezeichnet.

a) Nullphasenwinkelmodulation (Zeitverschiebung des Trägers):

Mit der Frequenzmodulation ist die Phasenwinkelmodulation eng verwandt: man verändert den Nullphasenwinkel einer Schwingung proportional zur Meßamplitude. $\Delta\varphi$ ist dann der Lautstärke bei einer Sprachübertragung proportional. Nach den Bezeichnungen von 2.2.1.2. gilt dann für die dabei hervorgerufene kontinuierliche Frequenzänderung $\Delta\Omega = \Delta\varphi \cdot \omega$. Im Gegensatz zur FM ist der Frequenzhub $\Delta\Omega$ nicht der Lautstärke ($=$ Meßamplitude) allein proportional, sondern dem Produkt von Lautstärke und Tonhöhe. Dies hat den verfahrenstechnischen Vorteil, daß die amplitudenschwachen hohen Frequenzen bei Sprache oder Musik im Frequenzhub proportional mit ω angehoben werden, eine Verbesserung ihrer Störfestigkeit. Man hebt aus dem gleichen Grunde bei der FM die hohen Frequenzen vor der Aufmodulation durch ein Netzwerk an („Preemphasis") und senkt sie nach der Demodulation im Empfänger durch ein reziprokes Netzwerk wieder ab („Deemphasis"). Damit wird die FM einer Phasenmodulation angenähert. Für die Übertragung von Meßwerten von dynamischen Vorgängen gilt der beschriebene Vorteil ebenfalls.

Die Realisierung der Nullphasenwinkelmodulation geschieht mit gesteuerten Netzwerken (z. B. RC-Spannungsteilern), wobei u. a. ein gesteuertes Bauelement zugleich den Meßgeber darstellt. Ein Vorteil ist hierbei die Verwendungsmöglichkeit von extrem frequenzstabilen Gebern (Quarzen) für die Mittenfrequenz. Der Frequenzhub, der bei der Phasenmodulation nur klein ist, läßt sich durch eine Frequenzvervielfachung erheblich vergrößern!

b) Pulsphasenmodulation:

Bei der Übertragung von zeitdiskreten Meßwerten kann die Meßwertamplitude eines stochastischen Prozesses auch durch einen Zeitabstand eines Impulses von einer synchronisierten Zeitnullmarke übertragen werden. Dabei wird die Übertragungsgenauigkeit nicht durch überlagerte Störamplituden beeinträchtigt. Ein weiterer Vorteil ist, daß bei Erreichen einer kritischen Streckendämpfung — vor dem Absinken in den Störpegel — der Meßimpuls durch Verstärker wieder angehoben und regeneriert werden kann, so auf den Relais-Stationen einer Richtfunk-Meßübertragungsstrecke. Ein Nachteil ist die Störungsmöglichkeit durch Schwankungen der Laufzeit des Trägersignals, wie sie durch die Einflüsse der Ionosphäre bei einer Funkübertragung in der Tat auftreten können. Die Pulsphasenmodulation wird daher vorzugsweise im UKW-Bereich auf Richtfunkstrecken verwendet, nicht bei Kurzwellen-Weitverkehr.

c) Pulsdauermodulation:

Ein Meßwert kann auch durch die Länge eines Impulses übertragen werden. Der Nachteil ist dabei der Leistungsaufwand gegenüber dem Fall b), bei dem nur das Ende des Zeitintervalls durch einen Meßimpuls übertragen wird. Die Pulsdauermodulation wird in Spezialfällen nur in der Meßtechnik verwendet und in Abschn. 2.3.3. erscheinen.

Bei der diskreten Meßwertübertragung können verschiedene Meßwerte periodisch nacheinander über einen Übertragungskanal übertragen werden, unter Benutzung nur einer Trägerfrequenz. Man nennt dies Zeitstaffelung oder auch Multiplexverfahren.

Die Modulationsbandbreite ist durch die Länge τ des Meßimpulses vorgegeben: $B_{\mathrm{NF}} \approx 1/\tau$.

d) Puls-Kode-Modulation:

Für die Meßtechnik hat eine vierte Form der Zeitmodulation, die Puls-Kode-Modulation große Bedeutung. Sie dient zur Übertragung von zeitdiskreten, d. h. periodisch abgetasteten Meßwerten durch Impulsgruppen, die aus einzelnen Binär-

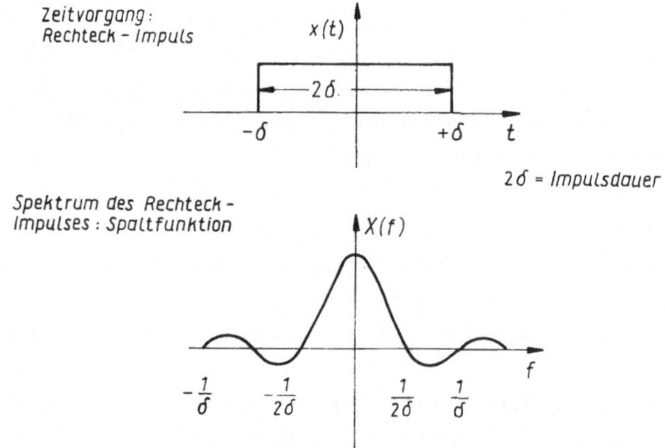

Abb. 2.6. Amplituden-Spektrum eines Rechteck-Impulses

signalen bestehen; mit anderen Worten: sie dient zur Übertragung von mehrstelligen binären Kodeworten (vgl. Abschn. 1.3.3.). Auch hier ist eine Zeitstaffelung, d. h. eine Mehrfachübertragung über einen Übertragungskanal mit einer Trägerfrequenz, möglich. Jedem Kanal ist dann ein bestimmter Zeitabstand von einer Synchronisations-Zeitnullmarke zugewiesen. Gegenüber den bisher erwähnten Modulations-Verfahren ist hierbei die Kodierung der Meßamplituden von besonderer Bedeutung. Wir werden uns daher im nachfolgenden Abschn. 2.2.2. den hierfür benötigten theoretischen Grundgedanken und den Randbedingungen der Methode etwas ausführlicher zuwenden.

2.2.2. Diskretisierung durch Kodierung

2.2.2.1. Zeitdiskretisierung und Abtastung

Bisher wurde bereits von diskreten Meßwertfolgen gesprochen, jedoch noch nicht die Frage beantwortet, unter welchen Umständen eine kontinuierliche Wertefolge ohne Informationsreduktion in eine diskontinuierliche — diskrete — Meßwertfolge umgewandelt werden kann. Diese Frage wird von der Nachrichtentechnik in Gestalt des *Abtasttheorems* beantwortet. Es stellt die entscheidende Grundlage der digitalen Meßtechnik dar. Es besagt, daß die notwendige und hinreichende Voraussetzung dafür die Frequenzbegrenzung des Prozesses ist. Dann muß mindestens in Zeitabständen von $\Delta t = \dfrac{1}{2f_g}$ abgetastet werden (s. u.).

Die Umwandlung einer kontinuierlichen Meßwertfolge erfolgt dabei in drei Schritten: 1. durch eine Zeitdiskretisierung (Abtastung) und 2. durch eine Amplitudendiskretisierung (oder Quantisierung). Dann wird 3. durch ein Kodiergerät jeder diskrete Amplitudenwert im Takt der Abtastung in eine binäre Zeichenfolge, d. h. in ein binäres Kodewort, umgewandelt. Dies wird auch als A/D-Umwandlung bezeichnet.

Die Abtastung bringt den Vorteil, daß in den Tastpausen andere Meßwerte über eine Übertragungsleitung übertagen werden können. Allerdings darf man nicht übersehen, daß dies mit einem erheblich größeren Bandbreitebedarf erkauft wird, die zur Impulsbreite der Abtastfolge reziprok ist. Von ihr hängt auch die Anzahl der übrigen Meßwerte ab.

Das Abtasttheorem:

Der Grundgedanke läßt sich wie folgt erläutern:
Jeder periodische Vorgang läßt sich mittels der FOURIER-Reihenentwicklung in ein diskretes Frequenzspektrum abbilden. Ein nichtperiodischer, auf seinen begrenzten Zeitabschnitt beschränkter Vorgang ergibt dagegen ein kontinuierliches Spektrum, z. B. gehört zur Grundperiode T ohne ihre periodische Fortsetzung ein kontinuierliches Spektrum. Da aber durch die periodische Fortsetzung nichts Neues hinzukommt, genügt die Kenntnis des diskreten Spektrums des periodischen Vorganges auch für den während der Grundperiode T ablaufenden, nichtperiodischen Vorganges. Man braucht ja nur das diskrete Spektrum in einen periodischen Vorgang zurücktransformieren und dann aus ihm die eine Grundperiode ausblenden. Dann hat man den nichtperiodischen Vorgang aus dem diskreten Spektrum rekonstruiert.
Es gibt dazu auch das umgekehrte Problem: man vertauscht den Spektral-

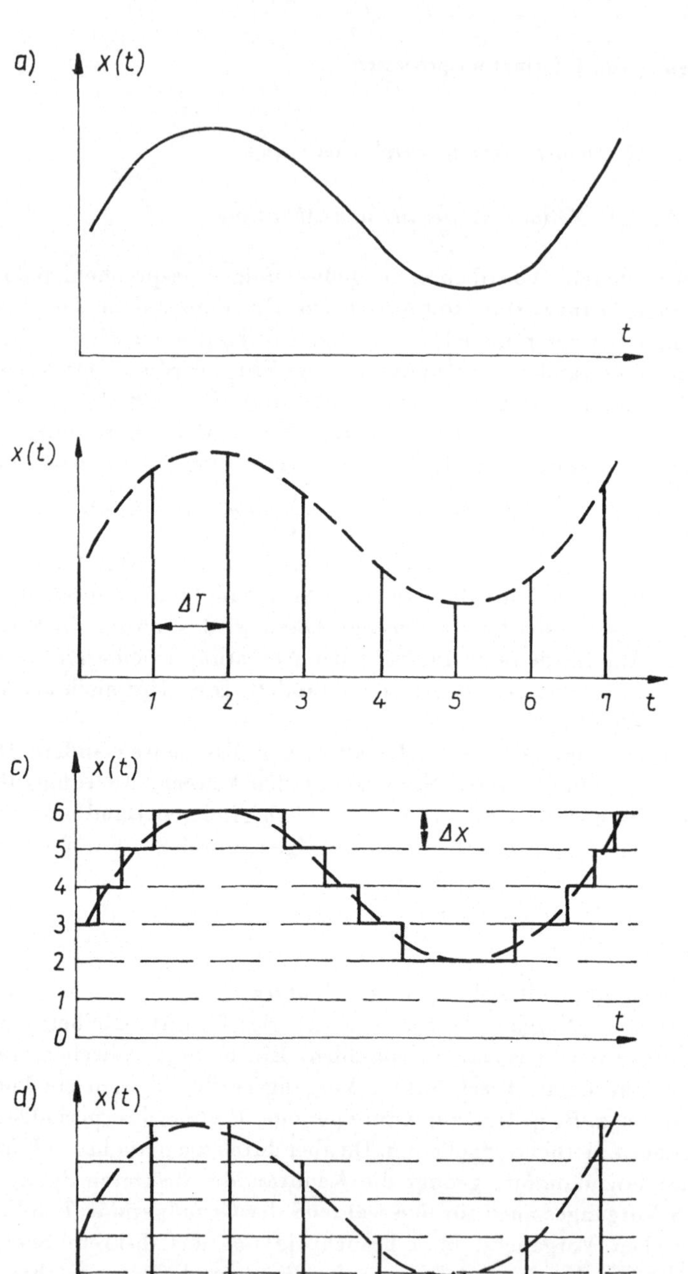

Abb. 2.7. Zeit- und Amplituden-Diskretisierung eines kontinuierlichen Meß-prozesses („Digitalisierung")

bereich mit dem Zeitbereich, was bei der FOURIER-Transformation wegen ihrer Symmetrie stets möglich ist.

An die Stelle des zeitbegrenzten Vorganges (oben die Grundperiode) tritt nun ein frequenzbegrenzter Vorgang. Dieser besitzt ein begrenztes Spektrum, zu dem ein kontinuierlicher Zeitvorgang gehört.

Wenn man den gleichen Gedankengang wie oben wiederholt, dann müssen wir eine periodische Fortsetzung des begrenzten Spektrums vornehmen. Zu einem Vorgang mit einem periodischen Spektrum gehört dann eine diskrete Folge von Amplitudenwerten, eine Abtastfolge!

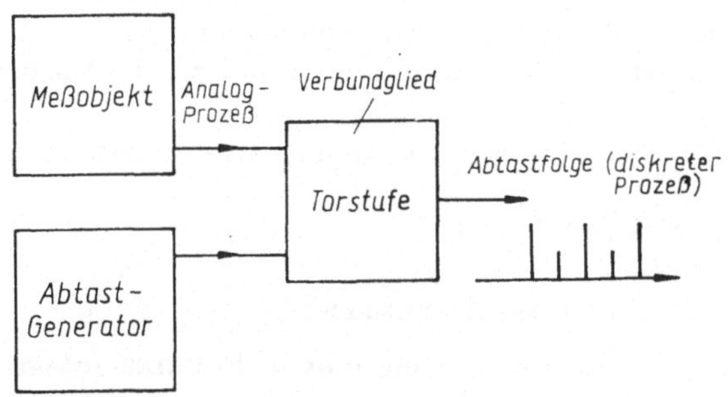

Abb. 2.8. Schema einer Abtast-Stufe (gate) als Verbundsystem

Es genügt demnach die Kenntnis der Abtastfolge, um den zugehörigen kontinuierlichen Zeitvorgang ohne Informations-Verlust zu rekonstruieren.

Dazu geht man wie folgt vor:

Man berechnet aus der Abtastfolge (dem „Zeitspektrum") das laut FOURIER-Transformation zugeordnete periodische Frequenzspektrum. Daraus blendet man die spektrale Grundperiode aus und läßt die periodische Fortsetzung des Frequenzspektrums fort. Dann hat man das frequenzbegrenzte, kontinuierliche Spektrum der Abtastfolge erhalten und benötigt überhaupt nicht die Zwischenwerte des Zeitvorganges, der kontinuierlich verläuft und abgetastet wurde.

Man erkennt somit, daß für die vollständige Beschreibung eines frequenzbegrenzten Vorganges die Angabe diskreter Amplitudenwerte der Abtastfolge ausreicht!

Nach diesem Prinzip genügt für die Meßwertübertragung und für die Meßwertverarbeitung die Kenntnis des stochastischen Prozesses zu diskreten Zeitpunkten, der im Zeitabstand $\Delta t = T = 1/2f_g$ abgetastet wird. Die Frequenzbegrenzung kann durch ein vorgeschaltetes Filter erzwungen werden. Dies bedeutet einen gewissen Informationsverlust. Aber danach tritt durch den Übergang vom kontinuierlichen Prozeß zur Abtastfolge kein weiterer Informationsverlust mehr ein!

Wenden wir uns nun der quantitativen Untersuchung zu, die ein weiteres interessantes Ergebnis liefert: die Darstellung eines kontinuierlichen Vorganges durch eine Reihenentwicklung in Form von Teilvorgängen, von denen jeder einzelne durch eine Abtastamplitude vollständig bestimmt ist (Spaltfunktions-Darstellung).

Abtasttheorem für zeitbegrenzte stochastische Vorgänge:

Der Zeitvorgang $x(t)$ soll von $t = -\tau/2$ bis $+\tau/2$ dauern. Die Dauer τ stellt die Grundperiode τ des Zeitvorganges dar, wenn man ihn periodisch nach beiden Seiten fortsetzt. Dann ist $1/\tau$ die Grundfrequenz und n/τ die Harmonischen der Grundfrequenzen.

Den periodisch wiederholten Vorgang kann man als FOURIER-Reihe darstellen:

$$x_{\mathrm{per}}(t) = \sum_{n=-\infty}^{+\infty} X_n e^{j2\pi n f_0 t}$$

X_n sind die spektralen Amplituden.

Der einmalige, nicht wiederholte Vorgang gibt in FOURIER-Integraldarstellung das Amplitudendichtespektrum

$$X(f) = \int_{-\tau/2}^{\tau/2} x(t)\, e^{-j2\pi f t}\, dt\,.$$

Für $x(t)$ kann man $x_{\mathrm{per}}(t)$ einsetzen, da beide Vorgänge im Zeitintervall $-\tau/2$ bis $+\tau/2$ übereinstimmen:

$$X(f) = \sum_{n=-\infty}^{\infty} X_n \int_{-\tau/2}^{\tau/2} e^{-j2\pi(f-nf_0)t}\, dt\,.$$

So wird das kontinuierliche Spektrum $X(f)$ aus den Werten des diskreten Spektrums X_n dargestellt.

Wenn wir, wie hier geschehen, die Wiederholungsperiode $T_0 = 1/f_0$ gleich der Zeitdauer des Vorganges wählen, so ergibt sich die kleinste Anzahl von Frequenzen bzw. der kleinstmögliche Frequenzabstand für die Abtastung des kontinuierlichen Spektrums. Das obige Integral berechnet sich zu:

$$X(f) = \sum_{n=-\infty}^{\infty} \frac{X_n}{f_0}\, \mathrm{si}\, \frac{\pi(f-nf_0)}{f_0} \quad \text{mit si}\, x = \frac{\sin x}{x}$$

$$= \sum_{n=-\infty}^{\infty} X(nf_0)\, \mathrm{si}\left[\pi\left(\frac{f}{f_0} - n\right)\right]\,.$$

Für $f = nf_0$ gilt: $X(f) = X(nf_0)$ wegen si$(0) = 1$!

Man erkennt, daß sich das kontinuierliche Spektrum aus einzelnen Spaltfunktionen zusammensetzt, die mit wachsendem Frequenzabstand von $f = nf_0$ rasch abklingen. Die Nachbarspektrallinien $(n \pm m)f_0$ mit $m = 1, 2, \ldots$ fallen gerade in die Nulldurchgänge von $\mathrm{si}\left(\pi\left(\dfrac{f}{f_0} - n\right)\right)$ und umgekehrt. Es genügt also eindeutig die Kenntnis der einzelnen spektralen Amplituden des periodisch wiederholten Zeitvorganges zum Aufbau des kontinuierlichen Spektrums $X(f) = \dfrac{X_n(f)}{f_0}$ aus den einzelnen Amplitudendichten $X(nf_0)$ an den diskreten Stellen nf_0 mit $X(nf_0) = \dfrac{X_n}{f_0}$. Hierbei ist X_n eine spektrale Amplitude und $X(nf_0)$ eine spektrale Amplitudendichte!

$X(f)$, das kontinuierliche Spektrum des einmaligen Vorganges $x(t)$, wird also durch eine Reihenentwicklung nach Spaltfunktionen dargestellt. Jede Teilkomponente hat die Form:

$$\frac{X_n}{f_0} \, \mathrm{si}\left[\pi\left(\frac{f}{f_0} - n\right)\right] = X(nf_0) \, \mathrm{si}\left[\pi\left(\frac{f}{f_0} - n\right)\right].$$

Abtasttheorem für frequenzbegrenzte stochastische Vorgänge:

Für frequenzbegrenzte Vorgänge kann man die obige Betrachtung wiederholen, wobei die Rollen von Zeitbereich und Frequenzbereich zu vertauschen sind. Die Begrenzung liegt im Frequenzbereich, die diskreten Werte treten im Zeitbereich auf (als „Zeitspektrum").

Anders ausgedrückt: Wir zeigen, daß ein kontinuierlicher, aber frequenzbegrenzter Vorgang bereits durch die diskreten Abtastwerte vollständig bestimmt ist (Abtast- oder Sampling-Theorem als Basis für die A/D-Umwandlung).

Beweis:

Ein frequenzbegrenzter Zeitvorgang $x(t) = \dfrac{1}{2\pi} \displaystyle\int\limits_{-\omega_g}^{+\omega_g} X(\omega)\, e^{j\omega t}\, d\omega$ besitzt ein „aperiodisches" Spektrum:

$$X(\omega) = \int\limits_{-\infty}^{+\infty} x(t)\, e^{-j\omega t}\, dt.$$

Dieses Spektrum stimmt im Frequenzintervall von $-\omega_g$ bis $+\omega_g$ völlig mit einem Spektrum überein, das man durch eine periodische Fortsetzung von $X(\omega)$ im Spektralbereich erhält. Es sei mit $X_{\mathrm{per}}(\omega)$ bezeichnet.

Für den zugehörigen Zeitvorgang gilt die FOURIER-Rücktransformation:

$$x(t) = \int\limits_{-\omega_g}^{\omega_g} \frac{1}{2\pi}\, X_{\mathrm{per}}(\omega)\, \mathrm{e}^{j\omega t}\, \mathrm{d}\omega = \frac{1}{2\pi} \int\limits_{-\omega_g}^{\omega_g} X(\omega)\, \mathrm{e}^{j\omega t} \mathrm{d}\omega.$$

Wir können $x(t)$ mittels $X_{\mathrm{per}}(\omega)$ oder mittels $X(\omega)$ berechnen, da beide Spektren im Bereich $-\omega_g < \omega < \omega_g$ übereinstimmen, der den Integrationsbereich bildet.

Der Übergang zum periodisch fortgesetzten Spektrum bietet den Vorteil, daß es eine FOURIER-Reihenentwicklung zuläßt. Die Werte des Bildbereiches (hier des Zeitbereiches!) bilden eine diskrete Folge von Werten x_n, den „Spektrallinien im Zeitbereich":

$$X_{\mathrm{per}}(\omega) = \sum_{-\infty}^{+\infty} x_n \mathrm{e}^{-j \varDelta t n \omega} \qquad \text{mit } \varDelta t = 1/f_g$$

$$\text{statt } \varDelta f = f_0 = 1/\tau \text{ auf S. 76.}$$

Dies ist die inverse FOURIER-Reihe der periodischen Spektralfunktion. Die diskreten Werte liegen jetzt im Zeitbereich als zugehöriger Bidbereich des Spektralbereiches!

Der kontinuierliche Zeitvorgang $x(t)$ berechnet sich nun aus den diskreten Abtastwerten im Zeitbereich:

$$x(t) = \frac{1}{2\pi} \int\limits_{-\omega_g}^{\omega_g} \left(\sum x_n \mathrm{e}^{-jn\varDelta t\omega} \right) \mathrm{e}^{j\omega t}\, \mathrm{d}\omega$$

$$= \sum x_n \int\limits_{-\omega_g}^{\omega_g} \mathrm{e}^{j\omega(t - n\varDelta t)}\, \mathrm{d}f = \sum_{-\infty}^{-\infty} x_n 2 f_g\, \mathrm{si}\left(2\pi f_g(t - n\varDelta t) \right).$$

$\varDelta t$ ist der zeitliche Abstand der Abtastwerte von $x(t)$. So wie man im Spektralbereich die spektralen Amplituden von den spektralen Amplitudendichten unterscheiden muß, so muß man nun hier im Zeitbereich die diskreten Amplitudenwerte (als DIRAC-Impulse!) von den kontinuierlichen Amplitudenwerten unterscheiden. Zwischen den Impulsflächen (Bewertungskoeffizienten der Diracstöße im Zeitbereich) x_n der diskreten Abtastung und den Zeitfunktionsamplituden $x(n\varDelta t)$ besteht die Beziehung:

$$x(n\varDelta t) = x_n \cdot 2f_g \quad 2fg \text{ ist die Breite des Frequenzbandes von } f = -f_g \text{ bis } f = +f_g.$$

Hiermit ergibt sich für den kontinuierlichen, frequenzbegrenzten Zeitvorgang:

$$x(t) = \sum_{-\infty}^{\infty} x(n\varDelta t) \cdot \mathrm{si}\left[\pi\left(\frac{t}{\varDelta t} - n \right) \right].$$

Dies ist die Reihenentwicklung des abgetasteten Zeitvorganges nach Spaltfunktionen. Zu den Zeitpunkten $t = n\Delta t$ stimmten $x(t)$ und $x(n\Delta t)$ überein, da hier stets si $(n\Delta t) = 0$ und si $(0) = 1$ ist.

Es treten auch keine Widersprüche auf, da alle übrigen Spaltfunktionen gerade an diesen diskreten Punkten ihre Nulldurchgänge besitzen. $x(t)$ ist also trotz der Summendarstellung in den diskreten Punkten $t = n\Delta t$ jeweils nur durch einen einzigen Summanden eindeutig bestimmt! Das frequenzbegrenzte kontinuierliche Spektrum besteht aus unendlich vielen linear unabhängigen (d. h. hier orthogonalen) Spektraltermen. Daher werden unendlich viele linear unabhängige Abtastwerte im Zeitabstand $1/2\,f_g$ zur Rekonstruktion des Spektrums mittels der FOURIER-Transformation benötigt. Liegen nur N Abtastwerte des Zeitvorganges vor, so reichen diese zur vollständigen spektralen Darstellung im Bereich $-f_g < f < f_g$ nicht aus. Der N-dimensionale Zeitraum läßt sich auch nur in einen N-dimensionalen Spektralraum abbilden. Mehr spektrale Information enthalten die N Abtastwerte nicht. Dies führt zur diskreten FOURIER-Transformation, die die quadratische FOURIER-Matrix N-ter Ordnung benutzt!

Für 4 Abtastwerte lautet diese: (vgl. S. 95 ff.)

$$
\begin{bmatrix} x(0) \\ x(1) \\ x(2) \\ x(3) \end{bmatrix} = \begin{bmatrix} 1 & 1 & 1 & 1 \\ 1 & F^1 & F^2 & F^3 \\ 1 & F^2 & F^0 & F^2 \\ 1 & F^3 & F^2 & F^1 \end{bmatrix} \cdot \begin{bmatrix} x(0) \\ x(1) \\ x(2) \\ x(3) \end{bmatrix} \quad \begin{aligned} &\text{mit } F = \mathrm{e}^{-j2\pi/N} \\ &\text{und } F^k = \mathrm{e}^{-j2\pi k/(\mathrm{mod}\ N)/N} \end{aligned}
$$

Die Realisierung der Rückumwandlung der Abtastfolge in einen kontinuierlichen Zeitvorgang:

Die Wiedergewinnung des frequenzbegrenzten stochastischen Prozesses nach der Übertragung der Abtastfolge geschieht durch einen Tiefpaß als Glättungsfilter. Die einzelnen Impulse ergeben als Stoßreaktion des Filters zeitverzögerte Spaltfunktionen (der Form $\sin x/x$), die sich zu dem kontinuierlichen Prozeß vor der Abtastung (d. h. hinter dem Meßwertgeber) aufsummieren. Die Grenzfrequenz des Tiefpaßfilters muß gleich der Abtastfrequenz, d. h. gleich der doppelten Grenzfrequenz sein. Man verzichtet auf eine Rekonstruktion des ursprünglichen kontinuierlichen Meßprozesses, wenn die nachfolgende weitere Meßwert-Verarbeitung digital durchgeführt wird, z. B. durch eine A/D-Umwandlung der Abtastimpulse in binäre Kodewörter (Binärsignalgruppen).

Die mathematische Grundlage der finiten Systemtheorie ist die Matrizenrechnung, allgemeiner betrachtet die „diskrete" Mathematik. Sie findet ihre Anwendung in der Analyse linearer Netzwerke, hauptsächlich für Filteraufgaben der Informationsübertragungs-Technik.

2.2.2.2. *Amplitudendiskretisierung und Binärkodierung*

Bei der Digitalisierung von kontinuierlichen Meßvorgängen erfolgt nach der Abtastung als Zeitdiskretisierung die Umsetzung in Binärsignalgruppen als Kodewörter als Amplitudendiskretisierung.

Hierbei muß die Anzahl der unterscheidbaren Amplitudenstufen festgelegt werden. Sie ergibt sich aus dem zu erwartenden Meßfehler Δx und beträgt:

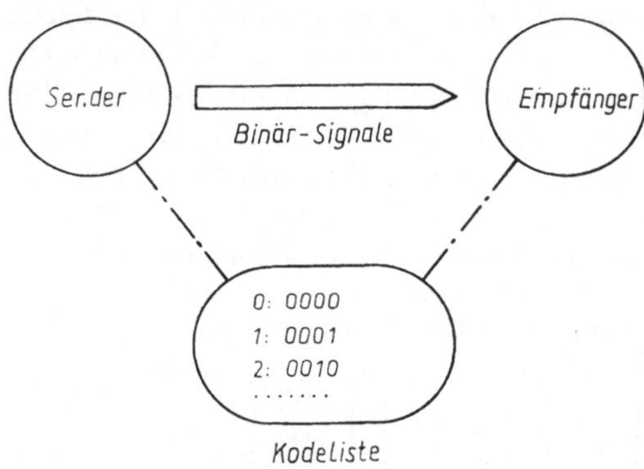

Abb. 2.9. Übermittlung der Amplituden-Information durch Kodierung

$N = \dfrac{X_{\max}}{\Delta X}$ als Anzahl der unterscheidbaren Amplitudenstufen. Der Kehrwert ist der zu erwartende mittlere Meßfehler: $F = \Delta X / X_{\max}$. Für stochastische Prozesse mit überlagertem Störrauschen liefert die Informationstheorie von SHANNON die Formel:

$$N^2 = \frac{\text{Gesamtleistung}}{\text{Störleistung}}, \text{ also } N = \sqrt{\frac{P_{\text{ges}}}{P_{\text{st}}}} = \sqrt{1 + \frac{P_{\text{nutz}}}{P_{\text{stör}}}}.$$

Für die Wiedergabe durch binäre Kodeworte benötigt man eine Stellenzahl q von: $q = \{\log_2 N\} = \{\text{ld } N\}$.

Die geschweifte Klammer bedeutet die Valenzzahl, d. h. die nächste ganze Zahl von q, wenn N keine Potenz von 2 ist. Für $N = 128$ unterscheidbare Amplitudenwerte benötigt man also z. B. eine siebenstellige Binärzahl zur Kodierung.

Bei der Übertragung und Rückumwandlung von Sprachsignalen äußert sich der regelmäßig auftretende Kodierungsfehler als Quantisierungsgeräusch. Je mehr unterscheidbare Stufen verwendet werden, um so geringer ist auch das auftretende Quantisierungsgeräusch.

International wird ein Störband von 62 dB verlangt. Dies bedeutet bei gleichmäßiger Amplitudenabstufung eine elfstellige Binärstellenzahl ($q = 11$). Für die Meßwertübertragung ist dies ein Anhaltswert zur Abschätzung.

Bandbreitebedarf für Binärsignalübertragung:

Bandbreitebedarf für eine Einkanalübertragung:

Ein Binärzeichen der Dauer τ benötigt eine obere Grenzfrequenz von $f_{gr} \geq 1/2\tau$. Dies ist zugleich die Basisbandbreite B_{NF}. Bei Modulation eines HF-Trägers ist für das obere und untere Seitenband zusammen die doppelte Bandbreite $B_{HF} = 2B_{NF} = 1/\tau$ erforderlich. Die Anzahl der Binärzeichen je s beträgt: $I = 1/\tau$ bit/s als Informationsfluß. Da das bit dimensionslos ist, hat bit/s die Maßeinheit des Hz. Es gilt also:

‖ HF-Bandbreite in Hz = Informationsfluß in bit/s.

Andererseits ist der Informationsfluß gleich dem Produkt aus dem Symbolfluß und dem Kodierungsaufwand je Symbol.
Daher gilt auch:

HF-Bandbreite in Hz =Symbolfluß in Symbolen/s mal Kodierungsaufwand in bit/Symbol.

Zahlenbeispiel:

Ein Meßsystem hat eine Grenzfrequenz von 100 Hz. Dies ergibt eine Abtastfrequenz von 200 Hz. Indem 200 Meßwerte je s abgenommen werden, beträgt der Symbolfluß 200 Symbole je s.

Der Informationsfluß ergibt sich demnach zu: $5 \dfrac{\text{bit}}{\text{Symb.}} \cdot 200 \dfrac{\text{Symbole}}{\text{s}}$

$= 1000$ Hz. Man benötigt zur Übertragung mindestens 1000 Hz $= B_{HF}$ HF-Bandbreite bei einer Basisbandbreite von $B_{NF} = 500$ Hz.

Bandbreitebedarf bei Mehrkanalübertragung:

In der Nachrichten- und auch in der Meßwert-Übertragung verbindet man die Binärkodierung mit einer Zeitstaffelung verschiedener Kanäle. Dies wird auch als Multiplex-Betrieb bezeichnet. Je mehr der Kanal zeitlich in ein Abtastintervall eingeschaltet wird, um so größer wird der Bandbreitebedarf und zwar proportional mit der Anzahl der gleichzeitig in Zeitstaffelung übertragenen Kanäle. So wird zur Sprachübertragung mit $f_{gr} = 4$ kHz eine Abtastfrequenz von $2f_{gr}$

$= 8$ kHz benötigt, und das Abtastintervall beträgt: $T = 125$ ms. Staffelt man zeitlich 10 Kanäle, so steht für einen Kanal nur eine Zeitdauer von 12,5 ms zur Übertragung des Kodewortes zur Verfügung. Beträgt die Binärstellenzahl $q = 7$ (wie beim Telexbetrieb), so ergibt sich eine Länge der Elementarimpulse von $\tau < 1{,}5$ ms und eine HF-Bandbreite von über 600 kHz. Die Übertragung läßt sich nur mit den Mitteln der Hochfrequenztechnik realisieren.

2.3. Informations-Reduktion durch Kenngrößenbildung

Vorbemerkung zu 2.3.

Zwei Grundgedanken beherrschen die Prozeßanalyse:

1. Es wird kein wesentlicher Unterschied zwischen den kontinuierlichen und den diskreten Meßprozessen gemacht, da jeder Prozeß frequenzbegrenzt ist und sich nach dem Abtastsystem durch eine Folge von diskreten Meßwerten übertragen und verarbeiten läßt. Der Unterschied tritt nur in der Wahl der mathematischen Begriffe und in der Wahl der technischen Mittel auf. Die heutige Prozeßmeßtechnik strebt dabei an, möglichst weitgehend digital zu arbeiten. Daher rechnet man stets mit endlichen Mengen bei den Meßwertkollektiven, da ja auch die Dauer des Meßprozesses (bzw. des Segments) begrenzt ist.

2. Die Meßwertfolge eines stochastischen Prozesses kann auf zwei verschiedene Weisen übertragen und verarbeitet werden: *entweder* betrachtet man die einzelnen Meßwerte als selbständige Ereignisse, die nur nach der Quantität (Amplitudenwert) und nach der Zeitfolge geordnet werden können und im Rahmen einer algebraischen Struktur rechnerisch ausgewertet werden können (algebraischer Aspekt) *oder* man betrachtet den inneren Zusammenhang der Ereignisse und sieht sie als Informationsträger des Prozesses an, wobei statistische Gesetze die Ereignisse verknüpfen (statistischer Aspekt).

Es stehen also zwei grundsätzlich verschiedene Wege zur Informationsverarbeitung zur Verfügung. Wir wollen uns nun dem statistischen Aspekt zuwenden, d. h. uns mit der Frage beschäftigen, wie man aus der Beobachtung und Messung der einzelnen Meßwerte auf Grund der statistischen Gesetzmäßigkeiten Rückschlüsse auf den Prozeß selbst (auf das Meßwertkollektiv als Ganzes) machen kann. Hierbei spielt der Begriff der Informationsreduktion eine wichtige Rolle!

Dagegen sind die Informationen über die Einzelereignisse — die einzelnen Meßwerte — nur von untergeordneter Bedeutung. Diese werden benutzt, um eine Information über den Charakter der Ereignismenge — des Meßprozesses — zu gewinnen, während im erst genannten Fall das Einzelereignis schon die gewünschte Teilinformation darstellt und zwar in Form eines kodierten Signals. Dort kann nur die überlagerte Störinformation reduziert werden (Abschn. 3.), nicht die Nutzinformation! Der Unterschied der Anwendung algebraischer und statistischer Methoden der Informationsverarbeitung liegt also weitgehend in der vorgegebenen Informationsaufgabe, der Zielstellung begründet!

Man beachte auch, daß die Meßtheorie keine speziellen Prozesse, sondern ganz allgemein in Physik oder Technik sich abspielende Vorgänge vom methodischen Standpunkt betrachtet. Daher kann die Meßstochastik nur allgemein gültige Hinweise geben, welche Kenngrößen sich aus einem Prozeß mit den Methoden der Signaltheorie ableiten lassen und in welcher Form dies geschehen muß. Sie kann dagegen keine Angaben liefern, welche Kenngrößen mehr oder weniger geeignet sind, eine Prozeßkontrolle oder eine Prozeßidentifikation vorzunehmen. Es ist daher in der Praxis eine enge Zusammenarbeit mit der Verfahrenstechnik und der Technologie des Prozesses erforderlich. Die Verfahrenstechnik hat hier das letzte Wort zu sprechen. Oft können nur langwierige Versuche eine Entscheidung liefern, ob eine Kenngröße optimal geeignet ist.

2.3.1. *Kenngrößen der einfachen Analyse*

2.3.1.1. *Amplituden-Verteilungen und Mittelwerte stationärer Prozesse*

Wenden wir uns nun dem statistischen Aspekt zu, um durch Kenngrößenbildung unter Informationsreduktion aus den einzelnen Meßwerten eine Information über den Meßprozeß selbst zu erhalten! Am Meßort liefert die Meßanlage über einen angeschlossenen Analysator Kenngrößen (= Kennwerte oder Kennfunktionen) zur Prozeßidentifikation oder zur Prozeßkontrolle (zur Regelung des Prozesses). Dabei tritt die Frage auf, welche prinzipiellen Möglichkeiten es für eine Kenngrößenbildung überhaupt gibt. Es gilt, die Kenngrößen zu klassifizieren. Dies soll nachfolgend geschehen. Zunächst haben wir zu unterscheiden, ob die Kenngrößen nur von einem einzigen Meßpunkt abgeleitet werden (= Fall der einfachen Analyse) oder von zwei oder mehr Meßpunkten (= Fall der Verbundanalyse). Abb. 2.10 zeigt schematisch den Unterschied!

In den beiden Fällen, d. h. bei der einfachen und bei der Verbundanalyse von Prozessen, kann man die Kenngrößen einteilen in solche, die momentane Prozeßkenngrößen darstellen, und in Kenngrößen, die Mittelwerte des Prozeßverlaufes ergeben. Im ersten Falle erfolgt also eine Momentanauswertung, im anderen Falle eine Mittelung.

Das ergibt ein Klassifizierungs-Schema nach Tafel 4 mit der Untergliederung in Methoden mit Momentanwert-Bildung und mit Mittelwert-Bildung für die einfache Analyse und die Verbundanalyse.

Ein weiterer Einteilungsgesichtspunkt ist das Fehlen oder das Vorhandensein von Störungen. Wenn keine Störungen sich dem Meßprozeß überlagern, gibt es die Frage nach dem Vertrauensintervall (Schätzproblem der Kennwerte), be-

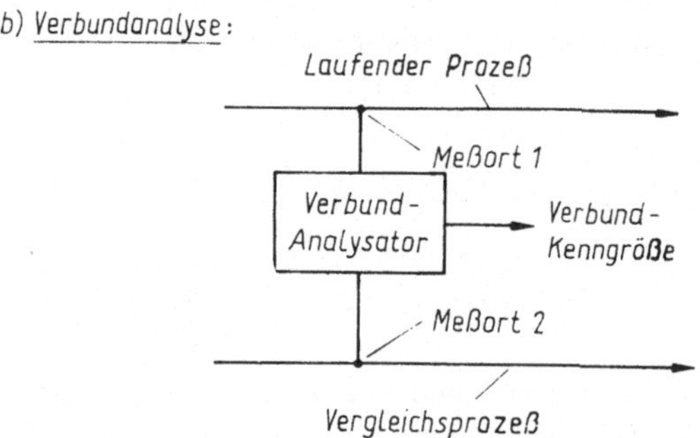

Abb. 2.10. Einzelanalyse udn Verbundanalyse zur Kenngrößen-Bildung

sonders bei einer geringen Anzahl von Meßwerten. Wenn Störungen vorliegen, treten ganz erhebliche zusätzliche Schwierigkeiten auf, die zu einer stürmischen Weiterentwicklung der Theorie und der Meßmethode in den letzten Jahrzehnten führten. Hieran hatte vor allem die Verbundanalyse ihren Anteil.

Für alle genannten Fälle ist eine Darstellung der Kenngrößen auf die verschiedensten Arten möglich:

1. Kenngrößen im Ensemble als statistische Erwartungswerte
2. Kenngrößen im Zeitbereich als Zeitmittelwerte
3. Kenngrößen im Spektralbereich als spektrale Werte.

Welcher Darstellung man den Vorzug gibt, hängt vor allem von der praktischen Meßmöglichkeit ab. Vgl. Tafel 4.

Tafel 4

Darstellung von Prozeß-Kenngrößen

Beispiele	Kontinuierliche Wertefolgen („analog")	Diskontinuierliche Wertefolgen („digital")
im Zeitbereich:	Zeitfunktionen	Amplituden-Abtastwerte, binäre Kodeworte
im Spektralbereich:	FOURIER-Integral-Frequenzspektren	Frequenzharmonische von FOURIER-Reihen
im Ensemble:	Amplitudendichte-Verteilungen	Amplituden-Verteilungen

Klassifizierung von Prozeß-Kenngrößen

Beispiele	Einfache Analyse	Verbund-Analyse
Momentanwert-Bildung	z. B. Grenzwerte, Amplitudenwerte	logische Verknüpfungen
Mittelwert-Bildung	Momente (Gleichanteil, Varianz u. a.)	Korrelationsfunktionen

jeweils für a) ungestörte Prozesse
          b) gestörte Prozesse

Nun einige typische Beispiele für die Einzelanalyse:

Grenzwert-Analyse:

In vielen Fällen genügt es, zu überwachen, ob der Prozeß gewisse Grenzwerte überschreitet oder nicht. Dies geschieht durch sogenannte Grenzwertwächter. Dies ergibt ein binäres Entscheidungsproblem: Grenzwert über- oder unterschritten bzw. Toleranz- oder Arbeitsbereich eingehalten oder nicht.

Zusätzliche Informationen ergibt ein Grenzwertwächter, wenn er auf einem Amplitudenpegel im Arbeitsbereich eingestellt ist und die Häufigkeit der Durchgänge der Meßgröße durch einen noch zulässigen Amplitudenpegel registriert und ausgewertet wird. Dies ergibt die Durchgangsrate. Auch kann man den Zeitabstand der Durchgänge als Meßgröße analysieren und daraus Meßgrößen ableiten. Für die Analyse der inneren Prozeßdynamik ergeben sich dabei interessante Anwendungsmöglichkeiten, die bisher von der Meßpraxis noch wenig ausgenutzt wurden.

Mittelwert-Bildung:

In der Meßtechnik sind zwei Typen von Meßparametern zu unterscheiden:

a) direkte Prozeßparameter, z. B. Amplituden einer Spannung und ihre Frequenz (bei FM!) oder Phase, die zu jedem Zeitpunkt ein Abbild der Meßinformation zu demselben Zeitpunkt sind oder

b) zeitgemittelte Parameter, z. B. bei Pulshäufigkeit- und Pulsbreiten-Modulation (vgl. 2.3.3.). Bei diesen wird die Meßinformation zu einem gegebenen Zeitpunkt in einen Signalparameter abgebildet, welcher sich erst durch Mittelung über eine gewisse Zeitspanne bestimmen läßt. In diesem Falle handelt es sich um Zeitmittelwerte.

Hier entsteht die Frage, inwieweit derartige zeitgemittelte Parameter den statistischen Charakter des Meßprozesses, d. h. den Prozeßtyp, charakterisieren. Welcher Zusammenhang besteht zwischen den statistischen Mittelwerten und den Zeitmittelwerten eines Prozesses. Es muß folgendes festgestelt werden:

Statistische Mittelwerte und Prozeß-Klassifizierung:

Mit der Klassifizierung der Kenngrößen ist die Klassifizierung der stochastischen Prozesse eng verbunden; meistens lassen sich bestimmte Kenngrößen nur bestimmten Prozeßklassen zuordnen! Die Zuordnung eines sich in der Praxis abspielenden Prozesses zu einer bestimmten Prozeßklasse ist stets eine Hypothese, deren Gültigkeit noch geprüft werden muß. Die Wahl eines mathematischen Modells hat meist heuristischen Charakter. Daher darf man die Schlußfolgerungen aus einer Modellanalyse nur mit Vorsicht auf den tatsächlich ablaufenden Prozeß übertragen.

Die statistischen Prozesse werden durch die Wahrscheinlichkeiten der auftretenden Meßereignisse, z. B. Amplituden, beschrieben. Vgl. Abschn. 1.1.2.1. Wir unterschieden die Prozesse, die nur aus qualitativ unterscheidbaren Meßereignissen (Symbole, Farben, Zeichen) bestehen, wobei letztere eine geschlossene Ereignismenge bilden müssen, und wir unterschieden die Prozesse, bei denen jedes Meßereignis mit einer Amplituden-Information verknüpft ist.

Nach Abb. 2.11 kann man aus der beobachteten Folge von Amplituden durch eine Amplituden-Selektions-Stufe (Amplituden-Diskretisierung) die Häufigkeit der einzelnen Amplituden ermitteln. Konvergiert sie zu einem Grenzwert, wählt man diesen Wert einer Amplitudenstufe als ihre Wahrscheinlichkeit. Aus den Wahrscheinlichkeiten aller Amplituden-Stufen kann man dann z. B. die Kenngröße der Informationsentropie $H(x)$ errechnen oder andere statistische Kenngrößen bilden, z. B. die Varianz σ^2.

Hierbei verfährt man bei einem zufälligen Prozeß genau wie bei einer Zufallsgröße, bei der man den Zufallsvorgang zur Ermittelung der Häufigkeitsverteilung immer wieder unter gleichen Bedingungen wiederholen und beobachten muß.

Bei einem zufälligen Prozeß ist ein derartiges Verfahren nur unter zwei wichtigen Voraussetzungen möglich: der Prozeß muß die Eigenschaften der *Stationarität* und der *Ergodizität* besitzen. Dies wird meist stillschweigend angenommen, ist aber durchaus nicht immer voraussetzbar! Hier besteht die Gefahr eines klaffenden Widerspruchs zwischen der Modellbildung und dem realen Vorgang.

Was beinhalten diese Voraussetzungen?

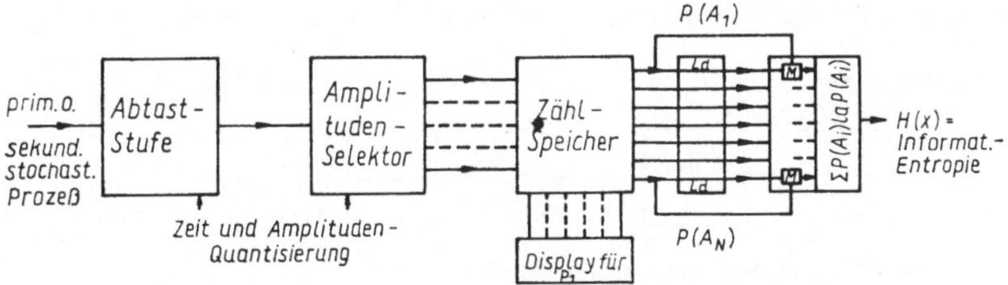

Abb. 2.11. Amplituden-Verteilungs-Analysator zur Entropie-Bestimmung

Messungen mittels der Zeitmittelung an stationären und ergodischen Prozessen:

Stationarität bedeutet, daß die statistische Gesetzmäßigkeit des Ensembles als zeitkonstant angenommen wird. Je größer die Anzahl der am Vorgang beteiligten Elementarvorgänge ist, desto geringer ist der Einfluß der Natur des Elementarprozesses und desto besser gilt die statistische Gesetzmäßigkeit. Ein Beispiel dafür ist das elektronische Rauschen, das in der Meßstochastik als hauptsächlicher Störprozeß in Erscheinung tritt.

Das elektronische Störrauschen selbst enthält keine determinierten Komponenten und läßt sich nur durch eine Wahrscheinlichkeitsanalyse der auftretenden Amplituden beschreiben. Als Modell wird meist der sogenannte GAUSS-Prozeß mit einer Normalverteilung angenommen. Die Amplituden-Wahrscheinlichkeitsdichte lautet hier:

$$p(x) = \frac{1}{\sqrt{2\pi}\,\sigma} \cdot \exp\left(\frac{x - \bar{x})^2}{2\sigma^2}\right)$$

mit $\bar{x} = E\{x\}$ als Gleichmittelwert: $\bar{x} = \int\limits_{\infty}^{\infty} x p(x)\,\mathrm{d}x$ und $\sigma^2 = E\{(x - \bar{x})^2\}$ als Varianz: $\sigma^2 = \int\limits_{-\infty}^{\infty} (x - \bar{x})^2\,p(x)\,\mathrm{d}x$. Abb. 2.12 zeigt das Schema der Varianzanalyse eines stationären und ergodischen Prozesses.

Bei der Normalverteilung und $\bar{x} = 0$ treten Amplitudenwerte, die groß gegen σ sind, nur selten auf, so treten Werte von $|x| > 3\sigma$ nur zu 0,3% auf. Dieses Prozeßmodell ist nur gültig, wenn sich der Prozeß aus einer sehr großen Anzahl von Elementarprozessen durch Amplitudenüberlagerung zusammensetzt, wobei die Wahrscheinlichkeitsverteilung der Amplituden der Elementarprozesse kaum eine Rolle spielt.

Die GAUSS-Verteilung erfreut sich in theoretischen Arbeiten großer Beliebtheit, auch wenn die Hypothese ihrer Gültigkeit durchaus nicht gesichert ist.

Das „GAUSSsche Rauschen", beschrieben durch die GAUSSsche Normalverteilung, ist aber dann und nur dann ein stationärer Prozeß, wenn die der Varianz

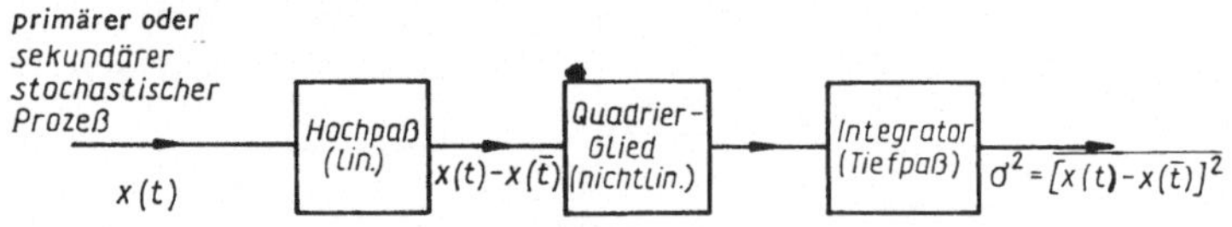

Abb. 2.12. Schema zur Varianz-Analyse

entsprechende Wechselleistung und der Gleichanteil zeitlich konstant sind. Andernfalls verfährt man nach den in Abschn. 2.3.1.2. nachfolgend gemachten Ausführungen! Die GAUSS-Verteilung ist der Grenzfall der BERNOULLI-Verteilung, die die Wahrscheinlichkeit von k günstigen (diskreten) Ereignissen A aus m möglichen angibt:

$$P(k) = \binom{m}{k} P(A)^k \left(1 - P(A)\right)^{m-k}.$$

Eine weitere wichtige meßtechnische Voraussetzung ist die Ergodizität des untersuchten Ensembles. Dies bedeutet, daß man die statistischen Eigenschaften des Ensembles auch durch die Analyse einer einzigen Prozeßrealisierung (= Musterfunktion) feststellen kann. Man nimmt dabei — meist stillschweigend — an, daß im Laufe der Zeit die Prozeßrealisierung alle Amplitudenwerte des Ensembles mit der gleichen Wahrscheinlichkeitsdichte durchläuft.

In vielen Anwendungsfällen liegt nur eine Realisierung eines Schwankungsprozesses vor, und es ist nicht möglich, den Vorgang an einem Ensemble zu einem festen Zeitpunkt zu messen.

Da der Beweis der Ergodizität oft nicht exakt möglich ist, erklärt man einfach die Statistik des Prozesses an Hand der zeitlich fortlaufenden Analyse. Dies bedingt, daß der Prozeß hinreichend lange stationär verläuft, eine Voraussetzung, die erst durch einen Vorversuch geprüft werden muß.

Bei den ergodischen Prozessen setzt man die zeitlichen Mittelwerte gleich den statistischen Erwartungswerten:

$$\overline{f(t)} = \tilde{f} \qquad \text{—: zeitlicher Mittelwert}$$

$$\sim\text{: statistischer Erwartungswert}$$

d. h.
$$\int\limits_{-\infty}^{\infty} f(x)\,p(x)\,\mathrm{d}x = \lim_{T\to\infty}\frac{1}{T}\int\limits_{0}^{T} f(t)\,\mathrm{d}t.$$

In der Meßtechnik spielen — bei der Einzelanalyse — die Momente 1. und 2. Ordnung eine wichtige Rolle:

So gilt für die Gleichkomponente eines Prozesses:

$$\int\limits_{-\infty}^{\infty} x\,p(x)\,\mathrm{d}x = \lim_{T\to\infty}\frac{1}{T}\int\limits_{0}^{T} x(t)\,\mathrm{d}t$$

und für den quadratischen Mittelwert (proport. der Gesamtleistung):

$$\int\limits_{-\infty}^{\infty} x^2\,p(x)\,\mathrm{d}x = \lim_{T\to\infty}\frac{1}{T}\int\limits_{0}^{1} x^2(t)\,\mathrm{d}t$$

bzw. ohne Gleichkomponente (proport. der Wechselleistung):

$$\sigma^2 = \int\limits_{-\infty}^{\infty} (x - \tilde{x})^2\,p(x)\,\mathrm{d}x = \lim_{T\to\infty}\frac{1}{T}\int\limits_{0}^{0} (x(t) - \overline{x})^2\,\mathrm{d}t$$

$\sigma^2 = $ Varianz oder Streuungsquadrat.

Momente höherer Ordnung werden in der Meßtechnik kaum benötigt und ergeben sich bei der häufig verwendeten Normalverteilung aus den Momenten 1. und 2. Ordnung.

So lautet bei der Normalverteilung:

$$M_3 = 0 \quad \text{und} \quad M_4 = 3\sigma^4.$$

Die bisher genannten Mittelwerte der Amplitudenanalyse haben nur energetischen Aussagewert und spiegeln den informatorischen Aspekt des Prozesses nur unzureichend wider. Für eine Informationsverarbeitung benötigt man weitere Aussagen. Diese liefert die Verbundanalyse (Abschn. 2.3.2.).

7*

Die einfache Analyse kann aber auch an anderen Meßgrößen als an Amplituden vorgenommen werden, z. B. gibt es Momente 1. und 2. Ordnung von Frequenzabweichungen, Zeitabständen usw., womit sich die Anzahl von möglichen Kenngrößen erheblich erhöht.

2.3.1.2. *Komponenten-Zerlegung in Standard-Signale*
 (*Fourier- und Walsh-Analyse*)

Spektrale Darstellung von Muster-Funktionen stochastischer Prozesse

Als weitere Möglichkeit der Kenngrößen-Bildung steht die spektrale Darstellung offen. Sie benutzt die FOURIER-Integral-Darstellung und ergänzt die Bildung von Ensemble- und Zeit-Mittelwerten.

Wir gehen von der Tatsache aus, daß sich ein aperiodischer Zeitvorgang aus dem komplexen Amplituden-Spektrum $X(\omega)$ mittels der Beziehung berechnen läßt:

$$x(t) = \int\limits_{-\infty}^{\infty} X(\omega)\, e^{j\omega t} \quad \textbf{da} \quad (X(\omega)\text{-komplex})$$

Es gilt umgekehrt:

$$X(\omega) = \int\limits_{-\infty}^{\infty} x(t)\, e^{-j\omega t}\, \mathbf{dt}$$

Dies ist die Verallgemeinerung der FOURIER-Reihen-Entwicklung periodischer Vorgänge.

Wir haben hierbei Standardsignale der Form $e^{j\omega t} = \cos \omega t + j \sin \omega t$ vorgegeben und können den Zeitvorgang im Frequenzbereich von $\omega = -\infty$ bis $\omega = +\infty$ darstellen. In der Meßtechnik kann man dabei meist eine Frequenzbegrenzung als Modellfall annehmen, womit sich der Frequenzbereich von $\omega = -\omega_g$ bis $= +\omega_g$ reduziert. $X(\omega)$ ist die spektrale Amplitudendichte, die bei den zu $t = 0$ symmetrisch verlaufenden, d. h. geraden Zeitfunktionen $x(t)$, reell sind. Dies kann man aber bei stochastischen Prozessen niemals annehmen. $X(\omega)$ ist im allgemeinen eine komplexe Größe. So ergibt sich durch die FOURIER-Integraldarstellung einer Prozeßrealisierung ein Amplitudenspektrum $X(\omega)$ und ein Phasenspektrum arg $X(\omega)$.

Dieses gilt nur für die bestimmte Realisierung (= Musterfunktion). Wenn man aber zahlreiche gleichartige Prozesse als Ensemble untersucht, so kann man einen statistischen Mittelwert (= Erwartungswert) für die Amplitudenverteilungskurve bilden, vorausgesetzt, daß man das Ensemble als „erwartungstreu" ansehen kann. Erst diese charakterisiert den Prozeß selbst.

Meßtechnisch betrachtet wird ein bestimmter Wert des Amplitudenspektrums $X(\omega)$ für ein vorgegebenes ω durch eine multiplikative Verknüpfung des Zeitvorganges mit dem Standard-Signal $e^{-j\omega t}$ und durch eine nachfolgende Aufsummierung (Integration) über die Zeit t gewonnen, also durch ein Verbund

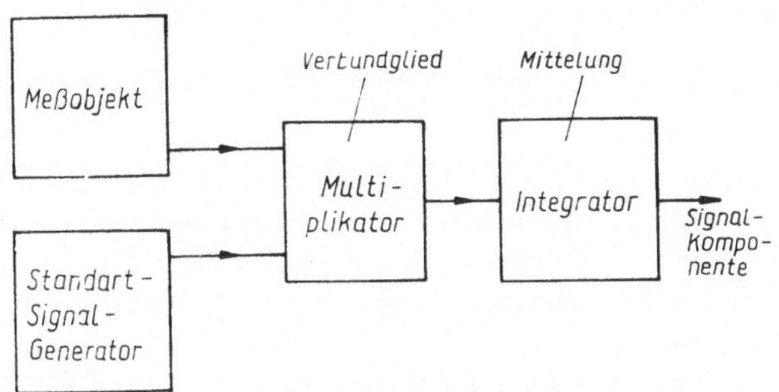

Abb. 2.13. FOURIER- oder WALSH-Analysator als Verbundsystem

system, bestehend aus einem Multiplikator und einer Summierstufe (Integrator). Mittels des Multiplikators wird die Verbundgröße gebildet und durch die Summierstufe der zugehörige Mittelwert im Zeitbereich. Einer derartigen Meßanordnung werden wir noch häufig begegnen (vgl. Abschn. 2.3.). Das Schema zeigt Abb. 2.13!

Das Amplitudenspektrum enthält eine Amplitudeninformation und eine Phaseninformation. Geht man von der Analyse der Musterfunktion ($=$ Prozeß-Realisierung) zur eigentlichen Prozeßanalyse über, indem man den statistischen Mittelwert über alle Musterfunktionen bildet, wird man in den meisten Fällen beobachten, daß die Phase gleichmäßig zwischen 0 und 2π verteilt schwankt und für den Prozeß uninteressant ist. Man untersucht daher bei Zufallsprozessen anstelle des Amplituden-Spektrums nur das sogenannte Leistungs-Spektrum.

Die Phaseninformation eines einzelnen Vorganges wird bei der akustischen Wahrnehmung durch das menschliche Hörorgan nach HELMHOLTZ nicht ausgenutzt. Für die visuelle Wahrnehmung und für die Bildwiedergabe (Fernsehen!) ist die Phaseninformation jedoch unentbehrlich.

Das Leistungsspektrum ist definiert durch die spektrale Leistungsdichte:

$$S(f) = \lim_{T \to \infty} \frac{1}{2T} \, |X(f)|^2.$$

Diese Definition ist so gewählt, daß die Integration über den mathematischen

Frequenzbereich $-\infty < f < +\infty$ den quadratischen Mittelwert von $x(t)$ ergibt:

$$\int\limits_{-\infty}^{+\infty} S(f)\,\mathrm{d}f = \overline{x(t)^2} = x^2_{\text{eff}},$$

die normierte Leistung des Prozesses. Es ist auch die Definition $S(\omega)$ üblich, die den quadratischen Mittelwert über $-\infty < \omega < +\infty$ ergibt:

$$\int\limits_{-\infty}^{\infty} S(\omega)\,\mathrm{d}\omega = \overline{x(t)^2} \quad \text{mit} \quad 2\pi S(\omega) = S(f).$$

Während die Momente 1. und 2. Ordnung des Prozesses nur energetische Aussagen liefern und für die Informationsanalyse von geringerem Interesse sind, enthält das Leistungsspektrum tiefer gehende Aussagen, da die Leistung des Prozesses durch die spektrale Leistungsdichte $S(f)$ in bestimmter Weise auf den Frequenzbereich aufgeteilt wird.

Dies ist der spektrale Aspekt der Informationstheorie und für zahllose Anwendungen von großer praktischer Bedeutung. Das Leistungsspektrum ist eine altbekannte Größe der Physik. Sie wird z. B. bei den Strahlungsgesetzen der Optik (Plancksches Strahlungsgesetz) benutzt und durch seine Frequenzabhängigkeit dargestellt.

Ein wichtiges Ersatzmodell ist das „Breitbandspektrum" mit konstanter Leistungsdichte S_0 im Bereich $-f_g < f < f_g$, das außerhalb dieses Bereiches verschwindet. Realisiert wird dieses Modell durch ein elektronisches Rauschsignal, das durch ein Tiefpaßfilter bei f_g scharf abgeschnitten wird. Es gilt hier:

$$x^2_{\text{eff}} = \sigma^2 = S_0 \cdot 2\Delta f.$$

Die Bedeutung des Leistungsspektrums für die Charakterisierung der Eigenschaften eines stochastischen Prozesses geht aus dem nachfolgenden Abschn. 2.3.2. hervor!

Signal-Analyse mittels orthogonaler Funktionen-Systeme:

Ein wichtiges Hilfsmittel der Prozeßanalyse sind die orthogonalen Funktionensysteme, in der Meßtechnik auch als Standard-Signale bezeichnet. Die harmonischen Schwingungen, benutzt als Entwicklungsfunktionen bei der FOURIER-Analyse, bilden ein wichtiges Anwendungsbeispiel. Es gibt jedoch noch andere Möglichkeiten, einen Vorgang in Komponenten zu zerlegen, d. h. in eine Summe von gewichteten Standardsignalen. Dann wird der Vorgang vollständig — oder auch annähernd — durch die Angabe der Standard-Signal-Komponenten beschrieben. Hierbei wird eine Meßanordnung nach Abb. 2.13 benutzt.

Angenommen, es sei eine Folge von Standardsignalen $\Phi_n(t)$ vorgegeben, die wir durch den Index n mit $n = 0, 1, 2, \ldots \infty$ kennzeichnen. Dann lautet die Summendarstellung des Vorgangs:

$$f(t) = \sum_{n=0}^{\infty} c_n \Phi_n(t)$$

mit c_n als Gewichts-Koeffizient, auch Entwicklungs-Koeffizient genannt.

Für ein orthogonales und normiertes Funktionensystem $\Phi_n(t)$ gilt dann:

$$\int_{t_1}^{t_2} \Phi_m(t) \cdot \Phi_n(t) \, \mathrm{d}t = 0 \text{ für } m \neq n$$
$$= 1 \text{ für } m = n.$$

Der Wert 1 kennzeichnet die Normierung, die sich durch die Wahl einer geeigneten Konstanten der orthogonalen Funktionen stets erreichen läßt.

Die Orthogonalität der Standardsignale ermöglicht eine einfache Koeffizienten-Bestimmung. Es ergibt sich durch die Multiplikation von $f(t)$ mit $\Phi_m(t)$ und Integration über das betrachtete Zeitintervall $t_1 < t < t_2$:

$$\int_{t_1}^{t_2} f(t) \, \Phi_m(t) \, \mathrm{d}t = \int_{t_1}^{t_2} \sum_{m=0}^{\infty} c_m \Phi_m(t) \, \Phi_n(t) \, \mathrm{d}t = c_m.$$

Wegen der Orthogonalität der Funktionen $\Phi(t)$ werden alle Summanden der rechten Seite gleich Null mit Ausnahme von $m = n$. Somit lauten die Entwicklungskoeffizienten:

$$c_n = \int_{t_1}^{t_2} f(t) \, \Phi_n(t) \, \mathrm{d}t.$$

Darstellung von zeitbegrenzten Vorgängen (Segmenten):

Die Beschreibung von Vorgängen mit stochastischem Zeitverlauf (nicht determiniert) läßt sich erheblich vereinfachen, wenn man sich auf einen beidseitig begrenzten Zeitabschnitt (= Segment) beschränkt und diesen Vorgang periodisch nach beiden Seiten fortsetzt. Dann entsteht ein periodisches Signal, dessen Periodizitätsintervall den tatsächlichen Vorgang beschreibt. In dieser Weise waren wir bereits in Abschn. 2.2.2. bei der Ableitung des Abtasttheorems vorgegangen.

Der Vorteil der periodischen Fortsetzung besteht darin, daß man den Vorgang durch eine endliche Menge von Kennwerten beschreiben kann. Diese Kennwerte sind, wie gezeigt werden wird, Funktionale und lassen sich durch Integrale darstellen.

Für die FOURIER-Darstellung, die dem Leser bekannt ist, bedeutet dies den

Übergang von der FOURIER-Integraldarstellung zur einfacheren FOURIER-Reihen-Zerlegung. Hierbei ist die komplexe Darstellung vorzuziehen. Die Standard-signale lauten wieder: $e^{j\omega t}$, jedoch nur für $\omega = n\,\omega_0$ als Harmonische der Grundfrequenz ω_0. Die FOURIER-Reihe in komplexer Form lautet:

$$x(t) = \sum_{n=-\infty}^{+\infty} X_n e^{jn\omega_0 t}$$

mit den Amplituden

$$X_n = \overline{x(t)\, e^{-jn\omega_0 t}}$$

$$= \frac{1}{T} \int_{-T/2}^{T/2} x(t)\, e^{-jn\omega_0 t}\, dt.$$

Die Gleichkomponente beträgt:

$$\overline{x(t)} = \frac{1}{T} \int_{-T/2}^{T/2} x(t)\, dt = \frac{1}{T} \int_{0}^{T} x(t)\, dt.$$

Bemerkung: Zur Digitalisierung des Frequenzbereiches bei der Analyse linearer Systeme vgl. [35 a].

Die komplexen Amplituden X_n der Harmonischen $\pm\, n\omega_0$ reichen zur Beschreibung des Vorganges im Bereich von T aus, aber der einmalige Vorgang, begrenzt auf das Intervall T, besitzt ein kontinuierliches Spektrum, das die Hüllkurve für die diskreten Amplituden X_n bildet. Physikalisch real sind diese Amplituden nur, wenn der Vorgang ununterbrochen periodisch wiederholt wird.

Die Spektralanalyse von stochastischen Vorgängen, z. B. von Maschinen-geräuschen, die stationären Charakter haben, wird mit Filtern endlicher Band-breite, also nur recht grob vorgenommen. Sie liefern für den stationären Dauer-betrieb statistische Mittelwerte des Spektrums, das hierbei in relativ breite Fre-quenzbereiche aufgeteilt wird. Oft begnügt man sich mit Terzfiltern.

Bei der Suchtonanalyse nach GRÜTZMACHER wird ein Suchton in der Frequenz verändert, mit dem aufgenommenen Signal multipliziert und über einen kurzen Zeitbereich integriert. Die Aufzeichnung liefert das Spektrum des Vorganges und zwar nur betragsmäßig. Abb. 2.13 zeigte das Schema der Methoden zur Fre-quenzanalyse.

Wenden wir uns einer in der Digitaltechnik wichtig gewordener Analyse-Methode zu, der WALSH-Funktions-Analyse!

Walsh-Analyse

Die WALSH-Analyse dient — wie die FOURIER-Analyse — auch zur Komponentenzerlegung der Musterfunktion eines stochastischen Prozesses nach Standard-Signalen; denn das Prinzip der FOURIER-Analyse läßt sich auch auf andere Orthogonal-Signal-Systeme erweitern. Die Mathematik bietet an sich in reicher Anzahl orthogonale Funktionensysteme an, so z. B. die BESSEL-Funktionen, die TSCHEBYSCHEFF-, LEGENDRE-, LAGUERRE-Polynome, die HERMITE-Funktionen u. a. In der Meßpraxis tritt die Forderung auf, daß die Standardsignale sich einfach erzeugen lassen und daß sie prozeßrelevant sind. Die charakteristischen Eigenschaften des untersuchten Prozesses sollen sich möglichst gut durch die Koeffizienten (= Kennwerte, Funktionale) ausdrücken lassen, und es wird auch darauf Wert gelegt, daß möglichst wenig Harmonische zur Prozeßapproximation notwendig sind.

Daher haben bisher nur sehr wenig andere Funktionensysteme als Standardsignale Eingang in die Meßpraxis gefunden.

Hierunter gehören u. a. die WALSH-Funktionen[1]), die besonders für die Digitalisierung der Analyse sehr geeignet sind. Die Standardsignale lassen sich sehr einfach mit Digitalschaltungen herstellen. Sie wurden von H. HARMUTH und F. PICHLER in den sechziger Jahren in die Informationstechnik eingeführt ([32] und [40]).

Die WALSH-Funktion wal (i, θ) mit dem Parameter $i \geq 0$ ist eine zweiwertige Rechteckfunktion mit der normierten Zeit t als Variable mit den Funktionswerten $+1$ und -1. Abb. 2.14 zeigt den Verlauf der WALSH-Funktionen für $i = 0$ bis $i = 7$. Für ganzzahlige Parameter i sind die WALSH-Funktionen periodisch mit der Periodendauer T. Sie beginnen bei $t = 0$ mit dem Wert $+1$. Dem Parameter i entspricht die Zahl der Nulldurchgänge innerhalb des Grundintervalls. Bezogen auf die Mitte des Grundintervalls ist die Funktion wal (i, θ) gerade für geradzahliges i und ungerade für ungeradzahliges i. Daher läßt sich das System der WALSH-Funktionen wal (i, t) in Analogie zu dem System der sin- und cos-Funktionen in zwei Halbsysteme, die geraden cal-Funktionen und die ungeraden sal-Funktionen aufteilen. Hierfür gilt folgende Zuordnungsvorschrift:

$$\text{wal } (2i, t) = \text{cal } (i, t) \qquad \text{für } i = 0, 1, 2, \ldots$$

$$\text{wal } (2i - 1, t) = \text{sal } (i, t) \quad \text{für } i = 1, 2, \ldots.$$

[1]) Die WALSH-Funktionen wurden erstmalig um 1900 von A. BARRET als ein vollständiges orthogonales Funktionensystem erwähnt. In die Mathematik eingeführt und zur WALSH-Analyse ausgebaut wurden sie vom amer. Mathematiker J. L. WALSH (1895—1973), nach dem sie jetzt benannt werden (vgl. [31] und [46]).

Die WALSH-Funktionen mit den Parametern $2^n - 1$ ($n = 1, 2, 3 \ldots$) weisen nur gleiche Nulldurchgangs-Abstände auf und stellen die sogenannten RADE-MACHER-Funktionen dar, die selbst kein vollständiges Standardsignalsystem darstellen. Die RADEMACHER-Funktionen bestehen im Grundintervall $(0, 1)$ aus

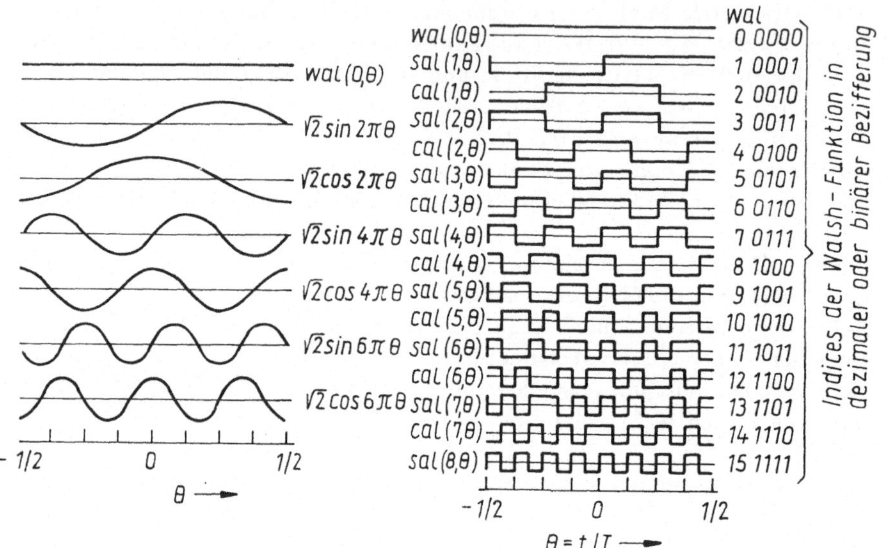

Abb. 2.14. Harmonische Schwingungen und WALSH-Funktionen (Frequenz- und Sequenz-Analyse)

$N = 2^n$ konstanten Teilabschnitten der Länge 2^{-n} als kleinste Einheit. Für sie gilt die Definitionsgleichung:

$$\text{sign} (\sin 2^n \pi t) = \text{wal} (2^n - 1, \theta).$$

Sie lassen sich also durch stark amplitudenbegrenzte Sinusschwingungen herstellen. Die benötigte NF-Bandbreite ($=$ Basisbandbreite) liegt also in der Größenordnung von $B = f_g = 2^n/T$, wenn T das Grundintervall ist, das hier auf $T = 1$ normiert wurde. Der Bandbreitebedarf entspricht dem eines Elementarimpulses der Breite T/N.

Man kann das System der 2^n WALSH-Funktionen als WALSH-Matrix W darstellen. Jede Reihe stellt die Wertefolge einer wal-Funktion dar, $w_i(x)$ und $x = t/\varDelta t$ als Ordnungszahl des x-ten Teilabschnittes.

Für $n = 1$ ergibt sich:

$$\begin{bmatrix} W = w_0(x) \\ w_1(x) \end{bmatrix} = \begin{bmatrix} +1 & +1 \\ +1 & -1 \end{bmatrix}$$

Für $n = 2$ ergibt sich:

$$\begin{bmatrix} W = w_0(x) \\ w_1(x) \\ w_2(x) \\ w_3(x) \end{bmatrix} = \begin{bmatrix} +1 & +1 & +1 & +1 \\ +1 & +1 & -1 & -1 \\ +1 & -1 & -1 & +1 \\ +1 & -1 & +1 & -1 \end{bmatrix}$$

Die WALSH-Matrizen sind symmetrisch: $W = W^T$ (Symmetrie zur Hauptdiagonale), d. h., es gilt stets:

$$w_i(x) = w_x(i).$$

Ferner gilt:

$$W \cdot W = 2^n \cdot E = NE$$

mit E als Einheitsmatrix.
Daraus ergibt sich für die inverse Matrix:

$$W^{-1} = \frac{W}{N} \qquad (N = 2^n).$$

Aus diesen Beziehungen ergibt sich die Orthogonalität der in der WALSH-Matrix zusammengefaßten Klasse der Funktionen:

$$\sum_{x=0}^{N-1} w_i(x) \cdot w_j(x) = 0 \quad \text{für } i \neq j,$$
$$= N \quad \text{für } i = j.$$

Sequenzbegriff:

Man versteht unter einer Sequenz die halbe Anzahl der Nulldurchgänge einer WALSH-Funktion im Periodizitätsintervall. Dieser Begriff entspricht näherungsweise dem Frequenzbegriff.

Jedoch besteht der Unterschied, daß bei harmonischen Schwingungen Frequenz und Periodizitätsintervall zueinander reziprok sind, d. h., eine Verkleinerung der Periode um den Faktor n vervielfacht die Frequenz um den gleichen Faktor n.

Bei den Walsh-Funktionen dagegen gilt diese Reziprozität nicht, da die Nulldurchgangsabstände nicht immer gleich groß sind. Walsh-Funktionen mit einer vielfachen Sequenz haben einen unterschiedlichen Zeitverlauf (vgl. Abb. 2.14 mit $\mathrm{wal}_3(x)$ und $\mathrm{wal}_6(x)$).

Sequenz-Systeme:

Verbundsysteme, die von zwei Walsh-Funktionen verschiedener Sequenz ausgesteuert werden, entsprechen den multiplikativen Frequenzumsetzern. Während aber bei diesen zwangsläufig mindestens die Summen- und die Differenzfrequenz entsteht, entsteht bei den Walsh-Funktionen-Umsetzern nur eindeutig eine einzige Mischsequenz. Für Walsh-Funktionen gilt folgendes Verknüpfungsgesetz:

$$\mathrm{wal}_i\,(x) \cdot \mathrm{wal}_j(x) = \mathrm{wal}_{i \oplus j}(x),$$

d. h., der Index der resultierenden Walsh-Funktion ergibt sich durch die Addition modulo 2 der Indices der Faktor-Walsh-Funktionen. Man beachte, daß $i \oplus j = i \ominus j$ ist, Addition und Subtraktion fallen bei den Binärzahlen zusammen, da jede Binärzahl zu sich selbst das inverse Element darstellt.

Technisch ist dies von großer Bedeutung, da die bei harmonischen Schwingungen notwendige Seitenbandfilterung nach einem Frequenzumsetzer hier bei der Mischung von Walsh-Funktionen entfällt.

Hamming-Abstand von Walsh-Funktionen:

Der Hamming-Abstand d zweier q stelliger Walshfunktionen beträgt $d = q/2$. Beweis nach J. Seidler: Wenn N_{+1} die Anzahl aller Teilprodukte mit $a_i b_i = +1$ und N_{-1} die Anzahl aller Teilprodukte mit $a_j b_j = -1$ ist, dann gilt (a): $N_{-1} = d$ (b) $N_{+1} + N_{-1} = q$ und (c) wegen der Orthogonalität $N_{+1} - N_{-1} = 0$. Hieraus folgt unmittelbar: $N_{+1} = N_{-1} = q/2 = d$! (Vgl. S. 174.)

Die gruppentheoretische Begründung der Walsh-Signal-Analyse:

Definitionsgemäß sind in der Algebra die *Walsh-Funktionen die Charaktere der dyadischen Gruppe.* Was heißt dies?

Die dyadische Gruppe wird von den n-stelligen Binärzahlen gebildet und mit $B(n)$ bezeichnet (vgl. Abschn. 1.3.). Die Ordnung dieser additiven und kommutativen (abelschen) Gruppe, d. h. die Anzahl der Elemente, ist 2^n, und die Gruppenoperation ist die Addition modulo 2. Jedes Element ist zu sich selbst invers, Addition und Subtraktion fallen zusammen. Das neutrale Element ist die Binärzahl $00\ldots0.$ $(= \varnothing)$

Die einstelligen Binärzahlen 0 und 1 bilden die zyklische Gruppe Z_2 mit dem erzeugenden Element 1. Durch fortlaufende Addition mit 1 entsteht der Zyklus 0, 1, 0, 1, 0, 1 usw., die Menge (0, 1) ist abgeschlossen.

Die Bildung einer mehrstelligen Binärzahl (z. B. mit $n = 3$ Stellen) durch ein Tupel $(a_0, a_1, \ldots a_{n-1})$ mit $a_i \in (0, 1)$ bezeichnet man als die Bildung einer direkten Summe:

$$Z = Z_2 + Z_2 + Z_2 \quad \text{für} \quad n = 3.$$

Das Pluszeichen bedeutet hier nur das Nebeneinandersetzen der drei Binärziffern. Z ist die direkte Summe der drei zykl. Gruppen Z_2.

Man beachte, daß der Ziffernwert an sich für das Grupenelement keine Amplitudeninformation bedeutet, sondern nur einen Index, der für die bekannte Verknüpfungsoperation mehrstelliger Binärzahlen durch eine stellenweise Addition modulo 2:

$$a \oplus b = (a_0 \oplus b_0, a_1 \oplus b_1, \ldots a_{n-1} \oplus b_{n-1})$$

benutzt wird.

Es findet kein Übertrag statt! Die Addition modulo 2 wird für die Berechnung der Strukturtafel der Verknüpfungen benutzt:

$\oplus$	00	01	10	11			$\oplus$	0	1	2	3
00	00	01	10	11	oder in		0	0	1	2	3
01	01	00	11	10	natürl. Zahlen:		1	1	0	3	2
10	10	11	00	01			2	2	3	0	1
11	11	10	01	00			3	3	2	1	0

Strukturtafel der „Vierergruppe"

Wie die Strukturtafel der Vierergruppe veranschaulicht, gibt es eine eineindeutige Zuordnung zwischen der dyadischen Gruppe $B(n)$ der Binärzahlen und der natürlichen Zahlen $N(n) = (0, 1, 2, \ldots 2^- - 1)$, die kleiner sind als 2^n: $B(n) \to N(n)$. Eine Abbildung, die dies leistet, lautet:

$$a = \sum_{i=0}^{n-1} a_i \cdot 2^i \quad \text{mit} \quad a \in N(n) \quad \text{und} \quad a_i \in (Z_2).$$

Man kann also Indizes durch natürliche Zahlen oder durch Binärzahlen ausdrücken. Es sei noch darauf hingewiesen, daß die Elemente einer Gruppe allgemein keine bestimmte Ordnungsrelation besitzen und nach praktischen Gesichtspunkten in der Reihenfolge geordnet werden können, wovon unten Gebrauch gemacht werden wird.

Zum Begriff der Charaktere:

> Definitionsgemäß versteht man unter einem *Charakter einer Gruppe G* eine homomorphe Abbildung von *G* in die multiplikative Gruppe des Körpers *K* der komplexen Zahlen.

Unter einer homomorphen Abbildung versteht man eine relationstreue eindeutige Abbildung der Originalgruppe in die Bildgruppe. Relationstreu heißt, daß die Summe der hier additiven Gruppe $(a \oplus b)$ in das Produkt der Abbildungen σ von a und b abgebildet wird:

$$\sigma(a \oplus b) = \sigma(a) \cdot \sigma(b).$$

Hieraus erkennt man sofort, daß für $b = \varnothing$ $\sigma(b = \varnothing) = 1$ gesetzt werden muß! Das Nullelement der additiven Gruppe wird in das Einselement der multiplikativen Gruppe abgebildet.

Falls die Abbildung eineindeutig ist, spricht man von einem *Isomorphismus*.

Wir betrachten die Abbildung einer zyklischen Gruppe mit dem erzeugenden Element a. Dann sind alle Elemente Vielfache von a:

$$a_i = z \cdot a \quad \text{mit} \quad 0 \leq z \leq n - 1.$$

Für $z = n$ wird der Zyklus geschlossen: $na = \varnothing$. n bedeutet hier die Ordnung der Gruppe, d. h. die Anzahl der Gruppenelemente.

Die relationstreue Abbildung in eine multiplikative Gruppe ergibt:

$$\sigma(za) = \sigma(a)^z \quad \text{und} \quad \sigma(na) = \sigma(\varnothing) = 1.$$

Also gilt auch: $\quad \sigma(a)^n = 1,$

und hieraus folgt: $\quad \sigma(a) = \sqrt[n]{1}.$

1 bedeutet nicht nur das Einselement, sondern direkt den Zahlenwert 1. Damit wird bei der Abbildung eines Gruppenelements der additiven Gruppe eine „Amplitudeninformation" zugeordnet. Wir werden sehen, daß durch die Abbildung jedem Gruppenelement (za) mehrere Zahlenwerte zugeordnet werden, die sich zu einem n-Tupel zusammenfassen lassen. Dieses charakterisiert das Gruppenelement. Daher die Bezeichnung „Charaktere" für die Bildelemente.

Für die Abbildung $\sigma(za)$ ergibt sich $\sigma(za) = \left(\sqrt[n]{1}\right)^z = \sigma(a)^z$. Die Abbildung des erzeugenden Elements $\sigma(a)$ ist eine $n$te Einheitswurzel. Die n Einheitswurzeln liegen auf dem Einheitskreis der Ebene der komplexen Zahlen und stellen die komplexen Zahlen

$$\sigma(a) = \eta^k = e^{j2\pi k/n} \quad \text{mit} \quad \eta = e^{j2\pi/n} \quad \text{dar.}$$

Die Elemente der multiplikativen zyklischen Gruppe unserer Abbildung sind Potenzen der Abbildung des erzeugenden Elenents, also sind sie Potenzen der gewählten und durch den Index k gekennzeichneten Einheitswurzel:

$$\sigma(za) = \sigma(a)^z = (\eta^k)^z = \eta^{kz},$$

auch mit $\chi_k(z)$ bezeichnet. Die n Punkte des Einheitskreises η^k, die n-ten Einheitswurzeln, lassen sich anschaulich als Elemente einer Drehgruppe auffassen, ein Zusammenhang, der hier nicht näher untersucht werden soll.

Betrachten wir nun zunächst die Charaktere χ der dyadischen Gruppe Z_2! Hier ist $n = 2$ und damit:

$$\eta = e^{j\pi} = (-1)$$

als ein Abbild des erzeugenden Elements $a = 1$ von Z_2. Es gibt aber hier zwei Einheitswurzeln $\sigma(a) = \pm\sqrt{1} = \pm 1$. Wir haben für die Wahl von k zwei Möglichkeiten: $k = 0$ und $k = 1$ und wir haben zwei Gruppenelemente $z = 0$ und $z = 1$ abzubilden.

Jedem Gruppenelement werden zwei Bilder zugeordnet, gekennzeichnet durch den Index k. Dies ergibt folgendes Schema für die Charaktere:

kz:	$k = 0$	$k = 1$
$z = 0$	0	0
$z = 1$	0	1

$\chi_k(z) = (-1)^{kz}$:	$k = 0$	$k = 1$
$z = 0$	$+1$	$+1$
$z = 1$	$+1$	-1

So wird durch die beschriebene Abbildung dem Element 0 von Z_2 das Tupel $(+1, +1)$ und dem Element 1 von Z_2 das Tupel $(+1, -1)$ zugeordnet. Diese beiden Werte bilden die Werte der WALSH-Funktion, die einem Element zugeordnet ist:

$$\text{wal}_0(k): \ +1, \ +1$$

$$\text{wal}_1(k): \ +1, \ -1.$$

Man erkennt aus der Definitionsgleichung: $\chi_k(z) = \eta^{kz}$, daß die Koeffizienten vertauschbar sind.

$$\text{wal}_k(z) = \text{wal}_z(k).$$

Die „Walshmatrix" $\begin{pmatrix} +1 & +1 \\ +1 & -1 \end{pmatrix}$ ist symmetrisch!

Sie stimmt mit der sogenannten HADAMARD-Matrix H_2 überein.

Vom Standpunkt der Informationstechnik ist zu bemerken, daß die Abbildung eine Kodierungsredundanz hineinbringt: die einstelligen Binärziffern werden durch zweistellige Binärzahlen abgebildet. Mit $(+1) \triangleq 0$ und $(-1) \triangleq L$ ergeben sich:

$$\sigma(0) = (0\ 0) \quad \text{und} \quad \sigma(L) = (0\ L).$$

Man bemerkt ferner, daß die Charaktere $\chi_k(z) = \chi_z(k)$ nicht die WALSH-Funktionen selbst darstellen, sondern die Koeffizienten der WALSH-Funktionen.

Übergang zu den Charakteren mehrstelliger Binärzahlen:

Der Übergang zu zwei- und zu mehrstelligen Binärziffern und zu ihren Charakteren ergibt sich aus der Auffassung, daß die Binärzahlen direkte Summen von zyklischen Gruppen des Typs Z_2 sind. Bei der Abbildung geht die direkte Summe in ein direktes Produkt über.

Der Fall $n = 2$: Für eine zweistellige Binärzahl (z_1, z_2) erhalten wir für die Abbildung einer Ziffer:

$$\sigma(z_i) = \chi_k(z_i) = (-1)^{z_i k} \quad \text{mit } k = 0 \quad \text{und} \quad k = 1.$$

Daher ergibt das direkte Produkt:

$$\sigma(z_1, z_2) = \chi_k(z_1, z_2) = \eta^{z_1 k_1} \cdot \eta^{z_2 k_2} \qquad \text{mit } k_1 \in (0, 1)$$
$$\text{und } k_2 \in (0, 1)$$
$$\sigma(z_1, z_2) = \eta^{z_1 k_1 \oplus z_2 k_2}$$

z_1 und z_2 sind durch die Binärzahl vorgegeben: $z_1, z_2 \in (0, 1)$.

Für k_1 und für k_2 können jeweils die beiden Binärwerte gewählt werden (Wahl der Einheitswurzel!). Dies ergibt vier Möglichkeiten und somit jeweils vier verschiedene Charaktere als Ziffern der hier vierstelligen WALSH-Funktion!

Es ergibt sich folgendes Strukturschema:

$\sum\limits_{i=1}^{2} z_i k_i$	$k = 00$	01	10	11
$z = 00$	0	0	0	0
01	0	1	0	1
10	0	0	1	1
11	0	1	1	0

| $(-1)^{\sum z_i k_i}$ | $k = 00$ | 01 | 10 | 11 |
	x_1	x_2	x_3	x_4
$z = 00$	$+1$	$+1$	$+1$	$+1$
01	$+1$	-1	$+1$	-1
10	$+1$	$+1$	-1	-1
11	$+1$	-1	-1	$+1$

Der Index i bedeutet hier die 1. oder die 2. Stelle von z_i und von k_i. Ausführlich: $z_1 k_1 \oplus z_2 k_2$ mit algebr. Multiplikation („Und").

mit $(-1)^0 = +1$ und $(-1)^1 = -1$

Es ergeben sich als Abbildungen der zweistelligen Binärziffern vierstellige WALSH-Funktionen, deren Ordnung auch nach der Anzahl der Vorzeichenwechsel im Intervall erfolgen kann. Dann ergibt sich:

x_1	x_2	x_3	x_4	Bezeichnungen der WALSH-Funktionen		
$+1$	$+1$	$+1$	$+1$	$w_{00}(x)$	$\mathrm{wal}_0(x)$	cal $(0, x)$
$+1$	$+1$	-1	-1	$w_{10}(x)$	$\mathrm{wal}_1(x)$	sal $(1, x)$
$+1$	-1	-1	$+1$	$w_{11}(x)$	$\mathrm{wal}_2(x)$	cal $(1, x)$
$+1$	-1	$+1$	-1	$w_{12}(x)$	$\mathrm{wal}_3(x)$	sal $(2, x)$

Der Fall $n = 3$ wird in gleicher Weise behandelt. Man bildet wieder die Charaktere $(-1)^{\sum_{i=1}^{3} z_i k_i}$ durch stellenweise Multiplikation der Binärziffern von z und k für $z = (000 \ldots 111)$ und $k = (000 \ldots 111)$. Es ergeben sich für jede dreistellige Binärzahl acht Charaktere als Stellen der achtstelligen WALSH-Funktionen:

$k =$	000	001	010	011	100	101	110	111	
$z = 000$	$+1$	$+1$	$+1$	$+1$	$+1$	$+1$	$+1$	$+1$	$\mathrm{wal}_0(x)$
001	$+1$	-1	$+1$	-1	$+1$	-1	$+1$	-1	$\mathrm{wal}_7(x)$
010	$+1$	$+1$	-1	-1	$+1$	$+1$	-1	-1	$\mathrm{wal}_3(x)$
011	$+1$	-1	-1	$+1$	$+1$	-1	-1	$+1$	$\mathrm{wal}_4(x)$
100	$+1$	$+1$	$+1$	$+1$	-1	-1	-1	-1	$\mathrm{wal}_1(x)$
101	$+1$	-1	$+1$	-1	-1	$+1$	-1	$+1$	$\mathrm{wal}_6(x)$
110	$+1$	$+1$	-1	-1	-1	-1	$+1$	$+1$	$\mathrm{wal}_2(x)$
111	$+1$	-1	-1	$+1$	-1	$+1$	$+1$	$\cdot 1$	$\mathrm{wal}_5(x)$

Der Index gibt die Anzahl der Nulldurchgänge im Intervall an (Sequenzordnung). Man erhält nach F. PICHLER unmittelbar nach Sequenzen geordnet die WALSH-Funktionen, wenn man die erste und die letzte Stelle von k vertauscht:

$$k = 000\ 100\ 010\ 110\ 001\ 101\ 011\ 111, \text{ d. h. } \chi_k(z) = (-1)^{\sum_i z_i k_{n-1-i}}.$$

Bemerkung: Die gleiche Betrachtungsweise der homomorphen Abbildung einer zyklischen Zeitfolge in den Einheitskreis führt in der Theorie der diskreten linearen Systeme zur diskreten FOURIER-Transformation mit $n > 2$ und damit mit komplexen Einheitswurzeln η und η^k! Die Vielfachen η^{kz} liefern dann die Koeffizienten der diskreten FOURIER-Transformations-Matrix.

Walsh-Fourier-Integraldarstellung:

Es lassen sich kontinuierliche Zeitvorgänge mittels einer Reihen-Entwicklung nach WALSH-Funktionen innerhalb eines Zeitintervalls $(T = 1)$ entwickeln. Hierbei erscheint der Vorgang in der Zeitskala periodisch fortgesetzt.

Für die WALSH-Analyse gilt:

$$f(t) = \sum_{i=0} c_i \, \text{wal} \, (i, t)$$

mit den Entwicklungskoeffizienten:

$$c_i = \frac{1}{T} \int_0^T f(t) \, \text{wal} \, (i, t) \, dt.$$

Formal entspricht dies der FOURIER-Reihendarstellung

$$f(t) = \sum_{n=-\infty}^{\infty} X_n \, e^{jn\omega_0 t}$$

mit den Entwicklungskoeffizienten:

$$X_n = \frac{1}{T} \int_{-T/2}^{+T/2} f(t) \, e^{-jn\omega_0 t} \, dt$$

im Periodizitätsintervall T.

Kontinuierliche, aperiodisch verlaufende Funktionen können durch das sogenannte WALSH-FOURIER-Integral dargestellt werden:

$$f(t) = \int_0^{\infty} \mathcal{F}(s) \, \text{wal} \, (s, t) \, ds$$

mit der WALSH-Bildfunktion:

$$\mathcal{F}(s) = \int_{-\infty}^{\infty} f(t) \, \text{wal} \, (s, t) \, dt.$$

Dies entspricht dem FOURIER-Integral:

$$f(t) = \frac{1}{2\pi} \int_{-\infty}^{\infty} \mathcal{F}(j\omega) \, e^{j\omega t} \, d\omega$$

mit dem FOURIER-Spektrum:

$$\mathcal{F}(j\omega) = \int\limits_{-\infty}^{\infty} f(t)\, e^{-j\omega t}\, dt.$$

Es existiert jedoch keine Analogie zur LAPLACE-Transformation, da für den Parameter i bzw. s keine Analogie zum Übergang der Frequenz ω zu komplexen $p = \sigma + j\omega$ existiert.

Zur Anwendung der Walsh-Funktions-Analyse:

Nach BEAUCHAMPS ([4]) benötigt man zur Signal-Analyse mit Hilfe der WALSH-Funktionen weniger Harmonische bei vorgegebener Approximationsgenauigkeit als bei der FOURIER-Analyse, wenn es sich um stufenförmig veränderliche Zeitfunktionen, sogenannte Treppenfunktionen, handelt. Diese ergeben sich aber zwangsläufig bei jedem Abtastprozeß von Meßvorgängen.

Ein anderer Vorteil ist rechentechnischer Art: es treten bei der WALSH-Analyse („Sequenz-Analyse") keine komplexen Koeffizienten auf wie bei der FOURIER-Analyse. Dies vereinfacht die Programmierung.

Die Haar-Funktions-Analyse:

Mit den WALSH-Funktionen verwandt sind die sogenannten HAAR-Funktionen, benannt nach A. HAAR (1885—1933). Die von ihm angegebenen Funktionen waren schon vor den WALSH-Funktionen bekannt. [31]

Sie bilden als Zeitfunktionen mit dem Grundintervall $(0, 1)$ wiederum ein vollständiges orthogonales und normiertes Funktionen-System. Sie sind folgendermaßen definiert:

$$X_n^{(k)}(t) = 2^{n/2} \quad \text{für } t \in \left[\frac{2k-2}{2^{n+1}}, \frac{2k-1}{2^{n+1}}\right],$$

$$X_n^{(k)}(t) = -2^{n/2} \quad \text{für } t \in \left[\frac{2k-1}{2^{n+1}}, \frac{2k}{2^{n+1}}\right],$$

$$0 \qquad \text{sonst in } [0, 1].$$

Die Orthogonalentwicklung im HAARschen Funktionensystem einer stetigen Funktion $f(t)$ konvergiert in $[0, 1]$ gleichmäßig gegen $f(t)$.
Ergänzungs-Literatur zur WALSH-Analyse: [4, 25, 28, 31, 32, 40, 41, 46].

Prozeßdarstellung mittels Laguerre-Funktionen ([29]):

Für den Zeitbereich von $T = (0, \infty)$ sind die Polynome

$$\Phi_n(t) = \frac{L_n(t)}{n!} \quad n = 0, 1, 2, \ldots$$

8*

orthogonale Standardsignale und bilden ein vollständiges System. Hierbei bedeuten die $L_n(t)$ die sogenannten LAGUERREschen Polynome:

$$L_n(t) = \mathrm{e}^t \, \frac{\mathrm{d}^n}{\mathrm{d}t^n} \, (t^n \, \mathrm{e}^{-t}).$$

Sie besitzen n reelle Nullstellen im Bereich $(0, \infty)$.

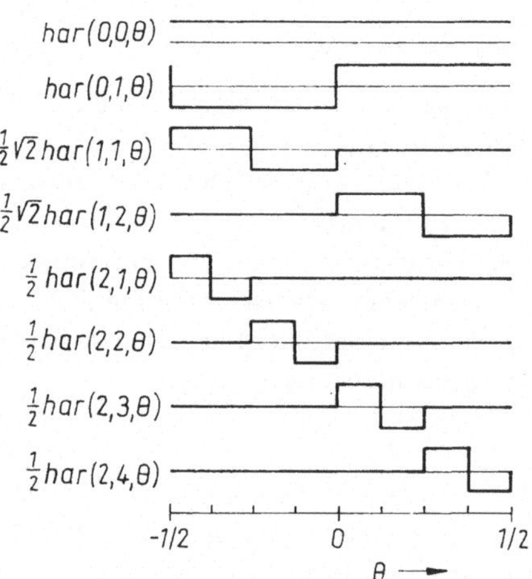

Abb. 2.15. HAAR-Funktionen als orthogonales Standard-Signal-System

Man kann die LAGUERREschen Polynome durch eine Rekursionsformel bilden:

$$L_n(t) = (2n - 1 - t)\, L_{n-1}(t) - (n - 1)^2 \, L_{n-2}(t).$$

Die LAGUERRE-Funktionen

$$\Psi_n(t) = \frac{\mathrm{e}^{-t/2}}{n!} \, L_n(t)$$

sind ebenfalls orthogonal im Bereich $(0, \infty)$.

Ihre Bedeutung für die Meßtechnik liegt darin, daß sie überraschend einfach als Stoßreaktionen (= Gewichtsfunktionen) von einfachen Allpaß-Netzwerken 1. Ordnung nach Abb. 2.16 erzeugt werden können. Es kann nämlich gezeigt werden, daß die Funktionen

$$f_n(t) = \Psi(2pt) = \frac{\mathrm{e}^{-pt}}{n!} \, L_n(2p_0 t), \quad t > 0,$$

mit reellem und positivem Parameter p_0 zur Dehnung der Zeitachse folgende LAPLACE-Transformierte besitzen:

$$F_n(p) = \frac{(p - p_0)^n}{(p + p_0)^{n+1}}$$

mit p als komplexer Variabler!

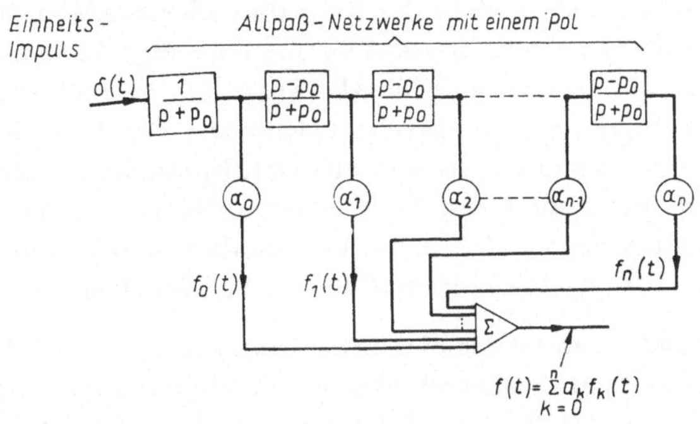

Abb. 2.16. Erzeugung von LAGUERRE-Funktionen als Standard-Signal-System für die Signal-Analyse [29]

Hieraus folgt, daß die n-te LAGUERRE-Funktion die Stoßreaktion einer Kettenschaltung einer Kombination von Allpaßnetzwerken mit einem Pol 1. Ordnung bei $p = -p_0$ ist, vorgeschaltet ein Tiefpaß $\dfrac{1}{p + p_0}$, wie Abb. 2.16 erläutert.

Praktische Anwendung findet dieses System zur Sprachanalyse, die Funktionen klingen rasch ab (regelbar durch den Faktor p_0).

Schlußfolgerungen zur Signalanalyse stochastischer Prozesse durch Einzel- und durch Verbund-Analyse:

Zusammenfassend ist festzustellen, daß die Methode der Signalanalyse (= Prozeßanalyse) eine noch ausbaufähige Form der Kennwertbildung ist, aber zunächst nur die Realisierung eines Prozesses — die sogenannte Musterfunktion — beschreibt. Eine Aussage über den Prozeßtyp und seine Eigenschaften an Hand dieser Standard-Signal-Komponenten, z. B. in Form von spektralen Kenngrößen, ist nur möglich, wenn aus den Meßwerten statistische Mittelwerte gebildet werden, die bei ergodischen Prozessen auch durch Zeitmittelwerte gewonnen werden können. Dies setzt wiederum voraus, daß der beobachtete Prozeß stationär ist. Tatsächlich aber ist die Forderung der Stationärität nur unvollkommen erfüllt. So entsteht die Frage nach den Kenngrößen von instationären Prozessen, der der nachfolgende Abschnitt gewidmet ist.

Ferner ist festzustellen, daß die Kennwerte der Signalanalyse zwar von einem einzelnen Punkt des Prozesses abgenommen werden und damit der „Einzelanalyse" oder „der einfachen Analyse" zugeordnet werden, aber sie sind abhängig von dem Vergleichssignal, mit dem der beobachtete Prozeß — der primäre Informationsfluß — verknüpft wird, z. B. der harmonischen Schwingung oder der WALSH-Funktion, mit deren Hilfe der FOURIER- oder der WALSH-Koeffizient gebildet wird. In dieser Beziehung besteht bereits eine enge Verwandtschaft mit der Verbundanalyse, die nachfolgend im Abschn. 2.3.2. betrachtet werden soll. Es bleibt dem Leser überlassen, zu entscheiden, wo die Trennungslinie zwischen der einfachen und der Verbundanalyse zu ziehen ist. Entweder rechnet man schon die Verknüpfung mit determinierten Vergleichsfunktionen zur Verbundanalyse oder man ist der Auffassung, daß erst die Verknüpfung mit einem zweiten stochastischen Prozeß ein typisches Merkmal der Verbundanalyse ist.

In der Literatur faßt man beides einheitlich unter dem Begriff der „Korrelationsanalyse" zusammen, während hier die Verbundanalyse als ein übergeordneter Begriff für alle Formen der Verknüpfung von stochastischen Prozessen gedacht ist.

Wesentlicher ist der Gesichtspunkt, ob nachfolgend auf die Verknüpfungsoperation noch eine weitere Operation, die Mittelung, erfolgt oder nicht. Derartige Betrachtungen bezwecken, einerseits die logischen Zusammenhänge und Unterschiede der Methoden zur Kennwertermittlung klar herauszustellen und andererseits zu untersuchen, wo eine Möglichkeit besteht, neue Kenngrößen in die Meßpraxis einzuführen.

2.3.1.3. Kenngrößen von instationären Prozessen, Kurzzeitmittelwerte

Die Stationarität eines Prozesses ist eine Forderung, die von den realen stochastischen Prozessen nicht erfüllt wird. Tatsächlich sind die Kenngrößen eines Prozesses zeitvariabel, infolge äußerer Einflüsse unterliegen sie zeitlichen Änderungen.

Die Modellbildung muß diesem Umstand Rechnung tragen. Dies kann auf zwei Weisen geschehen:

1. Man beschreibt den instationären Prozeß durch Kurzzeitkenngrößen, d. h., man nimmt an, daß innerhalb einer endlichen Meßzeit die Kenngrößen konstant sind. In der Tat geschieht ja jede Messung innerhalb einer endlichen kurzen Zeit. Der zeitliche Mittelwert einer Funktion $f(t)$ ist dann definiert als Kurzzeitmittel-

wert (zugleich Schätzwert):

$$\mathrm{KZM}\{f(t)\} = \frac{1}{T}\int\limits_{0}^{T} f(t)\,\mathrm{d}t \quad \text{oder} \quad \frac{1}{T}\int\limits_{T/2}^{T/2} f(t)\,\mathrm{d}t,$$

da die Wahl des Nullpunktes $t = 0$ frei steht.

Dies gilt für einen kontinuierlich ablaufenden Prozeß.

Die Meßzeit T muß auf Grund einer A-priori-Kenntnis des Prozesses festgelegt werden, z. B. an Hand von Oszillogrammen wird die Dauer der Stationarität abgeschätzt.

Bei der Kurzzeitmessung wird also aus dem laufenden Prozeß ein „Segment" herausgenommen. Die Ausblendzeit wird auch als „Fensterbreite" bezeichnet, die entsprechend gewählt wird. Verschiebt man das Fenster laufend mit der Zeit, so erhält man eine kontinuierliche oder eine diskrete Folge von Kurzzeitmittelwerten, die einen gewissen Einblick in den Charakter der Instationarität geben, eine Kenntnis, ob die Kenngrößen sich schnell oder langsam ändern. Man kann dann die Fensterbreite entsprechend ändern und die Messung mit verbesserter Mittelwertbildung wiederholen.

Wenn die Kenngröße, z. B. $G(j\omega)$, selbst parameterabhängig ist, so benötigt man eine dreidimensionale Darstellung $G(j\omega, t)$. Bei der Registrierung kann die dritte Koordinate durch die Schwärzungsintensität wiedergegeben werden, z. B. für die Registrierung von instationären Leistungsspektren (vgl. 2.3.1.) bei der Sprachanalyse („visible speech"). Man beachte, daß stationäre Kenngrößen keinen Informationsfluß vermitteln, d. h., der instationäre Prozeß liefert wertvollere Informationen als ein stationärer Prozeß!

Die Meßgenauigkeit der instationären Kenngrößen wird bei den frequenzbegrenzten Prozessen — und das sind eigentlich alle physikalischen und technischen Prozesse — durch das Abtasttheorem begrenzt. Da die Grenzfrequenz nicht genau festliegt, wird man das Abtastintervall $\Delta t < 1/2f_g$ wählen, aber man hat nur die endliche Anzahl von Abtastwerten $N = T/\Delta t$ zur Mittelbildung zur Verfügung:

$$\mathrm{KZM}\{f(t)\} = \frac{1}{N}\sum_{i=1}^{N} f_i(t).$$

So werden meistens auch die kontinuierlichen Prozesse durch eine Abtastung diskret (punktweise) ausgewertet. Dabei muß T und damit N möglichst groß gewählt werden, um die Fehlergrenze einzuschränken. Da die Stationaritätsdauer die Meßzeit begrenzt, lassen sich die Kenngrößen instationärer Prozesse stets nur mit begrenzter Genauigkeit messen.

Dabei gilt es aber noch zu beachten, daß der gemessene Mittelwert erwartungstreu sein muß, d. h., daß er mit anwachsender Anzahl der Meßwerte annähernd zu einem Grenzwert konvergiert. Dies braucht aber keineswegs der Fall zu sein! Auch nimmt man bei der Deutung von Kurzzeitmittelwerten als statistische Mittelwerte stillschweigend an, daß auch beim instationären Prozeß noch der Ergodensatz gilt, d. h., daß der Prozeß zeitbeschränkt ergodisch ist.

So ist jede Messung an instationären Prozessen an die Richtigkeit gewisser Meß-Hypothesen geknüpft, die sich schwer nachprüfen lassen. Erst das Experiment gibt die Rechtfertigung, derartige Kenngrößen prozeßrelevant anzusehen und zur Prozeßidentifizierung oder zur Prozeßkontrolle zu benutzen!

2. Eine zweite Möglichkeit, instationäre Prozesse zu beschreiben und auszumessen, bietet die spektrale Betrachtungsweise, die der klassischen mathematischen Statistik fremd ist und seitens der Nachrichtentheorie angeboten wird. Es handelt sich um den Versuch, den Charakter der Instationarität besser als nur durch die fiktive Annahme einer Stationaritätsdauer zu kennzeichnen! Zu diesem Zwecke zerlegt man die instationären Prozesse in zwei Komponenten, in eine stationäre und hochfrequente und in eine instationäre niederfrequente Komponente. Man beschränkt sich dabei auf Vorgänge, die nur langsam zeitveränderliche Kenngrößen aufweisen. In Anlehnung des bekannten Begriffs der rheolinaren (d. h. langsam zeitveränderlichen linearen) Systeme kann man hier den Begriff „rheostationäre" Prozesse vorschlagen.

Der niederfrequente Anteil charakterisiert hier die Instationarität des rheostationären Prozesses. Er wird durch ein Frequenzspektrum dargestellt. Enthält er diskrete Frequenzen, so liegt eine period. Instationarität vor, enthält er ein kontinuierliches Spektrum, so ist die Instationarität aperiodisch.

Die Kenngrößen der hochfrequenten Prozeßkomponente sind um so exakter definiert und meßbar, je größer der Frequenzabstand des HF-Anteils vom NF-Anteil ist. Dieser Abstand ist entscheidend für die erreichbare Meßgenauigkeit der hochfrequenten Kenngrößen. Betrachten wir zwei Fälle: die Schwankungen des linearen und die des quadratischen Mittelwertes eines rheostationären Prozesses.

a) Additiv rheostationäre Prozesse:

Wenn es sich um die Schwankungen des Gleichanteils — des linearen Mittelwertes — handelt, so kann man den Prozeß unter den gemachten Voraussetzungen in zwei additive Komponenten zerlegen:

$$f(t) = f_= + f_{\mathrm{NF}}(t) + f_{\mathrm{HF}}(t) \quad \text{mit } f_{\mathrm{NF}}(t) \text{ als „instationärer Anteil"}$$

$$\text{und } f_{\mathrm{HF}}(t) \text{ als „stationärer Anteil".}$$

Diese Zuordnung ist berechtigt, weil die niederfrequente Komponente die Ursache für die Schwankungen des Gleichanteils $f_=$ ist. Der Gleichanteil von $f_{\mathrm{HF}}(t)$ ist gleich Null. Die hochfrequente Komponente wird bei der Mittelwertbildung unterdrückt. Dies kann auf zwei Weisen geschehen, entweder durch einen Kurzzeitintegrator im Sinne der mathematischen Statistik oder — und das ist das Neue an der spektralen Betrachtungsweise — durch einen Tiefpaß mit einer Grenzfrequenz derart, daß der NF-Anteil in den Durchlaßbereich und der HF-Anteil in den Sperrbereich fällt. Das Filter liefert dann das Ausgangssignal:

$$\mathrm{Op}\,\{f(t)\} = f_= + f_{\mathrm{NF}}(t),$$

d. h. den vollständigen instationären Anteil des linearen Mittelwertes des rheostationären Prozesses. Damit entfällt bei Kenntnis der oberen Grenzfrequenz des NF-Anteiles die Frage nach der optimalen Integrationszeit!

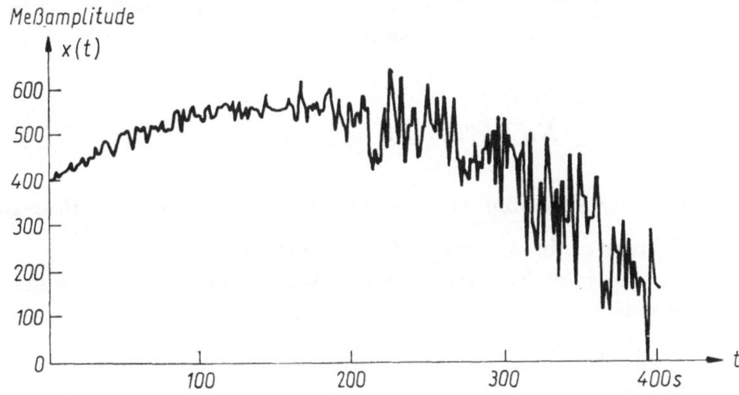

Abb. 2.17. Beispiel eines additiv und multiplikativ instationären Prozesses (nach KUGLER [61])

Abb. 2.17 zeigt aus [61] als Beispiel die Überlagerung eines hochfrequenten Schwankungsprozesses mit einer überlagerten NF-Komponente (z. B. Netzbrumm).

Man beachte, daß in der spektralen Auffassung jede noch so langsame Änderung einer Gleichkomponente völlig gleichwertig ist mit einer überlagerten, tieffrequenten und aperiodischen Störkomponente.

b) Multiplikativ rheostationäre Prozesse:

Hierfür gilt der Ansatz $x(t) = g(t)\,z(t)$.

Für Prozesse dieser Art gibt es in der Meßtechnik zahlreiche Beispiele, so z. B. Echosignale oder Strahlungsmeßsignale. In solchen Fällen schwankt der Übertragungsfaktor der Meßstrecke regellos, allerdings langsam gegenüber dem Informationsprozeß selbst. Dies beruht auf dem Fadingeffekt der Ionosphäre oder

ähnlichen Ursachen. Wir nehmen in diesem Falle an, daß die additive rheostationäre Komponente entweder gleich Null ist oder durch eine Hochpaßsperre
eliminiert ist.

Bei einem derartigen Prozeß ergibt sich als Moment erster Ordnung

$$M_1(t) = g(t) \cdot E\{z(t)\} = g(t) \cdot M_z,$$

wobei M_z der Gleichanteil des Prozesses $z(t)$ ist.

Für die Varianz ergibt sich:

$$\sigma^2{}_x(t) = g^2(t) \cdot \sigma^2{}_Z.$$

Hier sind also auch die Zentralmomente — im Gegensatz zu den additiv rheostationären Prozessen — zeitabhängig.

2.3.2. Kenngrößen der Verbundanalyse

Anwendung der Verbundanalyse bei der Analyse stochastischer Prozesse:

Wie definierten in Abschn. 1.3. das Verbundsystem als ein System zur Verknüpfung von zwei Eingangssignalen. Ist das eine Eingangssignal ein stochastischer Prozeß, so sind zwei Fälle zu unterscheiden:

a) das zweite Eingangssignal ist eine determinierte Zeitfunktion (ein Standard-
signal), oder

b) das zweite Eingangssignal ist ebenfalls ein stochastischer Prozeß. Die Art der
multiplikativen Verknüpfung ist dabei noch frei wählbar. Der Fall a) ist uns
in den vorangegangenen Betrachtungen schon mehrfach begegnet:

a_1) Beim linearen System ist das 2. Eingangssignal im Zeitbereich die Gewichtsfunktion und die Verknüpfung die Faltungsmultiplikation (das Faltungsintegral).

a_2) Beim Modulator ist das 2. Eingangssignal die hochfrequente Trägerschwingung und die Verknüpfungsoperation die algebraische Produktbildung.

a_3) Beim FOURIER-Analysator ist das 2. Eingangssignal das harmonische Kontrollsignal variabler Frequenz, und die Verknüpfungsoperation ist die Mittelwertbildung über das Produkt der momentanen Zeitfunktionswerte.

a_4) Beim WALSH-Analysator ist das 2. Eingangssignal eine WALSH-Funktion
variabler Sequenz und die Verknüpfung bei der (0, L)-Darstellung die Addition modulo 2, bei der (+1, —1)-Darstellung der Elemente die algebraische
Multiplikation, in beiden Fällen mit einer anschließenden Mittelwertbildung
(Aufsummierung).

Wir gehen nun zum Fall b) über und nehmen im allgemeinen Fall an, daß beide Eingangssignale nicht determiniert sind, d. h., daß sie stochastische Prozesse darstellen. Als Verknüpfung wählen wir die algebraische Produktbildung (bei diskreten Abtastwerten Wertproduktbildung) mit anschließender Mittelwertbildung, also analog zu a_3). Der Mittelwert wird hierbei zu einer Funktion von

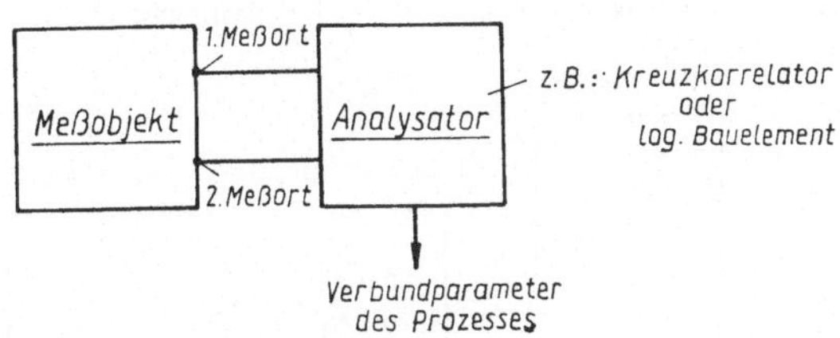

Abb. 2.18. Schema eines Verbundsystems für die Korrelations-Analyse oder für logische Verknüpfungen

einem Parameter τ, der eine Zeitverschiebung beider Prozesse darstellt. Bei der FOURIER-Analyse entspricht dies einer Phasenverschiebung der Kontrollschwingung.

Dies ergibt die Verbundanalyse stochastischer Prozesse, durch die sich die ältere Meßstochastik von der modernen Meßstochastik im wesentlichen unterscheidet und die als Korrelationsanalyse bezeichnet wird.

Bei dieser Verbundanalyse kann entweder ein einziger Prozeß an 2 verschiedenen Meßpunkten (mit einer Zeitverschiebung) beobachtet werden, oder es werden zwei verschiedene Prozesse gleichzeitig durch die Verbundanalyse untersucht. In beiden Fällen wird die statistische Verwandtschaft der beiden Teilprozesse untersucht.

Die Korrelationsanalyse dient also unter Benutzung der Kenngrößen Korrelationsfunktion und Leistungsspektrum (s. u.) zur Analyse und Charakterisierung stochastischer Signale in der Prozeßmeßtechnik!

2.3.2.1. Korrelationsanalyse, Verbund-Wahrscheinlichkeit

Korrelatoren als analoge Verbund-Systeme [10]

Die Korrelationsanalyse ist aus der Ausgleichsrechnung entstanden. Es werden zwei um τ zeitverschobene Informationsprozesse beobachtet und miteinander verknüpft. Diese Verknüpfung wird durch ein algebraisches Produkt vorgenommen. Das zugehörige Verbundsystem ist ein einfacher Funktions-Multiplikator. Die verknüpfte Wertefolge kann kontinuierlich oder diskret sein. Anschließend erfolgt nach Abb. 2.19 eine Mittelwertbildung durch eine Speicherung. Die Realisierung erfolgt also durch einen Multiplikator und einen angeschlossenen Integrator bei kontinuierlichen Prozessen oder durch eine Summierstufe bei diskreten Wertefolgen. Der in naturwissenschaftlichen Disziplinen benutzte Korrelationsfaktor r wird als normierte Größe im Bereich $-1 < r < +1$ definiert:

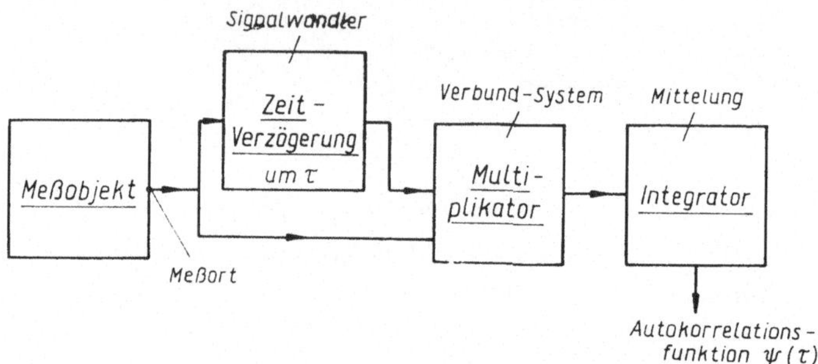

Abb. 2.19. Schema des Korrelators mit seinen Teilfunktionen zur Bildung der Autokorrelationsfunktion

Für n diskrete Beobachtungen zweier Prozesse x und y gilt:

$$r = \frac{\overline{xy} - \overline{x} \cdot \overline{y}}{\left[\overline{(x - \overline{x})^2} \cdot \overline{(y - \overline{y})^2}\right]^{1/2}}, \qquad \text{Querstrich} \ = \ \text{Mittelwert.}$$

Falls die Gleichanteile von x und y verschwinden: $\overline{x} = 0$ und $\overline{y} = 0$, kann man einfach schreiben:

$$r = \frac{\overline{x \cdot y}}{x_{\text{eff}} \cdot y_{\text{eff}}}.$$

Es ist stets nach dem SCHWARZschen Satz: $\overline{xy} \leqq x_{\text{eff}} y_{\text{eff}}$. Der Grenzfall $r = +1$ bedeutet eine strenge Proportionalität („Synchronismus"), der Fall $r = -1$ bedeutet eine strenge gegenläufige Tendenz der beiden Schwankungsprozesse.

Bei kontinuierlichen und harmonischen Schwingungen (Wechselstrom-Vorgänge) entspricht $r = +1$ der Phasengleichheit und $r = -1$ der Gegenphasigkeit. Dieser Vergleich erleichtert das Verständnis des Grundgedankens der Korrelationsanalyse für nichtperiodische Schwankungsprozesse.

Für kontinuierliche Prozesse lautet der Korrelationsfaktor in normierter Form:

$$r = \frac{\lim\limits_{T \to \infty} \dfrac{1}{2T} \displaystyle\int_{-T}^{+T} x(t)\, y(t)\, dt}{\sqrt{x_{\text{eff}} \cdot y_{\text{eff}}}} = \frac{\overline{x(t) \cdot y(t)}}{x_{\text{eff}} \cdot y_{\text{eff}}}$$

$$\text{mit } x^2_{\text{eff}} = \lim_{T\to\infty} \frac{1}{2T} \int\limits_{-T}^{+T} x(t)^2 \, dt = \overline{x^2(t)}.$$

T ist hierbei das Beobachtungsintervall.

Der Grundgedanke der Korrelationsanalyse war der Vergleich zweier Prozesse, die eine Zeitverschiebung aufweisen. Sie wird mit τ bezeichnet. Hierbei ist eine Normierung des Korrelationsfaktors, wie sich zeigt, nicht einmal notwendig.

Wir erhalten im Zeitbereich kontinuierlicher Vorgänge folgende Definition der von τ abhängigen Korrelationsfunktion $\Psi(\tau)$:

$$\Psi(\tau) = \lim_{T\to\infty} \frac{1}{2T} \int\limits_{-T}^{+T} x(t)\, y(t-\tau)\, dt = \overline{x(t)\, y(t-\tau)}.$$

Auf eine Normierung kann man hierbei meist verzichten! Zur Messung der Korrelationsfunktion (KF) benötigt man ein Verbundsystem, das die beiden Informationsflüsse $x(t)$ und $y(t-\tau)$ durch eine algebraische Multiplikation verknüpft und das Werteprodukt aufsummiert. Die KF $\Psi(\tau)$ — in der Literatur auch mit $R(\tau)$ oder mit $K(\tau)$ bezeichnet — ist eine Funktion der Verzögerungszeit, bei harmonischen Schwingungen gilt $\tau = \dfrac{\Delta\varphi}{\omega}$. Eine Veränderung der Zeitverschiebung bedeutet eine zu ihr proportionale Phasenverschiebung $\Delta\varphi$. Dies erlaubt eine plausible Deutung der Kreuzkorrelationsfunktion (KKF): bei harmonischen Schwingungen entspricht sie der Wechselstromwirkleistung. Bei $\Delta\varphi = 0$ (entspr. $r = +1$) ist die Gesamtleistung gleich der Wirkleistung. Bei $\Delta = 90°$ ($r = 0$) („Quadratur") ist sie Null, es ist nur Blindleistung vorhanden; bei $\Delta\varphi = 180°$ ändert sich das Vorzeichen ($r = -1$).

Die Zeitverschiebung τ, bei der die KKF von aperiodischen Vorgängen ihr Maximum erreicht, und der Wert des Maximums der KKF sind wichtige Meßkenngrößen der Korrelationsanalyse.

Eine tiefere Einsicht in die Aussagen der KKF ergibt der Sonderfall $x(t) = y(t)$ der Autokorrelationsfunktion (Abb. 2.20):

$$\Psi_{xx}(\tau) = \overline{x(t) \cdot x(t-\tau)},$$

wobei der Querstrich wieder die Zeitmittelung $\lim\limits_{T\to\infty} \dfrac{1}{2T} \int\limits_{-T}^{+T} (\ldots)\, dt$ bedeutet.

Man kann zeigen, daß $\Psi_{\max}(\tau) = \Psi(0) = \overline{x(t)^2}$ ist, ferner daß die AKF eine gerade Funktion ist: $\Psi(\tau) = \Psi(-\tau)$. Für harmonische Schwingungen mit beliebigem Nullphasenwinkel φ_0 ergibt sich:

$$\Psi_{xx}(\tau) = \Psi(0) \cos \omega\tau \quad \text{mit} \quad \Psi(0) = \frac{\hat{X}^2}{2}$$

und $\hat{X}$ als Scheitelwert der harmonischen Schwingung.

Man erkennt, daß bei einer AKF die Phaseninformation entfällt, während sie außer der Leistungsinformation $\overline{x(t)^2} = x^2_{\text{eff}} = \sigma^2 = \Psi(0)$ noch die Frequenzinformation ω enthält. Dies erlaubt zwei Schlußfolgerungen: erstens ist die AKF auch noch dann eine brauchbare Kenngröße, wenn die Phase einer harmonischen

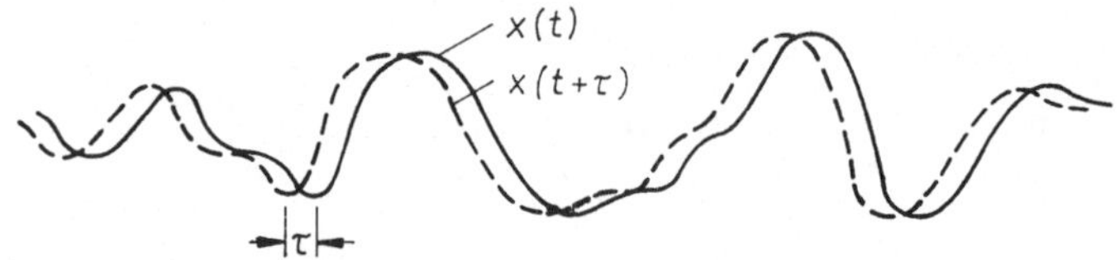

Abb. 2.20. Zur Bildung der Autokorrelationsfunktion durch Zeitverschiebung

Schwingung zufällig sich ändert: Fall des Schmalbandrauschens! Zweitens wird durch die AKF ein Prozeß noch genauer charakterisiert als durch die Varianz σ^2 allein. Diese Schlußfolgerung läßt sich weitgehend verallgemeinern und zeigt zugleich den Unterschied gegenüber den Kenngrößen der Informationstheorie, die nur die Wahrscheinlichkeitsverteilung benutzen (Inf. Entropie), und auch gegenüber den energetischen Kenngrößen (Abschn. 2.3.1.), die noch die Amplituden bzw. Leistungsinformation mit erfassen. Hier tritt noch die Frequenzinformation — der spektrale Aspekt — von Schwankungsprozessen in Erscheinung! Die Frequenzinformation wird durch das Leistungsspektrum dargestellt. Es steht in engem Zusammenhang mit der AKF (Theorem von WIENER-CHINTSCHIN):

Zum Zusammenhang zwischen der Autokorrelationsfunktion und dem Leistungsspektrum:

Die FOURIER-Transformierte der Autokorrelationsfunktion berechnet sich wie folgt:

$$\mathcal{F}\{\Psi(\tau)\} = \int\limits_{-\infty}^{\infty} \Psi(\tau)\, e^{-j\omega\tau}\, d\tau = \lim_{T\to\infty} \frac{1}{2T} \int\limits_{-\infty}^{\infty} d\tau \int\limits_{-T}^{T} x(t)\, x(t-\tau)\, e^{-j\omega\tau}\, dt$$

$$= \lim_{T\to\infty} \frac{1}{2T} \int\limits_{-\infty}^{\infty} d\tau \int\limits_{-T/2}^{+T/2} x(t)\, e^{j\omega t} x(t+\tau)\, e^{-j\omega(t+\tau)} dt;$$

durch Erweiterung des Integranden mit $1 = e^{j\omega t}\,e^{-j\omega t}$ mit der neuen Variablen $s = t + \tau$ ergibt sich: $d\tau = ds$ und

$$\mathscr{F}\{\Psi(\tau)\} = \lim_{T\to\infty} \frac{1}{2T} \int_{-\infty}^{\infty} x(s)\,e^{-j\omega s}\,ds \cdot \int_{-\infty}^{\infty} x(t)\,e^{+j\omega t}\,dt$$

$$= \lim_{T\to\infty} \frac{1}{2T}\,X_T(f)\cdot X_T{}^*(f) = \lim_{T\to\infty} \frac{|X(f)|^2}{2T} = S(f)$$

als spektrale Leistungsdichte.

Die FOURIER-Transformierte der Autokorrelationsfunktion ist also das Leistungsspektrum des Prozesses.

Es gilt auch die Umkehrung:

$$\mathscr{F}_{-1}\{S(f)\} = \Psi(\tau) = \frac{1}{2\pi} \int_{-\infty}^{\infty} S(f)\,e^{+j\omega t}\,d\omega.$$

Die Wechselbeziehungen zwischen dem Zeitbereich und dem Spektralbereich stellt folgende Aufstellung dar:

Definitionen und theoretische Beziehungen der Korrelations-Analyse:

Autokorrelationsfunktion:

Definition im Zeitbereich:

$$\Psi(\tau) = \lim_{T\to\infty} \frac{1}{2T} \int_{-T}^{+T} x(t)\,x(t-\tau)\,dt$$

Eigenschaften der AKF:

Anfangswert: $\Psi(0) = \overline{x(t)^2}$

Maximalwert $\Psi_{\max}(\tau) = \Psi(0) \geqq \Psi(\tau)$

AKF einer harmonischen Schwingung: $\Psi(\tau) = \dfrac{X^2}{2}\cos\omega\tau$

$$\text{für } x(t) = \hat{X}\sin(\omega t + \varphi)$$

AKF eines Rechteckimpulses: $\Psi(\tau) = X_0{}^2(1-\tau).$für $0 < \tau < T$

für $x(t) = X_0$ für $|\tau| \leqq T/2$	$= X_0{}^2(1+\tau)$ für $-T < \tau < 0$
$\quad = 0$ für $|\tau| \geqq T/2$	$= 0$ für $\tau < [T]$
(Rechteck mit Basis T)	(Dreieck mit Basis $2T$)

Wert für $\tau = \infty$: $\Psi(\infty) = \overline{x(t)}^2$

$$= 0 \text{ für reine Wechselvorgänge, d. h. bei } \overline{x(t)} = 0$$

Normierung der AKF: $\varrho(\tau) = \dfrac{\Psi(\tau)}{\Psi(0)}$ mit $0 < [\varrho] < 1$

als Korrelationsfaktor bei $\tau = $ konst.

Zusammenhang mit der spektralen Leistungsdichte $S(f)$:

$$\Psi(\tau) = \int\limits_{-\infty}^{\infty} S(f)\, e^{j\omega t}\, df \quad \text{als FOURIER-Transformierte} \quad S(f) = \int\limits_{-\infty}^{\infty} \Psi(\tau)\, e^{-j\omega t}\, d\tau$$

— Theorem von WIENER-CHINTSCHIN —

Die Phaseninformation entfällt (Informations-Reduktion!)

durch *Mittelwert*bildung: bzw. durch Betragsbildung:

$$\Psi(\tau) = \overline{x(t) \cdot x(t - \tau)} \qquad\qquad S(f) = \dfrac{[X(f)]^2}{2T}$$

Die Phaseninformation ist dagegen in $x(t)$ und $\underline{X}(f)$ enthalten. Beziehung zwischen der Zeitfunktion und dem Amplitudenspektrum:

$$x(t) = \int\limits_{-\infty}^{\infty} \underline{X}(f) \cdot e^{j\omega t}\, df \quad \text{FOURIER-Transformierte} \quad \underline{X}(f) = \int\limits_{-\infty}^{\infty} x(t) \cdot e^{-j\omega t}\, dt.$$

Wir wollen dies an einem wichtigen Testsignal stochastischer Natur, am Breitbandrauschen, näher erläutern:

Dieses Signal enthält im Frequenzbereich von $-f_g$ bis $+f_g$ eine konstante spektrale Rauschleistungsdichte S_0, die Rauschleistung je Hertz ist gleich groß. Oberhalb der Grenzfrequenz ist durch Filterung praktisch keine Rauschkomponente mehr vorhanden. Damit entsteht die Frage, wie man aus der spektralen Leistungsdichte unmittelbar die AKF berechnen kann.

Es gilt:

$$S(f) = \int\limits_{-\infty}^{\infty} \Psi(\tau)\, e^{-j\omega \tau}\, d\tau = 2\pi S(\omega)$$

und
$$\Psi(\tau) = \int\limits_{-\infty}^{\infty} S(f)\, e^{j\omega \tau} df = \dfrac{1}{2\pi} \int\limits_{-\infty}^{\infty} S(f)\, e^{j\omega \tau}\, d\omega$$

$$= \int\limits_{-\infty}^{\infty} S(\omega)\, e^{j\omega \tau}\, d\omega.$$

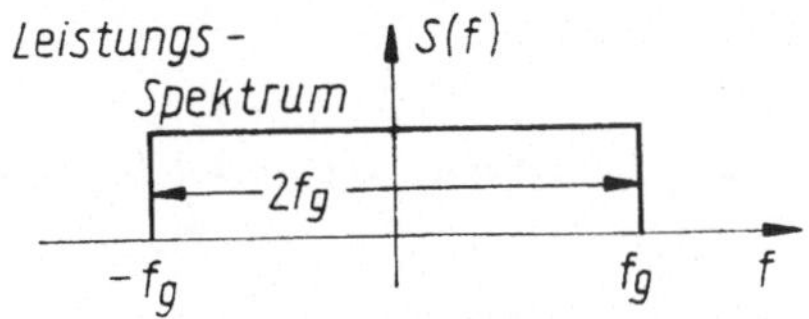

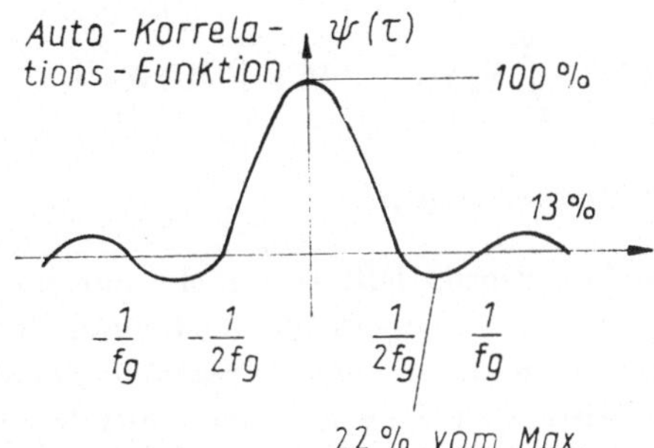

Abb. 2.21. Autokorrelationsfunktion eines Breitband-Spektrums

Für ein Rechteck-Spektrum des Breitbandsignals mit spektraler Leistungsdichte S_0 ergibt sich die AKF als FOURIER-Transformierte zu:

$$\Psi_{xx}(\tau) = \int_{-\infty}^{\infty} S(f)\, e^{j2\pi f\tau}\, df = 2 \int_{0}^{\infty} S(f)\cos 2\pi f\tau\; df$$

$$= 2S_0 \left.\frac{\sin \omega\tau}{2\pi\tau}\right|_{0}^{f_0} = 2f_0 S_0 \frac{\sin \omega_0\tau}{\omega_0\tau}$$

$$= \Psi(0)\, \mathrm{si}\,(\omega_0\tau) \quad \text{mit } \Psi(0) = 2S_0 f_0 \text{ und si } x = \frac{\sin x}{x}$$

mit $\mathrm{si}(0) = 1$ (Verlauf nach Abb. 2.21).

Diese Fläche $2f_0 S_0$ des Leistungsspektrums erscheint als Nullwert der AKF.

Dies ist klar, da $\Psi(0) = x^2_{\mathrm{eff}}$ und $2f_0 S_0 = \int_{\infty}^{\infty} S(f)\, df$ ebenfalls die norm. Leistung x^2_{eff} darstellt. Die ersten Nulldurchgänge von $\Psi(\tau)$ liegen bei $\pm\dfrac{1}{2f_0}$.

Bemerkung: Das Leistungs-Spektrum wird in der Praxis nur über positive („technische")

Frequenzen aufgetragen. Es gilt dann:

$$\int\limits_0^\infty w(f)\,\mathrm{d}f = x^2{}_{\text{eff}} = \Psi(0) \quad \text{mit } w(f) = 2S(f) \quad \text{und mit } \quad w(f) = 4\int\limits_0^\infty \Psi(\tau)\cos\omega\tau\,\mathrm{d}\tau,$$

da das Leistungsspektrum $S(f)$ eine gerade Funktion ist.

Umgekehrt gilt:

$$\Psi(\tau) = \int\limits_{-\infty}^\infty S(f)\,e^{j\omega t}\,\mathrm{d}f = 2\int\limits_0^\infty S(f)\cos\omega\tau\,\mathrm{d}f = \int\limits_0^\infty w(f)\cos\omega\tau\,\mathrm{d}f$$

Verbundwahrscheinlichkeit und Autokorrelation:

Ein stationärer und ergodischer Prozeß läßt sich nicht nur im Zeitbereich durch die Autokorrelationsfunktion und im Spektralbereich durch das Leistungsspektrum beschreiben, sondern auch durch einen Ensemble-Erwartungswert, also durch einen statistischen Mittelwert. Dies geschieht mittels der Verbundwahrscheinlichkeitsdichte $p(x, y)$, vgl. Abschn. 1.1.2.1.

Es wird definiert:

$$E\{x.\,y_\tau\} = \Psi_{xy_\tau}(\tau) = \int\limits_{-\infty}^\infty\!\!\int p(x, y_\tau)\,x.\,y_\tau\,\mathrm{d}x\,\mathrm{d}y_\tau.$$

Dieser Erwartungswert ist ein statistischer Mittelwert 2. Ordnung. x und y_τ stellen hierbei zwei stationäre stochastische Prozesse dar, die, in einem Zeitabstand τ von einander sich abspielend, beobachtet werden.

Für ergodische Prozesse bzw. unter der Annahme näherungsweiser Ergodizität kann der Ensemble-Mittelwert — der Erwartungswert des Produktes — durch den zeitlichen Mittelwert ersetzt werden:

$$\Psi_{xy}(\tau) = \overline{x(t)\,y(t-\tau)}.$$

Mit Hilfe des WIENER-CHINTSCHIN-Theorems kann man dann durch FOURIER-Transformation auch die zugehörige spektrale Leistungsdichte $S(\omega)$ berechnen. Man kann also aus dem statistischen Modell der Verbundwahrscheinlichkeit unmittelbar die spektralen Eigenschaften des stochastischen Vorganges berechnen. Darin liegt die Bedeutung des Begriffes der Verbundwahrscheinlichkeit.

Dies gilt freilich nur unter der Voraussetzung der Stationarität des Vorganges. Die Meßtechnik begnügt sich mit der Annahme der Stationarität für einen begrenzten Zeitraum und mit Hilfe der Berechnung von Kurzzeitmittelwerten (= „Meßdefinitionen" nach SCHLITT). Damit verzichtet man auf eine mathem. streng fundierte Basis, um die Theorie überhaupt anwenden zu können!

Störfestigkeit der Korrelationsverfahren:

Die Korrelationsanalyse hat den großen Vorteil, daß die Kennwertermittelung des Korrelationsfaktors bzw. der Korrelationsfunktion verbunden ist mit einer Unterdrückung von überlagerten Störungen. Dieser Gewinn an Störfestigkeit rührt von der erheblichen Informationsreduktion her, die durch die zeitliche Mittelung vorgenommen wird.

Im 3. Abschnitt wird in Zusammenhang mit dem allgemeinen Problem der Erhöhung der Störfestigkeit der Vorteil der Korrelationsanalyse in 3.2.2. ausführlich betrachtet (s. u.).

Korrelatoren in digitaler Ausführung: Polaritätskorrelatoren [16]

Manche technischen Anwendungen lassen es zu, auf die Amplitudeninformation bei der Korrelation zu verzichten. Dann wird jede positive Amplitude mit $+1$ und jede negative Amplitude mit -1 bewertet. Maßgebend ist also nur das Vorzeichen der Prozesse, deren Korrelation untersucht wird. Dieses Prinzip führt zur Polaritäts-Korrelation. Sie arbeitet nach dem Verknüpfungs-Schema:

sign. $x\rightarrow$	$+$	$-$
sign. y $\downarrow$		
$+$	$z = +1$	$z = -1$
$-$	$z = -1$	$z = +1$

Dies entspricht der logischen Äquivalenz-Beziehung!

Es folgt — im Gegensatz zu diesem logischen Bauelement — beim Polaritäts-korrelator wie bei jedem Korrelator eine Summierstufe, die die rein algebraische Summe (nicht Addition modulo 2) bildet. Das Ausgangssignal des Polaritäts-korrelators ist ein ganzzahliger positiver oder negativer Wert, während ein log. Bauelement nur den jeweiligen logisch zugeordneten Momentanwert abgibt, keinen Mittelwert!

Eine Anwendung findet der Polaritätskorrelator u. a. als binär arbeitender Geschwindigkeitsmesser (vgl. Abschn. 2.3.2.2.).

Digitale Verbundsysteme:

Man erkennt damit zugleich die in der Literatur bisher wenig beachtete enge Verwandtschaft zwischen den Korrelatoren und den logischen Bauelementen. Beides sind Verbundsysteme. Bei digitaler Ausführung des Korrelators besteht der Unterschied darin, daß das logische Bauelement nur eine Momentanbewertung, der Polaritätskorrelator dagegen noch eine Mittelwertbildung durchführt.

Die Fortführung dieses Gedankens ergibt sich zwanglos bei der Betrachtung der Verknüpfung von mehrstelligen binären Signalen, die bereits in Abschn. 1.3. betrachtet wurde und uns nochmals in anderem Zusammenhang (Problem der Störfestigkeit) im Abschn. 3.3.2. begegnen wird. Als übergeordneter Klassifizierungsbegriff tritt in diesen Fällen der Begriff des digitalen Verbundsystems auf, wobei es für die Auswahl der Verknüpfungsoperation verschiedene Möglichkeiten gibt. In diesem Sinne kann man von verallgemeinerten Multiplikatoren sprechen, mathematisch einzuordnen in eine „Verbandsstruktur".

Die digitalen Verbundsysteme lassen sich einteilen in Systeme ohne Mittelwertbildung und in Systeme mit Mittelwertbildung, und beide gliedern sich auf in Teilsysteme, die entweder einstellige Binärsignale oder mehrstellige Binärsignale verarbeiten.

Beispiele zeigt die Tafel 5.

Tafel 5: *Klassifizierung digitaler Verbundsysteme*

	Systeme für einstellige Binär-Signale	Systeme für mehrstellige Binär-Signale
Systeme ohne Mittelwert-Bildung	logische Bauelemente, Schieberegister-Anordnungen	Kodier- und Dekodier-Systeme
Systeme mit Mittelwert-Bildung:	digitale Korrelatoren (Polaritätskorrelatoren)	spezielle Automaten

Man erkennt an dieser Klassifizierung die Zuordnung der verschiedenen digitalen Systeme zu der übergeordneten Klasse der Verbundsysteme und die Einordnung der Korrelations-Meßsysteme in diese.

2.3.2.2. *Korrelations-Meßtechnik*

Korrelationsverfahren dienen zur Ermittlung des Produkt-Mittelwertes zweier gegeneinander zeitverschobener Zeitfunktionen $x(t)$ und $y(t - \tau)$, die entweder determiniert oder Realisierungen von stochastischen Prozessen in Form von „Musterfunktionen" sein können: Die Kreuzkorrelationsfunktion (abgekürzt KKF) lautet:

$$\Psi_{xy}(\tau) = \frac{1}{2T} \int\limits_{-T}^{+T} x(t)\, y(t - \tau)\, \mathrm{d}t$$

als Kurzzeitmittelwert (für endliche Integrationszeit).

Abb. 2.19 zeigte das Schema eines Korrelators, der mindestens aus folgenden Baustufen besteht: ein Funktions-Multiplikator, ein nachfolgender Integrator (= Tiefpaß) mit einem Anzeige- oder Registriergerät. Ferner gehören zu manchen Korrelatoren noch ein Zeitverzögerungsnetzwerk, auch Laufzeitkette genannt, zur Variation der Zeitverschiebung τ. Die gesamte Ausführung kann auch digital mit einem Kleinrechner mit Datenspeicher erfolgen.

Zunächst zur methodischen Konzeption:

Der Korrelator soll ein vom Parameter τ abhängiges Funktional, die Kreuz- oder die Autokorrelationsfunktion $\Psi(\tau)$ bilden. Die Autokorrelationsfunktion liegt im Falle $x(t) = y(t)$ vor. Dies geschieht unter erheblicher Informationsreduktion, indem nur ein Mittelwert gebildet wird, der als Kenngröße des untersuchten Prozesses dient.

Der Grundgedanke besteht darin, daß der Synchronismus zweier korrelierter (hier im Sinne der statistischen Verwandtschaft) stochastischer Vorgänge das Maximum der KF liefert, d. h., bei der AFK im Falle $\tau = 0$, bei der KKF im Falle gleicher Laufzeit.

Bei einer überlagerten Störung $r(t)$ bedeutet die Einstellung auf das Maximum zugleich ein Minimisieren eines mittleren quadratischen Fehlers. Dies sei nach MESCH am Beispiel eines Nachlauf-Filters gezeigt:

Nachlauffilter als Korrelator ([11]):

Bei einem periodischen Trägersignal

$$x_0(t) = x_0(t - \tau_0)$$

soll die Periodendauer $\tau_0 = 2\pi/\omega_0$ bzw. die Kreisfrequenz ω_0 bestimmt werden. Meßbar ist aber nur das gestörte Signal:

$$x(t) = x_0(t) + r(t),$$

wobei $r(t)$ ein zu $x_0(t)$ inkohärentes, d. h. auch unkorreliertes Störsignal darstellt. Man definiert nun eine Modellfunktion

$$x_M(t, \tau)$$

und verlangt, daß die mittlere quadratische Abweichung zwischen dem Meßsignal und dem Modellsignal minimal wird. Also muß man den Modellparameter τ so bestimmen, daß das Differenzsignal

$$e(t, \tau) = x(t) - x_M(t, \tau)$$

die Bedingung

$$E\{e^2(t, \tau)\} = \text{Min.}$$

erfüllt.

Eine notwendige Bedingung hierfür ist:

$$\frac{\delta(e^2(t, \tau)}{\delta\tau} = 0 \quad \text{oder}$$

$$E\left\{e(t, \tau) \cdot \frac{\delta e(t, \tau)}{\delta\tau}\right\} = 0.$$

Wichtig ist nun die Wahl eines geeigneten Modellsignals. Im vorliegenden Falle liegt der Ansatz

$$x_M(t, \tau) = x(t - \tau) \text{ nahe.}$$

Dies ergibt die Bedingung:

$$E\{[x(t) - x(t - \tau)] \cdot \dot{x}(t - \tau)\} = 0,$$

und hieraus folgt:

$$-\dot{\Psi}_{xx}(\tau) + 0 = 0$$

Man muß also eine Nullstelle der Ableitung der AKF, ein Maximum der AKF aufsuchen. Dieses Ergebnis ist einleuchtend, da die AKF eines periodischen Signals dieselbe Periode hat. Die Nullstelle kann ein Regelkreis automatisch ausführen, der den Mittelwert als Stellsignal benutzt. Da die Ableitung der AKF $\Psi_{xx}(\tau)$ rechts und links des Abgleichpunktes $\tau = \tau_0$ verschiedene Vorzeichen hat, wechselt die Regelabweichung beim Durchgang durch den Abgleichpunkt das Vorzeichen und kann in Form eines üblichen Regelkreises einregeln. Diese Rechenvorschrift $\dot{\Psi}_{xx}(\tau) = 0$ entspricht einem Gradientenverfahren, das optimal im Sinne eines minimalen mittleren Abweichungsquadrates ist.

Die Störfestigkeit der Korrelationsverfahren, die mit einer erheblichen Informationsreduktion erkauft wird, wird in Abschn. 3.2.2. nochmals ausführlich betrachtet.

Die Bedeutung der Breitbandsignale für die Korrelationsmeßtechnik:

Aus den vorangegangenen Betrachtungen erkennt man, daß Breitbandsignale (= Signale mit breitem Frequenzspektrum) besondere Eigenschaften haben.

Wir erkannten, daß bei einem Breitband-Rauschsignal der Vorgang nach einer Zeitdifferenz von $1/2f_{gr}$ innerlich nicht mehr korreliert ist. Der Wert $1/2f_g$ ist ein Maß für den inneren statistischen Zusammenhang des Prozesses und wird als Korrelationsdauer bezeichnet. Je größer also die Bandbreite des Rauschsignals ist, desto kleiner ist die Korrelationsdauer. Dies hat für praktische Anwendungen eine große Bedeutung! Man benutzt z. B. in der Elektronik ein Breitband-rauschsignal als Testsignal nach Abb. 2.21 und leitet es einmal über eine Prüf-strecke oder durch ein Prüfobjekt und ein zweites Mal als Kontrollsignal direkt zum Korrelator. Dieser enthält für das Kontrollsignal eine variable Zeitverzöge-rungskette (τ). Stellt man die Verzögerungszeit τ so ein, daß sie mit der Laufzeit auf der Prüfstrecke übereinstimmt, so ergibt sich nach Multiplikation und Inte-gration das Maximum der Kreuzkorrelationsfunktion. Je breiter das Testsignal-Spektrum ist, desto kürzer ist die Autokorrelationsdauer und damit zugleich die noch unterscheidbare Laufzeit und Wegdifferenz.

Bei den Korrelations-Meßverfahren gibt es zwei verschiedene Auswertungs-Methoden: a) die τ-Auswertung, bei der eine Laufzeitdifferenz ermittelt wird, oder b) die Ψ-Auswertung, bei der die Intensitäten der Maxima der Kreuz-korrelationsfunktion ausgemessen werden. Letztere Methode dient zur Ermitt-lung von Materialkonstanten, z. B. der Absorption oder Reflexion in der Akustik. Die Korrelationsmethode hat große Ähnlichkeit mit den Impulsverfahren, nur wird hier das Testsignal laufend ausgestrahlt und nicht impulsförmig. Man kann hiermit entweder Komponenten des gleichen Signals mit verschiedener Laufzeit trennen, oder man kann ein bestimmtes Testsignal von Störsignalen trennen, die zu ihm nicht kohärent sind. Dies ist die Korrelationsselektion zur Trennung ko-härenter Signalkomponenten, die aus der gleichen Signalquelle stammen, aber gegen einander zeitverschoben sind, oder die Kohärenzselektion, die Signale glei-cher Laufzeit trennen, die inkohärente Signale trennen, d. h. Signale, die aus ver-schiedenartigen Quellen stammen, die statistisch nicht verwandt sind. Ein ele-gantes Anwendungsbeispiel bietet die Radioastronomie. Hier ist der Radiostern die Signalquelle, die eine höchstfrequente Rauschstrahlung (z. B. auf der Spektral-linie des Wasserstoffs auf $\lambda = 21$ cm) aussenden. Diese Strahlung wird von mindestens zwei weit entfernten HF-Empfängern (Basisabstand 10—100 km) aufgenommen, über eine Relaislinie zu einem gemeinsamen Korrelator (als Ver-bundsystem) geleitet, nach Frequenzumsetzung in den NF-Bereich korreliert und registriert. Bei gleicher Laufzeit tritt das Maximum der Kreuzkorrelations-funktion auf. Diese zeigt den Zenitdurchgang an. Das Verfahren erlaubt die Ortung des unsichtbaren Radiosterns mit extrem großer Genauigkeit.

Man kann mittels der Korrelationsanalyse auch Geschwindigkeiten bestimmen, indem man die Laufzeit über eine fixierte Meßstrecke durch Kreuzkorrelation ermittelt. Praktische Anwendungen sind u. a. die Geschwindigkeitsmessung von glühendem Walzgut und von Transportgütern (z. B. Kunststoff-Schnitzel). Das Prinzip besteht darin, daß am Anfang und am Ende der Meßstrecke mit einem Geber (z. B. Lichtquelle) ein Testsignal (Licht bestimmter Spektralfarbe) auf den Transportprozeß gegeben wird, der es stochastisch moduliert. Geschieht dies durch die unregelmäßige Struktur des Transportgutes, z. B. durch Reflexion des Test-lichtes, so nehmen beide Empfänger (z. B. Photozellen) je ein stochastisches Signal

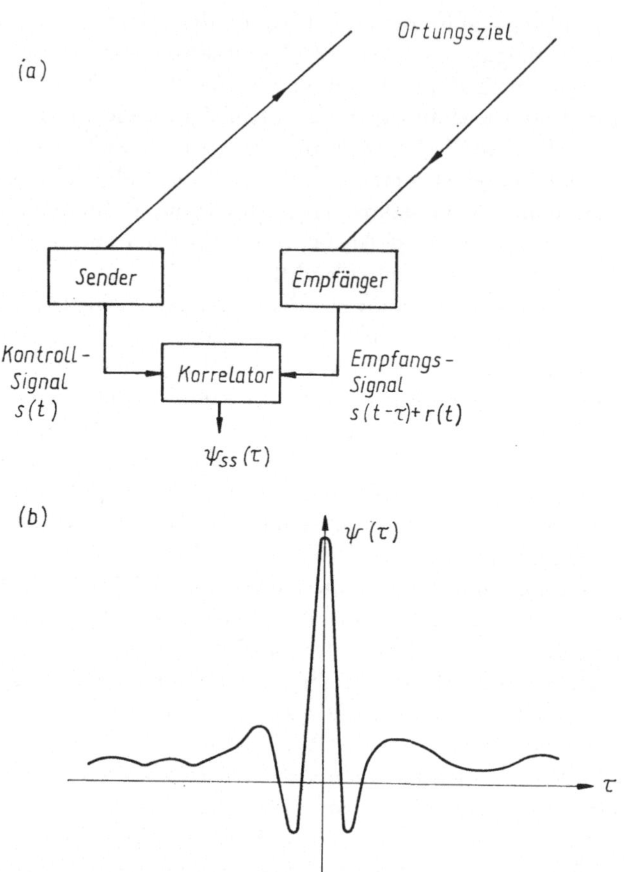

Abb. 2.22. Korrelations-Peilung

a) Prinzip-Anordnung
b) Korrelatogramm für Maximumpeilung eines Radiosterns

gleicher statistischer Struktur auf. Beide Empfangssignale sind stark korreliert, jedoch um die Laufzeit längs der Meßstrecke zeitverschoben. Das voreilende Signal am Anfang der Meßstrecke wird um die Laufzeit verzögert.

Zusammenfassend ist festzustellen, daß das Korrelationsverfahren dazu dient, Prozesse zu trennen, die im gleichen Frequenzbereich und zu gleicher Zeit ablaufen, also in den Fällen anzuwenden ist, wenn eine Signaltrennung durch spektrale Selektion (Filter im üblichen Sinne) und durch Zeitselektion (Austastung) nicht möglich ist. Dabei wird wegen der Mittelwertbildung zwar auf einen wesent-

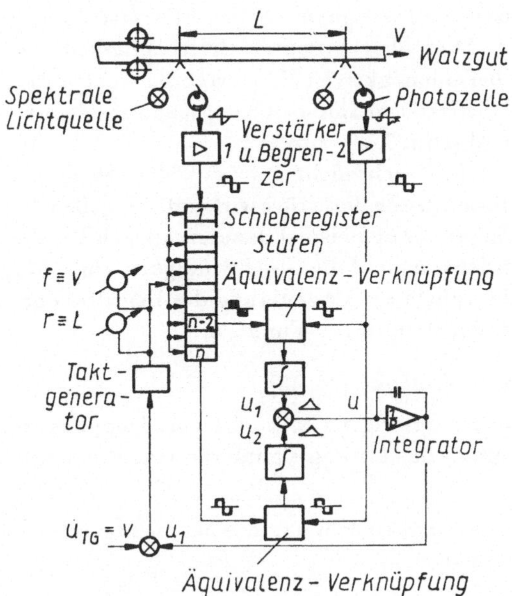

Abb. 2.23. Anordnung zur Korrelations-Messung der Geschwindigkeit von glühendem Walzgut

lichen Teil der im Prozeß enthaltenen Information verzichtet, aber anderseits werden doch wichtige Meßwerte abgeleitet: eine Zeitpunktinformation bei der τ-Auswertung und eine Leistungsinformation bei der Ψ-Auswertung. Abb. 2.24 zeigt als Beispiel der $\Psi(\tau)$-Analyse die Untersuchung der AKF von Sprachlauten!

In der Korrelationstechnik stellt die Signalsynthese ein charakteristisches Problem dar. Das verwendete Testsignal muß bestimmte Eigenschaften haben, um das Meßverfahren zu optimieren. Bei der Korrelationsanalyse kommt es darauf

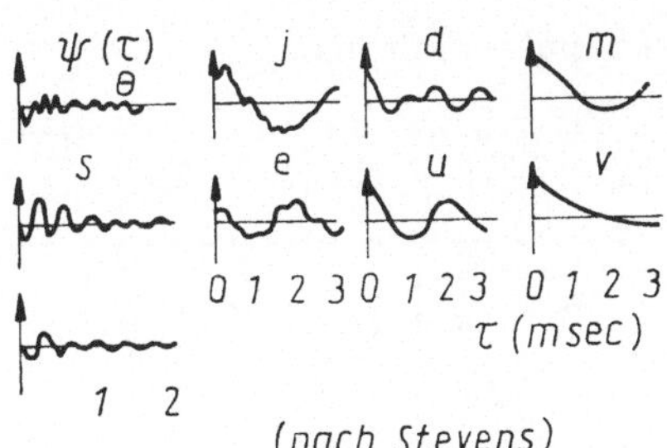

Abb. 2.24. Korrelations-Analyse von Sprachlauten (visible speech)

an, daß die Korrelationszeit des Testsignals möglichst kurz ist, damit man eine gute Zeitauflösung bekommt. Dies aber bedeutet Breitbandigkeit des Testsignals. Entweder benutzt man bei einem aktiven Meßverfahren elektronisches Rauschen als Testsignal oder eine stochastische Impulsfolge, pseudo-random-signal genannt. Hierauf kommen wir in Abschn. 3.3.1. zurück!

Die Anwendungen ergeben sich nicht nur aus den theoretischen Modellvorstellungen, sondern beeinflussen diese rückwirkend. Sie geben Anlaß zu einem weiteren Ausbau der Theorie. Ein Beispiel dazu ergab sich bei der Flugortung, wenn gleichzeitig die Entfernung und die Geschwindigkeit eines Flugobjektes gemessen werden muß. Dies führte zur Erweiterung des Begriffes der Korrelationsfunktion auf den Begriff der AMBIGUITY-Funktion.

Zum Begriff der Ambiguity-Funktion [44, 45]

Bei Anwendungen in der Ortungstechnik tritt eine Dopplerverschiebung der Trägerfrequenz auf, wenn das Ortungssignal von einem bewegten Objekt zurückgestrahlt wird.

Bei einer Objekt-Geschwindigkeit von v und einer Lichtgeschwindigkeit von c beträgt die Frequenzänderung:

$$\Delta\Omega = \Omega_0 \cdot \frac{2v}{c}.$$

Dieser physikalische Effekt wirkt sich ungünstig auf die Autokorrelationsfunktion aus, da das Maximum bei $\tau = 0$ abnimmt und der ganze Verlauf der AKF verändert wird. Dies erschwert die Ortung von beweglichen Objekten durch die Korrelationspeilung erheblich.

WOODWARD hat zur Klärung der theoretischen Verhältnisse dazu den Begriff der AMBIGUITTY-Funktion (= Mehrdeutigkeitsfunktion) $\chi(\tau, \Delta\Omega)$ eingeführt. Sie stellt eine Verallgemeinerung der AKF dar und gibt die Abhängigkeit der AKF von der Dopplerverschiebung wieder. Für die praktische Anwendung ist das Auftreten von Nebenmaxima der AKF unerwünscht, während eine Abnahme der Größe von $\Psi(\tau)$ mit zunehmender Frequenzverschiebung $\Delta\Omega$ grundsätzlich nicht vermeidbar ist.

Für einen homogenen Rechteckimpuls erhält man:

$$\chi(\tau, \Delta\Omega) = \frac{2}{\pi T} \int_{-\infty}^{\infty} \frac{\sin\left(\Omega - \Omega_0 - \frac{\Delta\Omega}{2}\right)\frac{T}{2} \cdot \sin\left(\Omega - \Omega_0 + \frac{\Delta\Omega}{2}\right)\frac{T}{2}}{\left(\Omega - \Omega_0 - \frac{\Delta\Omega}{2}\right) \cdot \left(\Omega - \Omega_0 + \frac{\Delta\Omega}{2}\right)} \cdot e^{j\Omega\tau}\, d\Omega$$

mit T als Signaldauer.

Hieraus folgt weiter:

$$\chi(\tau, \Delta\Omega) = \frac{\sin\left(1 - \dfrac{|\tau|}{T}\right)\dfrac{\Delta\Omega T}{2}}{\dfrac{\Delta\Omega T}{2}} \, e^{j\Omega_0\tau}$$

für $0 \leq [\tau] \leq T$, sonst gleich Null.

Das Resultat ist in Abb. 2.25 a dargestellt. Links ist der bekannte Dreiecksverlauf der AKF für den Rechteckimpuls dargestellt, gültig für $\Delta\Omega = 0$.

Abb. 2.25 a rechts zeigt den Verlauf der Hüllkurve von $\chi(\tau, \Delta\Omega)$ in Richtung von $\Delta\Omega$, d. h. mit wachsender Dopplerverschiebung. Man erkennt hieraus den Abfall des Maximums bei $\tau = 0$ nach einer Spaltfunktion mit aufeinanderfolgenden Nullstellen. Dies beweist, daß der homogene Rechteckimpuls nicht als Ortungssignal für bewegte Ziele geeignet ist. Man erreicht einen nach τ und $\Delta\Omega$ monoton abfallenden Verlauf durch eine Modulation des Ortungsimpulses.

Noch stärker wirkt sich die Dopplerverschiebung bei kodierten Impulsen aus, d. h. bei Ortungsimpulsen mit Feinstruktur, wie sie z. B. für die Impulskompression (vgl. Abschn. 2.3.2.) verwendet werden. Hier treten starke Nebenmaxima auf, die den Kode unbrauchbar machen, wenn eine zu starke Dopplerverschiebung vorliegt. Dies führte in der Ortungstechnik zu sehr umfangreichen Untersuchungen, optimale Signalstrukturen aufzufinden (= Problem der Signal-Synthese.)

Übersicht über die Anwendungen der Korrelations-Analyse:

Wie die Tafel 6. zeigt, kann man bei den Anwendungen der Korrelations-Analyse die bereits erwähnte τ-Auswertung und die Ψ-Auswertung unterscheiden. Ferner gliedern sich die Anwendungen auf in die Untersuchung der Autokorrelationsfunktion und der Kreuzkorrelationsfunktion.

Tafel 6: *Klassifizierung der Korrelations-Meßverfahren* (Breitband-Signal-Technik):

Kenngrößen, Meßparameter:	Autokorrelation	Kreuzkorrelation
τ-Auswertung	Korrelationsdauer, spektrale Bandbreite, Perioden-Dauer	Laufzeitdifferenz, Geschwindigkeit auf Meßstrecke, Azimut (Richtung)
Ψ-Auswertung	$\Psi(0)$: Leistungsmaß, Prozeßnachweis	Materialkonstanten, Korrelations- oder
	$\Psi(\tau)$: statist. Zusammenhang, Prozeßcharakter	Kohärenzmaß
	$\Psi(\tau, t)$: Prozeß-Änderung	

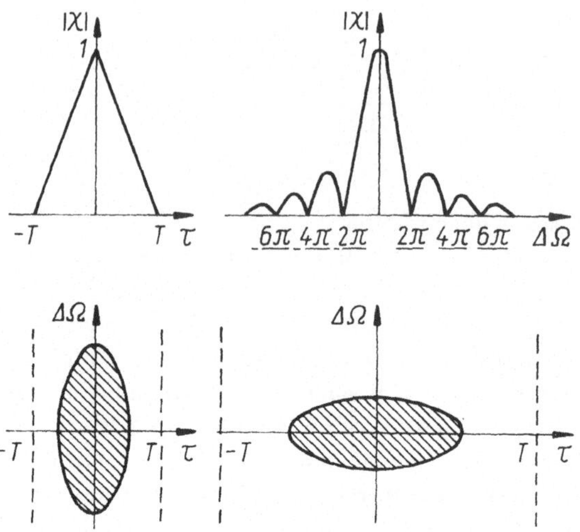

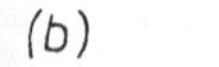

Abb. 2.25. Einfluß der Dopplerverschiebung der Trägerfrequenz auf die Autokorrelationsfunktion von Ortungsimpulsen

a) homogener Rechteckimpuls   b) BARKER-Code-Impuls mit Feinstruktur zur Impulskompression

Hierzu noch einige ergänzende Bemerkungen:

Anwendungen der Autokorrelations-Funktion:

Die AKF wird benutzt, um die inneren statistischen Eigenschaften eines Prozesses zu untersuchen. Hierbei hat man die Analyse der periodischen Anteile vom rein stochastischen zu unterscheiden. So kann man mittels der Messung der Autokorrelationsfunktion periodische Komponenten in versponnenem Garn in der Textilindustrie erkennen, die von Fehlern der Spinnmaschine herrühren und unbeabsichtigte Muster im Stoff hervorrufen können. Ähnlich werden in der Metallurgie periodische Anteile in der Oberfläche von Walzgut mittels der AKF erkannt, die von Walzenfehlern herrühren. Diese Methode beruht darauf, daß die AKF im τ-Bereich die Periodizität des Zeitbereiches wiedergibt, wie oben gezeigt wurde (τ-Auswertung). Schließlich werden auch periodische Signalanteile in der Medizintechnik bei Kardiogrammen, z. B. zur Trennung der Herztöne von Mutter und Kind, benutzt.

Bei der Sprachanalyse spiegelt sich die Periodizität des Lautes, z. B. bei Vokalen (Abb. 2.24), in der Periodizität der AKF wieder, während der Abfall mit τ ein Maß für die Breite des Spektrums ist. Hierbei gilt das Reziprozitätsgesetz! Konsonanten und Zischlaute haben kürzere Korrelationsdauer und zeigen einen schnellen Abfall der AKF an.

Bei der Autokorrelationsanalyse stochastischer Anteile handelt es sich um die Messung der Korrelationsdauer, die zugleich ein reziprokes Maß der Signal-Bandbreite ist.

Wie oben gezeigt wurde, ermöglicht eine kurze Korrelationsdauer eine gute Zeitauflösung bei einer Entfernungs- oder Geschwindigkeitsmessung.

Allgemeiner betrachtet ist die Korrelationsdauer ein Maß des inneren statistischen Zusammenhanges des zufälligen Prozesses — zeitlich betrachtet! In der Physik-Elektronik lassen sich daraus Rückschlüsse auf den Entstehung-Mechanismus ziehen, z. B. für das Rauschen von Halbleitern. Ähnliches gilt für die Untersuchung der Turbulenz in der Strömungs-Mechanik (Ψ-Auswertung). Dies kommt noch stärker zur Geltung, wenn man nicht die zeitliche Korrelation, sondern die örtliche Korrelation als Begriff einführt. Hier wird der Begriff der Korrelationsdauer durch den Begriff des Korrelationsabstandes ersetzt.

So wird in der Mechanik die zeitliche und die örtliche Korrelations-Analyse auch für die Untersuchung von Zufallsschwingungen und bei Dauerfestigkeits-Untersuchungen benutzt. In Kernkraftwerken wird die Korrelationsfunktion von Neutronenflüssen zur Prozeßkontrolle benutzt.

Zusammenfassend ist festzustellen, daß die Autokorrelationsanalyse in erster Linie Aussagen über den Prozeß selbst liefert, also unmittelbare Prozeßkenngrößen.

Dabei besteht ein enger Zusammenhang mit der FOURIER-Analyse, die den spektralen Charakter eines Prozesses untersucht (vgl. Theorem von WIENER-CHINTSCHIN!). Daher entspricht in der Optik die FOURIER-Spektroskopie und die Interferometrie der Messung der zeitlichen Autokorrelationsfunktion. Anstelle der spektralen Untersuchung (als Spektrogramm) wird bei der Sprachanalyse auch die zeitvariable AKF (als Korrelatogramm) als Kurzzeitmittelwert benutzt, insbesonders zur optischen Wiedergabe („visible-speech").

Anwendungen der Kreuzkorrelations-Funktion:

> Die Kreuzkorrelations-Analyse vergleicht durch eine Produktmittelwert-Bildung zwei Schwankungsprozesse. Diese können durch Meßfühler einem einzigen Prozeß an verschiedenen Stellen entnommen sein oder zwei verschiedenen Prozessen.

Die erste Methode führt zu den bereits erwähnten Geschwindigkeits-Meßverfahren (τ-Auswertung), indem der Zeitunterschied durch eine Zeitverzögerung des Vergleichsprozesses kompensiert wird, angewendet z. B. bei Transportprozessen. Hierbei wird die Oberfläche an zwei Punkten in definierter Entfernung abgetastet (s. o. Abb. 2.23). Die AKF eines dieses stochastischen Meßsignals würde die Rauhigkeit von Oberflächen in der Fertigungstechnik charakterisieren und eine unmittelbare Prozeßkenngröße liefern, die den statistischen Zusammenhang des Prozesses beschreibt. Die Kreuzkorrelations-Analyse beider Prozesse liefert hingegen eine mittelbare Prozeßkenngröße, die Geschwindigkeit des Transportgutes. Der Schwankungscharakter wird nicht ausgewertet und interessiert nicht unmittelbar als Prozeßkenngröße. Trotzdem spielt er eine Rolle für die erreichbare Meßgenauigkeit über die Korrelationsdauer des Prozesses.

Zeitunterschiede werden auch zu Richtungsmessungen weit entfernter Objekte nach Abb. 2.22 ausgenutzt und liefern in der Radioastronomie Aussagen über die räumliche Ausdehnung von Strahlungsquellen (Radiosternen), ebenfalls mittels der Kreuzkorrelations-Analyse zweier Empfangssignale.

In der Geologie dient die Korrelationsanalyse der Struktur-Untersuchung. Hierbei werden Breitbandsignale als Testsignale zur Ortung benutzt. Die Auswertung erfolgt wie bei der Korrelationspeilung über örtlich entfernt liegende Empfänger für die Schallwellen aus dem Erdinneren.

Die Flugradartechnik benutzt Dispersions- und Streuungsmessungen, z. B. die Messung des Streufaktors der Meeresoberfläche zur Windstärke-Bestimmung (Ψ-Auswertung).

In der Elektroakustik wird die Kreuzkorrelationsmessung nach Abb. 3.5 zur Lärmbewertung benutzt (vgl. Abschn. 3.2.2.). In diesen Fällen interessiert das Maximum der KKF, das sich bei Synchronismus, d. h. bei Einstellung auf gleiche Laufzeit beider Übertragungswege, ergibt.

Das Grundprinzip besteht bei allen Anwendungen darin, daß nicht kohärente Signalkomponenten, d. h. Komponenten aus verschiedenen Signalquellen und ohne statistischer Verwandtschaft, keinen Beitrag zur KKF liefern, und daß die Signalkomponenten aus gleicher Signalquelle bei statistischer Verwandtschaft nur innerhalb der Korrelationsdauer zur KKF einen Beitrag liefern, nicht aber wenn sie einen ausreichenden Zeitabstand haben und somit nicht mehr korreliert sind. Diese beiden Fälle werden mit „Kohärenzselektion" und „Korrelations-Selektion" bezeichnet. Die Zeitverschiebung kann entweder durch ein verstellbares Netzwerk vorgenommen werden oder durch die Objektbewegung hervorgerufen werden.

Auch der Sonderfall, daß die gleiche Laufzeit zu zwei Meßpunkten fest eingestellt wird, d. h., daß nur das Maximum der KKF gemessen wird, findet sich bei technischen Anwendungen, z. B. beim Zweistrahlverfahren als Flammenwächter von ölbeheizten Kesseln. Hier wird an sich nur der Effektivwert des stochastischen Prozesses gemessen, der durch die zeitlich schwankende Absorption der Flammengase erzeugt wird, und zwar als Information, daß der Prozeß vorhanden ist, d. h., daß die Flamme brennt und nicht erloschen ist.

‖ Der große Wert der Korrelations-Meßverfahren liegt in ihrer Störfestigkeit. Dieser Gesichtspunkt wird in Abschn. 3.2.2. nochmals gesondert betrachtet.

Ergänzungs-Literatur zur Korrelations-Analyse: [2, 3, 5, 8, 10, 11, 12, 16, 17, 18, 37, 44, 45, 59, 60, 62, 63, 69, 70].

Tafel 7: *Zur Korrelations-Analyse:*

Meß-Informationen der Korrelations-Analyse:

1. Leistungs-Informationen (Ψ-Auswertung)
2. Frequenz- und Bandbreite-Informationen (Ψ- und τ-Auswertung)
3. Zeitdifferenz und Laufzeit-Informationen (τ-Auswertung)
4. Korrelations- und Kohärenz-Informationen (Ψ- und τ-Auswertung)

Anwendungsgebiete der Korrelations-Analyse

I. Produktions-Technik, industrielle Meßtechnik:

- Geschwindigkeits-Messungen an Transportvorgängen und Strömungen
- Kontrolle von stochastischen Vorgängen (Kernreaktor-Technik, Ölbrenner-Überwachung)

- Schwingungstechnik (Schadenfrüherkennung an Turbinen)
- Elektroakustik (Schallanalyse, Lärmbekämpfung)
- Periodizitäten im on-line-Betrieb als Störeffekte (Textilproduktion!)
- Navigation und Ortung im Flugbetrieb und Raumfahrt

Fortsetzung von Tafel 7

II. Naturwissenschaftliche Forschung:
- Radio-Astronomie (Radiosterne)
- Geologie (Erdstruktur-Untersuchungen)
- Spektroskopie, Lasermeßtechnik
- Halbleitertechnik (Rauschquellen-Analyse)
- Untersuchung von Mehrphasenströmungen
- Parallaxen-Messung in der Optik
- Visible-speech-Verfahren für die Sprachforschung
- Turbulenzmessungen

2.3.2.3. *Cepstrum-Analyse* [81]

Es wurde oben gezeigt, daß man durch FOURIER-Rücktransformation des Leistungs-Spektrums in den Zeitbereich die Autokorrelations-Funktion erhält.

In der Ortungs-Meßtechnik wird gelegentlich auch eine andere Rücktransformation vorgenommen: die Rücktransformation des Logarithmus des Leistungsspektrums, und zwar führt dies zu einer Zeitfunktion, die als „Cepstrum" bezeichnet wird.

Da der Logarithmus ein dimensionsloses Argument besitzen muß, wird die normierte spektrale Leistungsdichte $s_{xx}(f)$ rücktransformiert. Die Autoren wählten die Beziehung:

$$C(q) = \int\limits_0^\infty \ln s_{xx}(f)\, e^{-j2\pi qf}\, df.$$

Der Integrationsbereich geht hier nur über positive Frequenzen $0 < f < \infty$. Die Wahl des Vorzeichens im Exponenten entspricht der üblichen Definition der Rücktransformation, bedeutet aber nur eine Vorzeichenumkehr der Variablen q.
Diese Kenngröße hat den Vorteil, daß sie bei einer Produktdarstellung des Leistungsspektrums in der Form

$$s_{xx}(f) = s_{1_{xx}}(f) \cdot s_{2_{xx}}(f) \ldots$$

in eine Summe von Komponenten zerfällt:

$$C(q) = \sum_{i=1}^n c_i(q) \quad \text{mit} \quad c_i(q) = \int\limits_0^\infty \ln s_{i_{xx}}(f)\, e^{-j2\pi qf}\, df.$$

Man beachte, daß die Variable q hier nicht mit der Variablen τ identisch ist, aber ebenfalls die Dimension einer Zeit hat; denn der Exponent der e-Funktion unter dem Integral muß dimensionslos sein:

$$[qf] = 1, \quad \text{d. h., wegen} \quad [f] = 1/s \quad \text{gilt} \quad [q] = s$$

Die eckige Klammer bedeutet die Maßeinheit der in der Klammer stehenden Größe!

Diese heuristisch eingeführte Kenngröße hat folgende Vorteile:

Erstens bedeutet sie eine Lösung des Umkehrproblems der Faltung, die Entfaltung: gesucht ist die Systemfunktion bei vorgegebener Eingangs- und Ausgangs-Zeitfunktion (Synthese-Problem).

Anstelle des Produktes im Frequenzbereich $\left(s_{xx}(f) = s_1(f) \cdot s_2(f)\right)$ erscheint bei der Rücktransformation nicht das Faltungsintegral von System- und Eingangs-Funktion im t-Bereich, sondern die Summe zweier „Cepstrum-Funktionen" $C(q) = C_1(q) + C_2(p)$.

$C_1(p)$ wird aus dem Leistungsspektrum des Eingangs-Signals ausgerechnet, $C(q)$ aus dem des Ausgangs-Signals. Die gesuchte Systemfunktion $C_2(q)$ $= C(q) - C_1(q)$ ist also durch Subtraktion berechenbar, und durch Rücktransformation in den Spektralbereich erhält man das normierte Quadrat des Frequenzganges des gesuchten Systems.

Damit ist formal das Entfaltungs-Problem gelöst. Man beachte allerdings, daß die Relation zwischen dem Eingangs- und dem Ausgangs-Leistungs-Spektrum eines linearen Systems lautet:

$$S_a(f) = S_e(f) \cdot [G(f)]^2$$

mit $(G(f))$ als Amplituden-Frequenzgang. Es ist oben:

$$S_2(f) = [G(f)]^2,$$

d. h., man ermittelt den Amplitudenfrequenzgang ohne die Phaseninformation, d. h. den Phasengang des Systems. Die Phaseninformationen sind im Leistungsspektrum nicht enthalten!

Der *zweite* Vorteil des Begriffes Cepstrum ergibt sich aus einem speziellen Problem der Signalanalyse, bei der Echo-Entdeckung in der Ortungs-Meßtechnik. Zu diesem Zwecke wurde das Verfahren von BOGERT, HEALY und TUKEY 1963 auf einem Symposium über "Time Series Analysis" vorgeschlagen.

Der eigenartige Titel lautete: "The quefrency alanysis of time series for echoes". Der Begriff „Cepstrum" ist eine Paraphrase des Begriffes „Spectrum".

Der Begriff „quefrency" ist eine Paraphrase der „Frequenz" und bedeutet die Anzahl der Perioden je Hz eines periodischen Frequenzganges. Sie erscheinen nach FOURIER-Transformation als diskrete Linien im Zeitbereich als Zeitspektrum (= „Cepstrum"). Der gleiche Gedankengang lag dem Abschn. 2.2.2.1. bei der Diskussion des Abtasttheorems zugrunde! Die „Quefrency" wird also in s gemessen und ist hier mit dem Zeitabstand T identisch. — In sprachschöpferischem Drang haben die Autoren aus der Analysis das Wort „Alanysis", aus Phase „Saphe", aus Filter „Lifter" gemacht usw. Es ist zu hoffen, daß nur der Grundgedanke der genannten Arbeit Nachahmer findet.

Dieser Grundgedanke besteht darin, durch Analyse des logarithmierten Leistungs-Spektrums $\ln s(f)$ Echos eines Ortungssignals aufzufinden, eine Aufgabe, die für weißes Rauschen besonders gut von der Korrelationsanalyse gelöst wird (vgl. Abb. 2.26 a).

Die Autoren fanden folgende neue Methode, um Echosignale voneinander zu trennen, z. B. zum Zweck der Seismographie, bei der mehrfache Reflexionen an Bodenschichten auftreten.

Wir begnügen uns hier mit dem Fall eines einfachen Echos. Der Ortungssender strahlt ein Ortungssignal $x_e(t)$ aus und empfängt es mit einem um T verzögerten und um den Faktor α abgeschwächten Echosignal. Durch die Überlagerung ergibt sich das Empfangsausgangs-Signal:

$$x_a(t) = x_e(t) + \alpha x_e(t - \tau).$$

Die FOURIER-Transformierte (das Amplituden-Dichte-Spektrum) lautet:

$$\mathscr{F}\{x_a(t)\} = \mathscr{F}\{x_e(t)\} + \alpha\mathscr{F}\{x_e(t)\} \cdot e^{-j\omega T}$$

(Verschiebungs-Satz! Bei der LAPLACE-Transformation erscheint der Verzögerungsfaktor e^{-pT}).

(a)

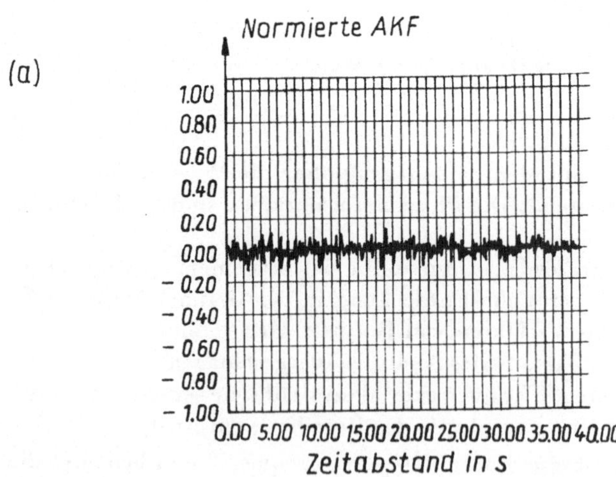

Abb. 2.26 a

(b)

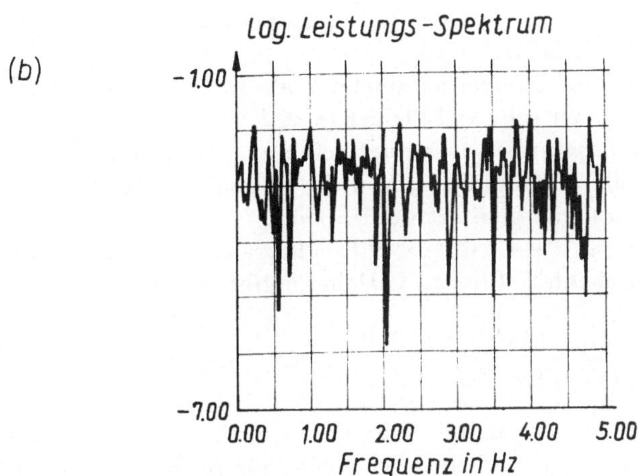

(c)

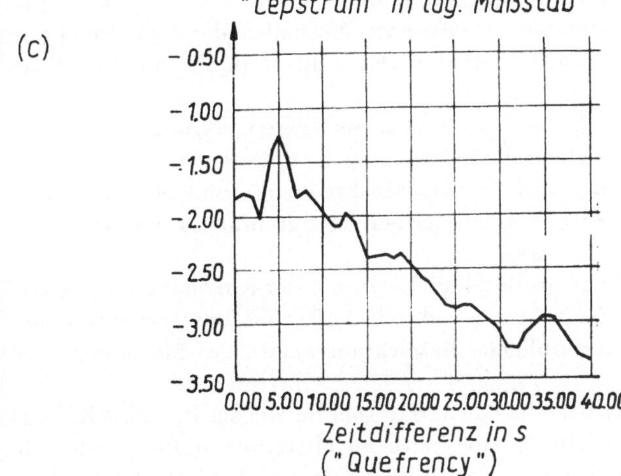

Abb. 2.26. Diagramme zur Cepstrum-Analyse

Weiter folgt:

$$\mathcal{F}\{x_a(t)\} = \mathcal{F}\{x_e(t)\} \cdot (1 + \alpha \cdot e^{-j\omega T}) \quad \text{mit} \quad \alpha \leqq 1.$$

Beim Übergang zum Leistungs-Spektrum mit $S_x(f) = \dfrac{[\mathcal{F}\{x(t)\}]^2}{2T}$ ergibt sich unter Fortfall der Phaseninformation:

$$S_{x_a}(f) = S_{x_e}(f) \cdot (1 + 2\alpha \cos \omega T) \quad \text{bei} \quad \alpha^2 \approx 0.$$

10*

Die Echoüberlagerung bedeutet also, daß dem Leistungsspektrum $S_{x_e}(f)$ eine mit T periodische Komponente hinzugefügt wird.

Diese Komponente enthält den Laufzeitparameter T als die interessante Meßkenngröße. Diese Komponente ist sehr viel kleiner ($\alpha \ll 1$.) Durch Bildung des Logarithmus der normierten spektralen Leistungsdichte $s_{x_a}(f)$ ergibt sich überraschenderweise (im Idealfall!) eine additive, von $S_{x_e}(f)$ unabhängige Komponente, die durch Subtraktion herausgefiltert werden kann.

Es gilt bekanntlich: $e^x \approx 1 + x$ für $x \ll 1$. Hieraus folgt: $\ln e^x \doteq x = \ln(1 + x)$ als Näherung, ebenfalls für $x \leqq 1$. Daher ergibt sich oben:

$$\ln s_{x_y}(f) = \ln s_{x_e}(f) + \ln(1 + 2\alpha \cos \omega T)$$

$$= \ln s_{x_e}(f) + 2\alpha \cos \omega T.$$

Abb. 2.26b zeigt für den Fall $\alpha = 0{,}5$ und $T = 5$ s das logarithmierte Leistungsspektrum, das sehr deutlich die Periodizität erkennen läßt (in der Meßpraxis ist allerdings α viel kleiner).

Es besteht nun die Aufgabe, die additive periodische Komponente des logar. normierten Leistungsspektrums durch bekannte Methoden der Signalselektion nachzuweisen und auszumessen. Es interessiert vor allem die Periodizität T des Spektrums.

Am einfachsten ist die spektrale Filterung zu realisieren, wenn man das registrierte oder berechnete logarithmische Leistungsspektrum wie einen Zeitvorgang abtastet oder abspielt und die darin enthaltene Frequenz ermittelt. Man kann auch die FOURIER-Transformation in den Zeitbereich durchführen, um das „Cepstrum" zu erhalten (vgl. Abb. 2.26c).

Diese zeitliche Filterung hat große Ähnlichkeit mit der Korrelations-Analyse. Man erhält den gesuchten Zeitabstand T durch Aufsuchen des Maximums des „Cepstrums" bzw. in bisher üblicher Bezeichnungsweise des Maximums des Zeitspektrums.

Der Nachteil der Methode besteht darin, daß sich im Gegensatz zur AKF das Cepstrum nicht unmittelbar durch eine zeitliche Mittelwertbildung ermitteln läßt. Man nennt diese Methode auch „nichtlineare Filterung". Ein kritischer Vergleich mit der Störabstandsverbesserung der Korrelationstechnik (vgl. auch Abschnitt 3.2.2.) fehlt noch, doch ist diese Methode von grundsätzlichem Interesse für die zukünftige Weiterentwicklung der Meßverfahren!

2.3.2.4. Mehrfach-Verbund-Analyse:

Durch die Digitaltechnik, insbesondere durch die Umwandlung von Meßwertfolgen in Binärsignalfolgen sind neue Formen der Signalwandlung und Signalverarbeitung entstanden. Eine wichtige Rolle spielt hier das sogenannte Schieberegister als binärer Informationsspeicher. Es besteht aus einer Kette von „flip-flop"-Schaltungen zur Aufnahme und Weitergabe von binären Informationen (0 oder L). Durch mehrfache Abgriffe längs der Schieberegister-Anordnung können Rückführungen und Rückkopplungen vorgenommen werden, z. B. zur Erzeugung von pseudo-random-Signalen. In der Rechenelektronik findet man zahlreiche Anwendungsbeispiele, z. B. zur Multiplikation und Division von binären Kodewörtern (vgl. Abschn. 1.3.), zur Detektion von kodierten Impulsfolgen (vgl. Abschn. 3.3.), als Adderschaltung (für die Addition modulo 2 mit Übertrag). Diese Schaltungen mit mehrfachen Verknüpfungen bilden ein Grenzgebiet, das zur Automaten-Schaltungstechnik überleitet.

Der wesentliche Unterschied gegenüber den bisher erwähnten elementaren Verbundsystemen besteht darin, daß hier gespeicherte Informationen benutzt werden. Das Systemverhalten hängt hier nicht nur vom Eingangssignal, sondern vom Systemzustand ab. Dieser wiederum hängt von den gespeicherten Informationen ab. Man steht hier erst am Beginn einer technischen Entwicklung, wenn man den Vergleich mit der organischen Informationsverarbeitung der Natur in Lebewesen zieht, eine Aufgabe der Bionik. Vieles, was die Natur als Vorbild anbietet, ist mit den derzeitigen Mitteln der Elektronik noch nicht realisierbar, manches ist im Prinzip noch völlig unklar, so z. B. die Gedächtnisspeicherung von Zeitvorgängen.

Die Informationsverarbeitung spielt sich nach dem Vorbild des Perzeptrons nacheinander in verschiedenen Ebenen ab (Abb. 2.27). Die Informationsverarbeitung niederer Lebewesen spielt sich nicht nur im Zentralhirn — soweit vorhanden — ab, sondern unmittelbar in den Neuronenschichten hinter den Rezeptoren als Reizempfänger; z. B. besitzt der Frosch innerhalb der Netzhaut ein Verbundsystem zur direkten Geschwindigkeitsmessung des optischen Abbildes eines vorbeifliegenden Insekts mit einem bemerkenswert großen Meßbereich. Dieses vermaschte Neuronennetzwerk arbeitet im Prinzip ähnlich wie die Korrelationsgeschwindigkeitsmessung, zugleich ein Beispiel einer peripheren Informationsverarbeitung ähnlich wie sie im wissenschaftlichen Gerätebau der Meßtechnik durchgeführt wird.

Unter der Bezeichnung zellularer Netzwerke versucht man z. Z. kompliziertere Netzwerkstrukturen nach dem Vorbild der Natur nachzubilden.

Entwicklungstendenzen der Prozeßsteuerung:

Jede Methode der Informationsverarbeitung zur Prozeßsteuerung und zur Prozeßidentifikation wird wesentlich effektiver, wenn die momentan aufgenommenen Informationen mit gespeicherten Informationen verglichen werden. Hierbei sind zwei Tendenzen zu unterscheiden:

a) Die A-priori-Informationen werden in einem inneren Modell des Systems festgehalten und zur Steuerung des Prozesses benutzt. Dabei kann der Umwelteinfluß durch die Störgrößenaufschaltung (vgl. Abschn. 1.3.) berücksichtigt werden.

b) Wenn die A-priori-Informationen nicht ausreichen, da das System oder die Umweltbedingungen nicht invariant sind, dann werden diese durch eine laufende Beobachtung ergänzt und ersetzt. Dies führt logisch zur Entwicklung von adap-

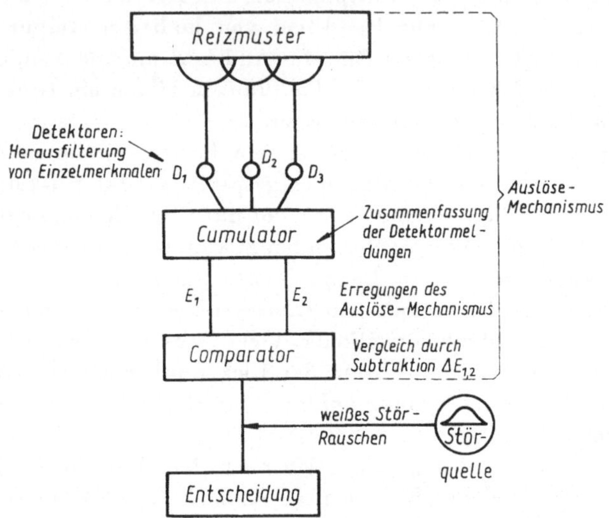

Abb. 2.27. **Mehrfach-Verbundanalyse** in der Biokybernetik: Reizmusterverarbeitung nach JANDER (1968) und TEMBROCK [78]

tiven Systemen und zu lernfähigen Systemen, bei denen die empfangenen Informationen fortlaufend gespeichert und zur Verbesserung des Systemverhaltens ausgenutzt werden. Dies führt uns von der Meßtechnik zur Regelungstechnik, zu den noch ausbaufähigen Zweigen der technischen Kybernetik.

2.3.3. *Kenngrößenbildung nach einer Prozeßwandlung*

2.3.3.1. *Amplitudenbegrenzung ohne Informationsreduktion*

Das Prinzip der Prozeßwandlung:

Die bisher beschriebenen Methoden der Kennwertermittelung durch die Einzeloder durch die Verbundanalyse wurden am eigentlichen Untersuchungsobjekt — dem laufenden Prozeß — vorgenommen. Wir wollen ihn als den *primären Prozeß* bezeichnen.

Eine erhebliche Erweiterung und in bestimmten Fällen auch eine erhebliche Vereinfachung der Prozeßanalyse ergibt sich durch eine vor der eigentlichen Analyse vorgenommene *Prozeßwandlung* (Abb. 2.28). Hinter dem Prozeßwandler entsteht ein sekundärer Prozeß, dessen Kenngrößen bestimmt werden.

Eine solche Prozeßwandlung wird aus folgenden Gründen vorgenommen:

1. Um eine Informationsreduktion vorzunehmen, z. B., um durch eine Amplitudenbegrenzung den primären Prozeß in einen sekundären Binärprozeß umzuwandeln und sich mit der Analyse der Nulldurchgangsverteilung unter Verzicht auf die Amplitudeninformation zu begnügen.

2. Um Störsignale auszuschalten, allgemeiner, um den überlagerten Störpegel zu reduzieren, wie es bei der Frequenzmodulation auf der Empfangsseite vor der Frequenzmodulation z. B. geschieht.

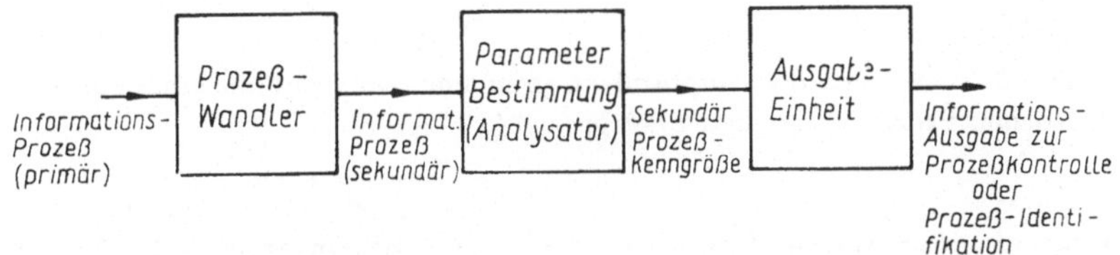

Abb. 2.28. Kenngrößen-Bildung nach einer Prozeß-Wandlung, z. B. nach einer Amplituden-Begrenzung

3. Um nach einem Übertragungsvorgang den ursprünglichen Informationsfluß wiederzugewinnen, z. B. in Form einer Demodulation oder Dekodierung. Bei der Demodulation wird der HF-Träger beseitigt und die NF wiedergewonnen. Bei der Dekodierung wird, wie in Abschn. 3 gezeigt wird, ein aufgetretener Übertragungsfehler entdeckt und korrigiert.

Die Prozeßwandlung vor der eigentlichen Informationsauswertung wird also in mannigfaltiger Form in der Informationstechnik angewendet.

Demodulation und Dekodierung sind Teilaufgaben der Informationsübertragung, die Amplitudenbegrenzung dagegen ist ein Teilproblem der Informationsauswertung, die uns hier speziell interessiert als eine wichtige Form der Meßwertgewinnung, die eine Prozeßwandlung benutzt.

Betrachten wir die Amplitudenbegrenzung näher (Abb. 2.29). Sie ist neben der in Abschn. 2.2. besprochenen A/D-Wandlung eine andere Möglichkeit, einen kontinuierlichen Prozeß in einen Binärprozeß umzuwandeln. Die Information ist dann nicht in binären Kodeworten konstanter Elementarlänge (bit) enthalten, sondern in den aufeinanderfolgenden Nulldurchgangsabständen des amplitudenbegrenzten Sekundärprozesses.

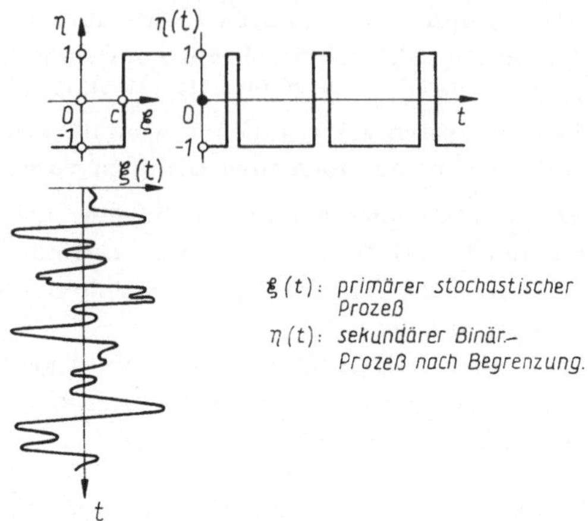

Abb. 2.29. Schema der Amplitudenbegrenzung. Umwandlung eines kontinuierlichen Prozesses in einen Binärprozeß ($+$, $-$)

Es liegt nahe, zu vermuten, daß damit eine wichtige Information — die Amplitudenmodulation des Primärprozesses — verloren geht. Dies ist aber nicht unbedingt der Fall, nämlich dann nicht, wenn man vor der Begrenzung eine Überlagerung mit einem Hilfssignal nach Abb. 2.30 vornimmt. Das Hilfssignal muß eine konstante Amplitudenverteilungsdichte haben, wie es z. B. bei einer Sägezahnschwingung der Fall ist, und sie muß zur Erhaltung der Amplitudenmodulation hochfrequent gegen den primären Prozeß sein. Wenn man nach der Superposition

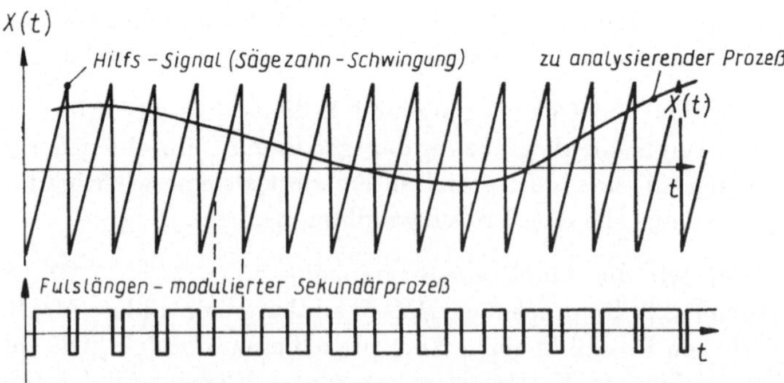

Abb. 2.30. Prozeßwandlung ohne Verlust an Amplituden-Information durch Hilfs-Signal-Überlagerung ($=$ Pulslängen-Modulation)

eine scharfe Amplitudenbegrenzung durch einen Gleichrichter vornimmt, so tritt ein Nulldurchgang des Sekundärprozesses immer dann auf, wenn der überlagerte Sägezahn (mit lin. Anstiegsflanke) mit entgegensetztem Vorzeichen die Momentanamplitude des Primärprozesses erreicht. Es vergeht also eine um so längere Zeit, je größer diese Momentanamplitude ist. Zusammenfassend erweist sich die Methode der Hilfssignalüberlagerung — für die Meßtechnik vorgeschlagen von VELTMAN, KWAAKERNAK und Mitarbeitern — als nichts anderes als die aus der Nachrichtentechnik bekannte, aber wenig benutzte Methode der Pulslängen-Modulation [16].

Diese Methode eignet sich für die Meßtechnik, wenn man anstelle einer Amplitudeninformation durch einen kontinuierlichen Primär-Prozeß einen Binärprozeß ohne Informationsverlust erhalten will. Die großen Vorteile der Binärsignaltechnik

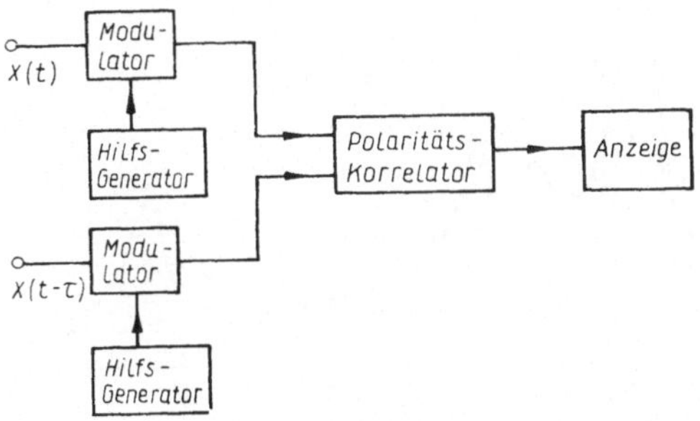

Abb. 2.31. Schema des Polaritätskorrelators mit Hilfssignal-Überlagerung

in Form der Mikroelektronik-Technologie lassen diese Variante als attraktiv erscheinen. VELTMAN und Mitarbeiter benutzten sie u. a., um mit einem Polaritätskorrelator, der nur mit einem Vorzeichenvergleich auf der Basis der Äquivalenz-Verknüpfung arbeitet, die vollständige Korrelationsfunktion zu messen. MICHELSON ([12]) benutzte diese Methode, um Momente eines stochastischen Prozesses zu messen.

Die Erhaltung der Amplitudeninformation des Primärprozesses in Form der Nulldurchgänge des Sekundärprozesses wird allerdings erkauft durch einen erheblichen Mehraufwand an Bandbreite, je nach der geforderten Genauigkeit der Informationsumsetzung. Die Grenzfrequenz des Binärprozesses ist gegeben durch den kleinsten Nulldurchgangsabstand und zu ihm reziprok.

Abb. 2.31 zeigt die Anordnung zur Ermittlung der Korrelationsfunktion mit Hilfe der Binärsignaltechnik: Polaritätskorrelatormethode mit Hilfssignalüberlagerung.

2.3.3.2. Amplitudenbegrenzung mit Informationsreduktion

Das zweite Verfahren der Prozeßwandlung mittels Amplitudenbegrenzer ist die *Nulldurchgangsanalyse* (engl. zero crossing). Hierbei wird keine Hilfssignalüberlagerung vorgenommen. Versuche mit amplitudenbegrenzter Sprache ([5]) beweisen, daß trotz starker Amplitudenbegrenzung die menschliche Sprache noch

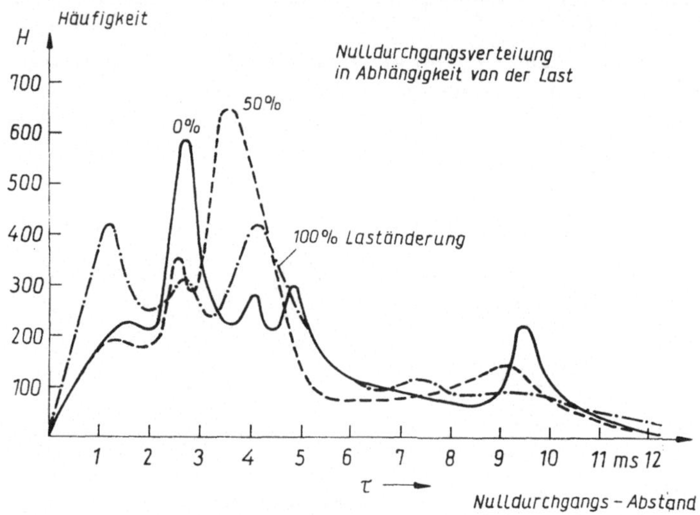

Abb. 2.32. Nulldurchgangs-Analyse zur Untersuchung von Maschinengeräuschen: Nulldurchgangs-Verteilung in Abhängigkeit von der Belastung (Dieselmaschine)

verständlich bleibt, wenn auch die Klangfarbe stark verändert wird. Die verbliebene Restinformation liegt in der Nulldurchgangsverteilung. Sie reicht auch für manche Meßzwecke aus, so z. B. für die Geräuschanalyse bei der automatischen Maschinenüberwachung. WOLFF und GURGEL ([19]) untersuchten mit einem Amplitudenanalysator der Kerntechnik die Nulldurchgangsverteilung eines Dieselmotors. Abb. 2.32 zeigt die Änderungen, die das Nulldurchgangsspektrum bei Betriebsänderungen (Leerlauf bis Voll-Last und bei Verstellung des Zündpunktes). Abb. 2.33 zeigt, daß die typischen „Formanten" ähnlich wie beim Frequenzspektrum bei Versuchsserien reproduzierbar auftraten.

Der Nulldurchgangsabstand ist gleich der halben Periode einer „Momentanfrequenz". Er liefert einen heuristischen Ausweg, Frequenzen auch für extrem kurze Zeitintervalle zu definieren. Aus der Nulldurchgangsverteilung lassen sich

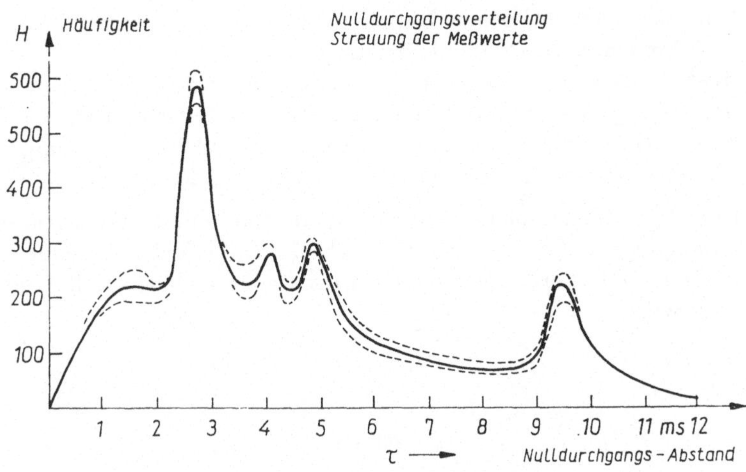

Abb. 2.33. Streuung der Meßwerte zu 2.31. (nach WOLFF und GURGEL [19])

die gleichen Mittelwerte ableiten wie aus der Amplitudenverteilung, sowohl Momente 1. und 2. Ordnung als auch gemischte Momente, d. h. Korrelationsfunktionen. Diese grundsätzlichen Möglichkeiten werden z. Z. noch wenig von der Meßtechnik ausgeschöpft.

2.3.3.3. Klassifizierung der Methoden zur Prozeßwandlung

Das oben geschilderte Prinzip der Prozeßwandlung vor einer Kenngrößenbildung spielt in der Informationstechnik eine dominierende Rolle zur verbesserten Signalwiedergabe, -Übertragung, -Entdeckung, zur Signalparameterschätzung und zur Aussschaltung von Störungen.

Hierbei ist die Prozeßwandlung durch lineare und durch nichtlineare Systeme zu unterscheiden.

Zur linearen Prozeßwandlung gehören:

Frequenzbegrenzung durch einen Tiefpaß oder Hochpaß
Frequenzselektion durch ein Bandfilter oder Bandpaß
Anheben von hohen Frequenzen in der FM-Technik (Preemphasis)
Abschwächung von hohen Frequenzen (Deemphasis) u. a.

Zur nichtlinearen Prozeßwandlung gehören:

Amplitudenbegrenzung (s. o.)
Amplituden-Selektion, z. B. für die Verteilungs-Analyse

Umsetzen an nichtlinearen Kennlinien (Anheben oder Abschwächen von großen
Amplituden, d. h. Dynamikregelung)
Austastung von „Segmenten" (= Zeitabschnitten eines Prozesses)
Austastung von Amplituden, z. B. Grenzwertüberschreitungen
Frequenzumsetzung zur besseren Übertragung oder Beobachtung von Prozessen
Abtastung kontinuierlicher Prozesse (A/D-Wandlung) u. a.

Derartige Maßnahmen sind heute feste Bestandteile der nachrichtentechnischen
Übertragungsmethoden, sie bieten zugleich für die Meßtechnik interessante Möglichkeiten zur besseren Auswertung, wie an verschiedenen Stellen in diesem Buch
gezeigt wird.

3. Methoden zur Erhöhung der Störfestigkeit (Informationssicherung)

3.1. Das Entstörproblem aus allgemeiner Sicht

Bisher wurden stochastische Prozesse als Nutzsignale betrachtet. Es spielen die stochastischen Prozesse aber auch als Störsignale eine große Rolle. Die Auswahl von Verfahren zur Meßwertübertragung und Meßwertverarbeitung hängt stark von der Art der überlagerten Störungen ab. Diese enthalten keine Information, an denen der Empfänger interessiert ist; daher müssen sie in irgend einer Weise abgeschwächt und unterdrückt werden. Die Stochastik stellt hierzu eine Reihe von sinnvollen Verfahren bereit. Ferner hat man auch in der Nachrichtentechnik störfeste Übertragungsverfahren erfunden, die heutzutage weitgehend von der Meßtechnik mit benutzt werden.

Die Analyse aller möglichen Störquellen ist eine Hauptaufgabe der Meßtechnik. Sie wird als Fehleranalyse bezeichnet und dient zur Erhöhung der Meßgenauigkeit. Die Methoden der Stochastik dienen außerdem noch zur Erhöhung der Empfindlichkeit, zum Nachweis extrem schwacher Nutzsignale im Störpegel.

Daß die Lokalisierung der Störquellen schwierig ist und daß es nicht einfach ist, ein Meßobjekt störungsfrei zu erfassen, zeigen die nachfolgenden Betrachtungen.

3.1.1. Störeinflüsse auf eine Meßkette

Bei einer Messung treten drei Forderungen auf:

1. Die gemessenen Daten müssen genau den Zustand des Meßobjektes selbst erfassen.
2. Bei der Auswertung muß a priori bekannt sein, was qualitativ und quantitativ bei der normalen Meßoperation an Meßdaten zu erwarten ist.
3. Man muß unterscheiden können, welche Abweichungen im Rahmen der normalen Meßgenauigkeit auftreten und welche Abweichungen auf eingedrungene Störungen zurückzuführen sind.

Bei einer automatischen Prozeßkontrolle werden diese Forderungen an den Computer selbst gestellt, da ein menschlicher Beobachter nicht zur Verfügung steht. Dies stellt ein besonderes Risiko für einen vollautomatischen Betrieb dar.

Die nachfolgende Betrachtung soll als warnendes Beispiel zeigen, daß der Begriff „Meßwert" bei Störeinflüssen auf die Meßkette gar nicht eindeutig ist, sondern daß man stets verschiedene Meßwerte unterscheiden muß. Abb. 3.1 zeigt die Meßkette, innerhalb der man 5 verschiedene Meßwerte unterscheiden muß.

Das Beispiel betrifft die Messung der Temperatur des Abgases eines kleinen Antriebsaggregates (MOFFAT [13]).

Der prinzipielle (= primäre) Meßwert ist die Temperatur des Gases, alle anderen Meßwerte sind periphere (sekundäre) Meßwerte. Der reale Meßwert (real value) ist derjenige primäre Meßwert, der vorliegt, wenn das Meßsystem das Meßobjekt

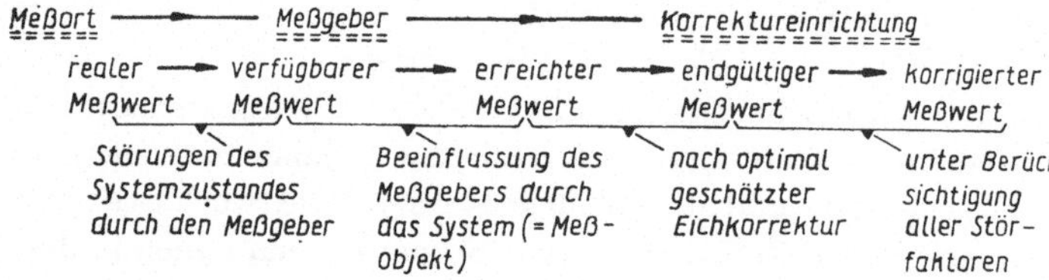

Abb. 3.1. Störeinflüsse auf eine Meßkette (nach MOFFAT [13])

überhaupt nicht beeinflußt und das Aggregat mit der Soll-Leistung und Soll-Drehzahl läuft. Der verfügbare Meßwert (available value) ist vorhanden, wenn der Meßfühler in den Gasstrahl eingesetzt wird. Er verursacht bereits eine kleine Abweichung, einerseits durch Wärmeabfuhr, andererseits durch eine gewisse Rückwirkung auf das Objekt, das nun seinen Betriebszustand etwas verändert. Der verfügbare Meßwert wird von einem idealen Meßfühler angezeigt. Er kann kleiner sein als der reale Meßwert (bei Wärmeverlust): er kann aber auch größer sein, wenn, durch die Rückwirkung verursacht, das Aggregat sich auf die Sollwerte durch eine höhere Brennstoffaufnahme einreguliert. Dann ist der Gasstrahl etwas heißer.

Der tatsächlich erzielte Meßwert (achieved value) ist der Meßwert, den der Meßfühler während der Messung annimmt. Dieser Meßwert ist dann richtig, wenn die Eichung vollständig bekannt ist. Tatsächlich stößt aber die Eichung besonders bei Temperaturfühlern auf Schwierigkeiten, weil sie auch von der Umgebung abhängt. Daher tritt ein „Umweltfehler" auf. Beim vorliegenden Beispiel spielt die Abstrahlung, die Wärmeableitung und die Gasgeschwindigkeit eine Rolle, es wird eine etwas zu niedrige Temperatur gemessen.

Der gemessene Meßwert (measured value) ist der Wert des Meßfühler-Ausganges unter Benutzung der besten Abschätzung der Meßfühler-Eichung. Abweichungen treten besonders dann auf, wenn dem Benutzer des Meßfühlers nicht bekannt ist, unter welchen Bedingungen die Eichung vorgenommen worden ist. In unserem Beispiel kann der Meßfühler ein Thermopaar sein, das direkt dem Gasstrom ausgesetzt wird. Hierbei kann nach einer gewissen Zeit eine chemische Reaktion mit den Gasen eintreten, die die Eichung verändert.

Schließlich ist noch der korrigierte Meßwert (corrected value) zu unterscheiden, der die beste Schätzung des realen Meßwertes ist, wobei alle Fehlerquellen berücksichtigt sind: die Systembeeinflussung, die System-Meßfühler-Wechselwirkungen und die Eichungsabweichung. Am schwierigtsen sind dabei die System-Meßfühler-Wechselwirkungen abzuschätzen.

Die Fehleranalyse ist für jedes Meßproblem die Voraussetzung, daß eine genaue Messung auch eine richtige Messung ist. Es kommt darauf an, daß der korrigierte Meßwert möglichst genau mit dem realen Meßwert übereinstimmt.

Eine rechnerische Fehlerkorrektur ist eine wichtige Maßnahme zur Erzielung einer hohen Meßgenauigkeit; aber bevor man die Störungen des Meßvorganges abschätzt, soll man zunächst einmal versuchen, die Störungen durch aktive Maßnahmen zu verringern.

Auch hierzu einige Vorbemerkungen! Sie betreffen weitere Fehlerquellen, die bei der Meßwertübertragung eintreten, während die oben genannten die Meßwert-Gewinnung durch den Meßfühler betrafen. Auch sie müssen erkannt, berücksichtigt und nach Möglichkeit ausgeschaltet werden!

3.1.2. Mittel zur Störbefreiung bei Meßprozessen

Die Meßstochastik hat wirksame Mittel zur Störbefreiung gefunden. Ehe wir zu ihrer Betrachtung übergehen, soll eine kurze Übersicht über alle prinzipiell möglichen Verfahren zur Störbefreiung gegeben werden. Man muß nach Möglichkeit die einfachsten und wirksamsten Mittel anwenden und die kompliziertesten nur dann, wenn alle anderen Möglichkeiten erschöpft sind. Vor allem muß man sich darüber im klaren sein, warum man die eine Methode anwenden kann und die andere nicht. — Das statistische Konzept kann nur am Meßausgang vorgenommen werden. Der Meßausgang enthält aber sowohl Informationen über den untersuchten Prozeß — das Meßobjekt — als auch über eine Anzahl von äußeren und inneren Einwirkungen der Umgebung — der Außenwelt — auf die Meßeinrichtung. An diesen besteht aber kein Interesse. Man muß also alle nur möglichen Mittel anwenden, um die Umwelt-Störeinflüsse zu eliminieren, so daß das die Meßinformation enthaltende Nutzsignal überwiegt. Wie kann dies geschehen?

Die einfachste Methode besteht darin, das Nutzsignal möglichst groß zu machen. Sein „Störabstand" gegenüber allen unerwünschten Signalen soll möglichst groß sein. Dies kann erreicht werden bei passiven Meßgebern durch Erhöhung der Hilfsenergie des Meßgebers, bei aktiven Meßgebern ohne Hilfsenergie durch stärkere Ankopplung an das Meßobjekt und Entnahme einer größeren Energie aus diesem.

Die Grenze ist bei diesen Maßnahmen bald erreicht. Der Meßgeber hat eine begrenzte thermische Belastungsfähigkeit, und das Meßobjekt darf durch den Meßvorgang möglichst nicht gestört und damit der Meßwert verfälscht werden. Letzterer Effekt wird unten nochmals eingehend erläutert werden.

Bei Ortungsaufgaben und bei der Meßwertübertragung durch Trägersignale wird die Erhöhung der Sendeleistung zur Gewinnung und Übertragung der Meßinformation stets das einfachste Mittel sein.

Auch sie ist begrenzt durch die maximale Leistung des Trägersignalgenerators (bei Radar ca. 1···10 MW), durch die begrenzte Abstrahlmöglichkeit der Trägersignalenergie (Überschlagsfestigkeit der Strahler für el. magn. Wellen oder Kavitationsgrenze der Strahler bei Schallwellen), durch Raum- und Gewichtsbegrenzung sowie Energiebedarf bei Bordgeräten (Satellitensenderanlagen!) und bei manchen Meßaufgaben durch die maximal zulässige Beeinflussung des Meßobjektes, des Übertragungskanals oder des Übertragungsmediums. Es gilt ja auch oft, benachbarte Meßanlagen oder Empfangsanlagen nicht zu stören. Dies kann wiederum durch eine Frequenzselektion, durch eine Zeitselektion oder durch eine Raumselektion (Strahlerbündelung) erfolgen.

Es ist interessant, daß immerhin die reale Möglichkeit besteht, Meßinformationen über den ganzen interplanetarischen Raum mit den Mitteln der Funktechnik zu übertragen.

Die genannten Maßnahmen dienen zur Erhöhung des Nutzsignalpegels. Sind sie völlig ausgeschöpft, so kommt als zweite und mindestens gleichwertige Maßnahme die Absenkung des Störsignalpegels hinzu. Sie sollte sogar unabhängig davon stets mit vorgesehen werden.

Es gibt hier in der gesamten Informationstechnik zwei Wege, die sowohl von der Nachrichten-, als auch von der Meß- und Regelungstechnik benutzt werden:

Erstens die *Unterdrückung der Störungen*, indem das Eindringen in den Übertragungs- und Meßweg verhindert wird (z. B. durch Abschirmung, z. B. von Zündstörungen von Motoren), oder indem die Entstehung von Störungen selbst verhindert wird.

Zweitens: Registrierung oder empfangstechnische Erfassung der Störungen (z. B. als Störgrößen-Aufschaltung in der Regelungstechnik). Man kann die momentanen Störungen durch eine Kompensationsschaltung eliminieren. Dies geschieht u. a. durch die Verwendung von erdsymmetrischen Zweidrahtzuleitungen mit Symmetrieübertragern, wobei die erdunsymmetrische Störkomponente, die beide Leitungen aufnehmen, durch Gegenschaltung kompensiert wird. Auch die Gegentaktmischschaltungen der Empfangstechnik verfolgen dieses Prinzip. Wenn die Störungen sich nur langsam ändern und die Rolle eines Einflußparameters spielen (z. B. als Druck- oder Temperaturschwankungen der Umgebung), so kann man ihren Mittelwert messen und ihn als Steuerungsparameter in das Meßsystem einführen. Dies ergibt den Typ der adaptiven Meßsysteme. Beide Maßnahmen kann man als Störgrößen-Aufschaltung bezeichnen.

Die oben erstgenannte Maßnahme der Unterdrückung von Störungen durch Abschirmung kann man als räumliche Selektion bezeichnen. Daneben gibt es, auch oben schon kurz erwähnt, aber auch noch zwei andere Mittel der Störgrößenselektion: die Zeit- und die Frequenzselektion!

Die Zeitselektion kann vom Meßempfänger selbst vorgenommen werden, z. B. dadurch, daß ein günstiger Zeitpunkt, an dem wenig Störungen einfallen, gewählt wird. So geschieht es, wenn Messungen nachts vorgenommen werden, weil die industriellen Störungen ein Minimum erreichen oder wenn das Übertragungsmedium (Ionosphäre) optimale Eigenschaften hat. Sie kann auch vom Partner vorgenommen werden, indem bestimmte Sendezeiten vereinbart werden. Dies geschieht z. B. bei der Aussendung von Ortungssignalen von Funkbaken für den Schiffsverkehr (z. B. im Ärmelkanal).

Am weitesten verbreitet ist die Frequenzselektion, die Grundlage der gesamten Nachrichtentechnik, die auch von der Meßtechnik übernommen worden ist. Jedem Meßkanal wird ein bestimmter Frequenzbereich zugewiesen, Die moderne Filtertechnik gestattet die Erfüllung extrem hoher Forderungen an die Fernselektion und Nahselektion von Nachbarsendern oder Nachbarträgersignalen. Anwendung in der Trägerfrequenztechnik, Richtfunk-Technik und Mehrkanalmeßwertübertragung. Bei der Schmalbandselektion (4-kHz-Kanäle für Sprachübertragung) lassen sich praktisch alle Störungen unterdrücken, die außerhalb des Frequenzbandes liegen, das zur Informationsübertragung zugewiesen ist. Dagegen lassen sich mit der klassischen Frequenzselektion keine Störungen unterdrücken, die — spektral betrachtet — in das Frequenzband der Meßinformation selbst fallen.

Man wählt daher für eine Informationsübertragung möglichst solche Frequenzbereiche für die Trägerfrequenz, die frei von industriellen und atmosphärischen Störungen sind: die Höchstfrequenzen von 0,3 bis 10 GHz! Hier steht auch für den Übertragungskanal eine fast beliebige Bandbreite zur Verfügung. Für das Fernsehen und die Radartechnik benötigt man 10^6 bis 10^7 Hz Bandbreite, je nach den Impulsbreiten ($B \approx 1/T_i$).

Eine andere Möglichkeit, Störungen im benutzten Frequenzbereich zu vermeiden, besteht darin, daß die Meßübertragung nicht über Funk, sondern per Draht vorgenommen wird. Dafür eignen sich am besten Koaxialleitungen, die auch von der Trägerfrequenztechnik benutzt werden (Frequenzbereich der Träger bis 500 kHz). Handelt es sich um die Meßwertübertragung ohne eigenen Kabelaufwand — aus Kostengründen, so kann man vorhandene Leitungen, z. B. Hochspannungsleitungen, benutzen, wie es für die Meßwertübertragung in der

Energiewirtschaft zwischen Kraftwerken in der Tat geschieht. Hier sind Sondermaßnahmen notwendig, um die Störsicherheit zu gewährleisten.

Zusammenfassend ist festzustellen, daß man zunächst alle genannten Hilfsmaßnahmen voll ausnutzen muß, ehe man zu den aufwendigsten Methoden greift, den Methoden der Stochastik.

Hier sind zu unterscheiden die Methoden zur Erhöhung der Störsicherheit bei analogen Verfahren (mit kontinuierlichem Informationsfluß) und die bei digitalen Verfahren (mit diskontinuierlichem Informationsfluß).

Wir werden hierfür jeweils zwei Beispiele bringen, für die analogen Verfahren die Methode der Frequenzmodulation und der Korrelation, für die digitalen Verfahren die Methode der Impulskompression und die der Kodierungsredundanz.

Der Leser wird bemerken, wie eng die Methoden der Informationsübertragung und der Informationsauswertung bzw. Informationsverarbeitung für die Zwecke der Nachrichten- und der Meßtechnik miteinander verknüpft sind. Der derzeitige Entwicklungstrend besteht darin, daß die Meßtechnik immer stärker die Methoden der Informationstechnik übernimmt und in geeigneter Form in ihre Aufgaben integriert.

3.1.3. *Störpegel und Störabstand, Average-Verfahren*

Hilfsbegriffe, die in der Theorie der störfesten Meßsysteme immer wieder benötigt werden, sind der *Störpegel* und der *Störabstand*. Hierzu einige Bemerkungen:

Obwohl es alle möglichen Formen von elektrischen Störsignalen gibt, überwiegt in der Theorie und in der Praxis das elektronische Eigenrauschen der Verstärkungseinrichtungen mit Normalverteilung. Es wird auch als GAUSSsches Rauschen oder als weißes Rauschen bezeichnet.

Bei Ausschluß der Gleichkomponente besitzt es die Wahrscheinlichkeitsverteilungsdichte:

$$p(x) = \frac{1}{\sqrt{2\pi}\,\sigma}\,\exp\left(-\frac{x^2}{2\sigma^2}\right) \quad \text{mit} \quad \sigma^2 = \Psi(0) = x_{\text{eff}}^2.$$

Amplituden, die den Wert σ — die Streuung — übertreffen, treten nur sehr selten auf. Die Wahrscheinlichkeit nimmt mit dem Verhältnis x/σ sehr rasch ab: für $x/\sigma = 2$, 3 oder 4 ergibt sich die Wahrscheinlichkeit, daß die Amplituden diese Werte übertreffen, von

$$p(x) = 4{,}6\%,\ 0{,}27\%\ \text{oder}\ 0{,}006\%.$$

Ein derartiges Störrauschen hat eine weitgehend konstante spektrale Leistungsdichte bis zu Frequenzen von ca. $f = \dfrac{kT}{h} = 0{,}6 \cdot 10^{13}$ Hz als Folgerung aus dem PLANCKschen Strahlungsgesetz. Eine Abweichung tritt bei sehr tiefen Frequenzen beim Rauschen aktiver Halbleiterbauelemente auf. Hier nimmt die Rauschleistungsdichte mit $1/f$ zu.

Passive Widerstände geben bei Anpassung nach dem Gesetz von NYQUIST eine Rauschleistung von $kT\Delta f$ ab, wobei k die BOLTZMANNsche Konstante und T die absolute Temperatur ist. Für Zimmertemperatur ergibt sich $kT = 4 \cdot 10^{-21}$Ws. Ein Widerstand R weist eine Leerlauf-Rausch-Spannung von:

$$U_{\text{eff}/\mu\text{V}} = 0{,}13\,\sqrt{R_{\text{kOhm}} \cdot \Delta f_{\text{kHz}}} \text{ auf.}$$

Allgemein gilt:

$$U_r{}^2 = 4RkT\Delta f \quad \text{mit} \quad \Delta f \text{ als Bandbreite.}$$

Die Störleistungsdichte ($=$ Störleistung pro Bandbreite) beträgt beim thermischen Rauschen:

$$S_{st} = kT = \frac{P_{st}}{\Delta f},$$

unabhängig vom Widerstand R.
Die wichtigste Aussage der Theorie ist die Zunahme der Störleistung des Eigenrauschens proportional zur Bandbreite Δf des Meßgerätes.

Man definiert den Störpegel auch durch das log. Verhältnis zu einem Normalpegel. Dieser wurde in der Fernsprechtechnik festgelegt zu 1 mW (an 600 Ohm ergibt dies eine Spannung von 0,775 V). Ein 4-kHz-Meßkanal weist also eine Mindestrauschleistung von $4 \cdot 10^{-21} \cdot 4 \cdot 10^{3} = 1{,}6 \cdot 10^{-17}$ W auf. Dies ist auf den Normalpegel bezogen ein Rauschpegel von $-10 \cdot \lg 6 \cdot 10^{13} = -128$ dB unter Verwendung des log. Leistungsmaßes $10 \log P/P_0$.

Wenn man harmonische Schwingungen betrachtet (vgl. 3.2.1.), kann man als Amplituden-Störabstand auch das Verhältnis Nutzamplitude zu Störamplitude verwenden.

Bei stochastischen Prozessen (Signalen) muß man beachten, daß bei einer Überlagerung zweier inkohärenter, also auch unkorrelierter Vorgänge sich nicht die Amplituden, sondern die Leistungen addieren:

$$P_{\text{ges}} = P_1 + P_2.$$

Bei harmonischen Schwingungen gleicher Frequenz und Phasengleichheit ergibt sich dagegen bei der Überlagerung von 2 Vorgängen gleicher Amplitude die

11*

vierfache Gesamtleistung:

$$P_{\text{ges}} = \frac{(2\,U)^2}{R} = 4 \cdot P_1.$$

Wenn man also, wie in Abschn. 3.3.1., n inkohärente Störamplituden und n kohärente Nutzsignale überlagert, ergibt sich die n-fache Störleistung und die n^2-fache Nutzleistung, und der Störabstand kann günstigenfalls um den Faktor n verbessert werden, jedoch nicht mehr. Darauf beruht das Prinzip der Störabstands-Verbesserung verrauschter Nutzsignale!

Rauschzahl:

Der Störabstand eines Meßsignals verringert sich beim Durchgang des Meßsignals durch einen Meßempfänger, da das Eigenrauschen der aktiven Bauelemente, vor allem der Eingangsstufe, hinzukommt. Man versteht unter der Rauschzahl das Verhältnis des Eingangsrauschabstandes zum Ausgangsrauschabstand eines Meßempfängers und drückt dieses Verhältnis in dB aus.

Hat ein aktives Bauelement ein Eigenrauschen, das größer ist als das eines äquivalenten ohmschen passiven Widerstandes, so kennzeichnet man das Eigenrauschen durch die sogenannte kT-Zahl F. Das Bauelement gibt dann bei Anpassung die maximale Rauschleistung von $FkT\Delta f$ ab anstelle von nur $kT\Delta f$. Auch die Rauschzahl wird meist in dB angegeben und kennzeichnet damit das Rausch-Leistungs-Verhältnis des realen Bauelements zum idealen Bauelement. Es sei noch bemerkt, daß Blindenergie-Speicher (Kapazitäten und Induktivitäten) kein Eigenrauschen aufweisen. Daher kann man durch fremdgesteuerte Blindspeicher (z. B. Kondensatoren mit spannungsabhängiger Kapazität) mittels der sogenannten Parameter-Resonanz rauscharme Vorverstärker konstruieren, die auch als „Maser" bezeichnet werden. Ein weiteres Mittel zur Verringerung des Eigenrauschens ist die Herabsetzung der Temperatur bis in die Nähe des absoluten Nullpunkts. Da das Eigenrauschen der absoluten Temperatur proportional ist, ist hierdurch ein erheblicher Gewinn an Störabstand zu erreichen, allerdings erkauft mit einem erheblichen Aufwand an Kühlmitteln (flüssigem Helium).

Dies kommt für hochempfindliche Meßanlagen, z. B. für die Meßwertübertragung von Weltraumsonden, durchaus in Frage.

Der Modellfall des unkorrelierten Rauschens:

Nach dem Theorem von WIENER und CHINTSCHIN sind das Leistungsspektrum und die Autokorrelationsfunktion wechselseitige FOURIER-Transformierte. Daher ergibt sich für den Modellfall des Breitbandrauschens mit konstanter spektraler Leistungsdichte S_0 und einer Grenzfrequenz f_g eine Autokorrelationsfunktion in

Form einer Spaltfunktion mit den ersten Nulldurchgängen bei $\tau_0 = \pm \dfrac{1}{2 f_g}$.

Dieser Wert von τ_0 ist ein Maß für die Korrelationsdauer, indem bei diesen Zeitabständen der innere statistische Zusammenhang — die Korrelation — erstmalig auf Null abgeklungen ist. Dies veranschaulicht Abb. 2.20. Es erfolgt für größere Werte von τ nochmals ein Übergang zu negativen Werten von $\Psi(\tau)$, bis bei $\tau_0 = \pm \dfrac{1}{f_g}$ wieder ein Nullgang erfolgt.

> Wenn also die Zeitverschiebung τ in der Größenordnung von $\tau \gg 1/f_g$ ist, ist im wesentlichen keine Korrelation mehr vorhanden, der stochastische Prozeß des Breitbandrauschens ist für größere Werte von τ nicht mehr korreliert.

Man spricht dann von *unkorreliertem Rauschen*. Man beachte hierbei, daß das Rauschen selbst kohärent ist, aus der gleichen Rauschquelle stammt, aber nicht mehr korreliert ist. Die Begriffe Kohärenz und Korrelation sind also sorgfältig zu unterscheiden. Die Kreuzkorrelationsfunktion zweier nicht kohärenter Rauschquellen verschwindet — im Modellfall — für alle τ-Werte.

Man erkennt ferner, daß die für Anwendungszwecke entscheidende Eigenschaft des Breitbandrauschens die zu f_g reziproke Korrelationsdauer ist. (Bem.: Es gibt verschiedene, unwesentlich voneinander abweichende Möglichkeiten, die Korrelationsdauer zu definieren!). Im Grenzfall $f_g \to \infty$ geht die AKF $\Psi(\tau)$ in einen unendlich kurzen und unendlich großen Impuls über, in das Modell eines DIRAC-Impulses:

$$\Psi(\tau) = \Psi(0)\,\delta(\tau).$$

Für die Distribution, den DIRAC-Impuls, gilt:

$$\delta(t) \to 0 \quad \text{für} \quad \tau \neq 0 \quad \text{und} \quad \delta(t) \to \infty \quad \text{für} \quad \tau \to 0$$

unter der Nebenbedingung:

$$\int\limits_{-\infty}^{\infty} \delta(\tau)\,d\tau = 1. \quad \text{Beachte } [\delta(t)] = 1/]$$

In diesem Falle ($f_g \to \infty$) spricht man von einem δ-korrelierten Rauschen. Es ist freilich physikalisch nicht realisierbar, da jeder physikalische Prozeß eine endliche Grenzfrequenz hat, aber als Modellfall läßt sich dieser Grenzübergang zur Veranschaulichung der Wirkungsweise von Anwendungen der Korrelationstechnik verwenden!

Störpegelreduktion durch das Average-Verfahren:

Wenn man einer Rauschquelle in Intervallen außerhalb ihrer Korrelationsdauer Proben entnimmt und diese arithmetisch mittelt, so geht die Streuung der Stichproben nach dem $\sqrt{n}$-Gesetz gegen Null für $n \to \infty$.

Für n Versuche geht die Standardabweichung auf $\dfrac{\sigma}{\sqrt{n}}$ zurück. Dies gilt z. B. für Meßprozesse, die als Reaktion auf ein Testsignal durch ein Meßobjekt hervorgerufen werden, aber von starkem Störpegel überlagert werden. Durch eine n-fache Wiederholung und Registrierung des Versuches tritt durch die Mittelwertbildung der Reaktionskurven diese aus dem Rauschen heraus. Es handelt sich also hier um eine echte Ensemble-Mittelung vielfach wiederholter Versuche. Man nennt dies das *Average-Verfahren* (engl. average = Durchschnitt, Mittelwert) und wendet es zur Entdeckung evozierter Potentiale an, z. B. in der Medizintechnik zur objektiven Audiometrie oder Ophtalmologie. Das Testsignal ist ein zum Zeitpunkt $t = 0$ gegebener akustischer oder optischer Reiz auf das Ohr oder das Auge, das von biologischen Spontanschwankungen überlagerte Reaktionssignal wird durch eine Elektrode am Kopf als Gehirnstrom abgenommen.

Ohne Mittelwertbildung ist der evozierte Potentialverlauf überhaupt nicht feststellbar. Nur durch vielfaches Aufsummieren registrierter „Musterfunktionen" ab $t = 0$ tritt die Reaktion als Impuls („Spike") hervor.

Somit ist diese Ensemble-Mittelung, in der Medizin als Average-Verfahren bezeichnet, eine wertvolle Methode zur Störabstand-Verbesserung biokybernetischer Prozesse.

Für eine derartige statistische Mittelwertbildung durch Versuchs-Wiederholungen gilt allerdings die Vorbedingung, daß jeder Versuch das Meßobjekt nicht verändert.

Leider wird dies manchmal nicht beachtet und die Statistik als ein Allheilmittel angesehen. Ein Beispiel nach P. Stein ([15]): Pflügt man z. B. mehrfach einen und immer den gleichen Acker, um die auf den Pflug wirkenden Kräfte meßtechnisch zu erfassen, so verändert jeder Versuch (am gleichen Acker!) den Boden, die Beanspruchung nimmt ständig ab, und die Voraussetzung für eine statistische Mittelwertbildung ist nicht gegeben. P. Stein propagiert daher mit Recht die „Single-test"-Methode, indem man nach Möglichkeit alle oben genannten Mittel zur Entstörung anwendet und sich mit einem einzigen Versuch begnügt. Das Average-Verfahren hat also seine Grenzen und läßt sich nicht universell zur Verbesserung der Meßgenauigkeit und der Meßempfindlichkeit anwenden!

3.2. Erhöhung der Störfestigkeit bei analogen Verfahren

Die in 3.1. genannten Maßnahmen zur Eliminierung von Störungen sind nicht durchführbar, wenn die Störungen am Meßort nicht erfaßt werden können, d. h. außerhalb des Einflußbereiches des Experimentators liegen. Dabei kann es sich um innere Störungen (Eigenrauschen des Meßempfängers) oder um äußere Störungen im Übertragungskanal handeln. Hier beginnt der Wirkungsbereich der Meßstochastik.

Außerdem ist die Meßstochastik unentbehrlich, wenn das Meßobjekt nicht stationär und determiniert ist, sondern nur durch statistische Kenngrößen (durch statistische Erwartungswerte) beschrieben werden kann. Zur Vorbereitung diente der Abschn. 2.3.1. Die dort behandelte Kenngrößentheorie stochastischer Prozesse wird nun nicht nur auf stochastische Nutzsignale, sondern auch auf stochastische Störsignale angewendet.

Hierbei muß für das Störsignal ein äquivalentes Modell ausgesucht werden. Man kann nach der spektralen Zusammensetzung des Störsignals annehmen, daß das Störsignal entweder ein Schmalbandsignal oder ein Breitbandsignal ist, d. h. entweder ein Störsignal mit einem schmalen oder mit einem breiten Frequenz-Sepektrum. Man kann auch den Schmalband-Charakter dann annehmen, wenn der Empfangskanal schmalbandig und linear ist, so daß nur ein schmaler Frequenzbereich des Störsignals zu berücksichtigen ist, der in den Durchlaßbereich des Empfängers fällt.

Bei derartigen Schmalbandsystemen kann man sowohl das Nutzsignal als auch das Störsignal als eine harmonische Schwingung annehmen. Dieser Weg wird von der Theorie der störfesten Frequenzmodulation beschritten und wird nachfolgend verfolgt werden. Der andere Grenzfall liegt vor, wenn die Nutz und Störspektren so breitbandig sind, daß die Behandlung als Schmalbandsignale zu falschen Schlüssen führt und die Vorteile des Breitbandcharakters nicht erkennen läßt. Dieser zweite Weg wird in Abschn. 3.2.2. weiter verfolgt werden!

3.2.1. Methode der Frequenzmodulation

Wir erwähnten, daß eine einfache Methode, Störungen zu überwinden, darin besteht, die Nutzsignal-Leistung zu vergrößern, mit dem Ziel, daß gegenüber der Nutzamplitude die Störamplituden klein sind. Dies stößt auf die oben genannten Grenzen.

Diese Einwände gelten aber nur für die Amplituden-Modulation! Sobald man den Begriff „Nutzamplitude" erweitert auf andere Parameter der Trägerschwingung, so entfallen diese Einwände und es finden sich Möglichkeiten der Störabstandsverbesserung.

Eine seit Jahrzehnten (seit 1936) in der Nachrichtentechnik eingeführte Methode ist die *Frequenzmodulation*. Sie hat inzwischen auch für die Meßtechnik große Bedeutung gewonnen und muß deshalb unter den Methoden zur Störabstandsverbesserung an erster Stelle genannt werden!

Der Grundgedanke der Frequenzmodulation läßt sich nach Abb. 3.2 erläutern.

Man benutzt als Träger der Information die Änderung des Nullphasenwinkels der harmonischen Schwingung, der „Trägerschwingung" der Übertragung. Stellt man sie als Zeigergröße dar, so eilt die modulierte Trägerschwingung Ω gegenüber der unmodulierten periodisch vor und nach im Takt mit der Modulationsfrequenz, die wir ebenfalls als harmonische Schwingung ω (NF) annehmen. Die maximale Nullphasenwinkelabweichung $\Delta\varphi$ wird als Phasenhub bezeichnet (eigentlich ist es der Scheitelwert des veränderlichen Nullphasenwinkels der Trägerschwingung).

Es kommt nun darauf an zu erreichen, daß der Nutzphasenhub als Träger der Meßinformation hinreichend groß gegenüber dem Störphasenhub einer in den Frequenzbereich fallenden Störschwingung ist.

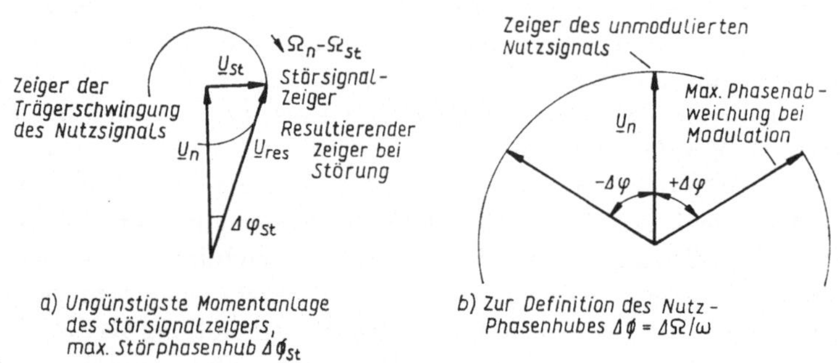

Abb. 3.2. Störeinfluß auf frequenzmodulierte Signale durch parasitären Phasenhub

Nehmen wir Nutz- und Störsignal als harmonische Schwingungen verschiedener Frequenz an, so kann man nach Abb. 3.2 die resultierende Schwingung durch den Zeiger darstellen, der sich auf dem Kreis bewegt, der die Spitze des Nutzsignal-Zeigers $\underline{U}_n$ als Mittelpunkt und den Radius $\varrho = U_{st}$ hat, wobei U_{st} die Störsignal-Amplitude bedeutet.

Dieser Kreis wird im Zeigerdiagramm mit stillstehendem Nutzsignalzeiger mit der Differenzgeschwindigkeit der beiden Zeiger Nutz- und Störsignal durchlaufen. Sie beträgt $\Omega_n - \Omega_{st}$ als Kreisfrequenz.

Die Resultierende $\underline{U}_{st} + \underline{U}_n = \underline{U}_{res}$ erreicht den Phasenhub $\Delta\varphi_{st}$ als maximale Phasenabweichung vom Informationsträgersignal U_n, wenn der Zeiger $\underline{U}_{st}$ senkrecht zu $\underline{U}_n$ steht. Dies ist der ungünstigste Fall (worse case)! Dann gilt:

$$\Delta\varphi_{st} = \text{arc tan } U_{st}/U_n.$$

Es soll nach Abb. 3.2 $U_{st} < U_n$ sein.

U_n/U_{st} ist das Verhältnis von Nutzamplitude zu Störamplitude und charakterisiert den Amplitudenstörabstand bei AM.

Bei AM tritt der ungünstigste Fall einer parasitären Amplituden-Modulation dann ein, wenn der Störsignalzeiger die gleiche oder entgegengesetzte Richtung des Nutzsignalzeigers $\underline{U}_n$ hat. Dieses Störmodulations-Maximum wird periodisch zweimal durchlaufen, wenn der Störzeiger den Kreis um $\underline{U}_n$ durchläuft. Der Nutzphasenhub $\Delta\varphi_n$ beträgt bei einem Frequenzhub $\Delta\Omega$ des modulierten Trägers und bei einer Modulationsfrequenz ω:

$$\Delta\varphi_n = \Delta\Omega/\omega.$$

Der Störphasenhub beträgt:

$$\Delta\varphi_{st} = U_{st}/U_n$$

mit U_{st} als Störamplitude und U_n als Nutzamplitude. Der Störphasenhub ist reziprok zum Amplituden-Störabstand $\dfrac{U_n}{U_{st}}$ bei AM.

Als Störabstand bei FM wird der Quotient

$$\frac{\text{Nutzphasenhub}}{\text{Störphasenhub}} = \frac{\Delta\varphi_n}{\Delta\varphi_{st}} = \frac{\Delta\Omega/\omega}{U_{st}/U_x}$$

definiert.

Demnach beträgt der Störabstand bei FM:

$$= \Delta\varphi_n \cdot U_n/U_{st}$$

$$= \text{Nutzphasenhub} \cdot \text{Ampl. Störabstand bei AM.}$$

Durch die FM wird der Störabstand gegenüber dem Störabstand bei AM um den Faktor $\Delta\varphi_n$, um den Nutzphasenhub, verbessert! Die Verbesserung des Störabstandes gelingt dadurch, daß nicht die Amplitude, sondern der Phasenhub als Informationsträger benutzt wird. Der Gewinn an Störabstand ist um so größer, je größer der Mod. Frequenzhub $\Delta\Omega$ ist und je kleiner die Modulationsfrequenz ω ist. Daher werden bei der FM die tiefen Frequenzen störfester übertragen als die hohen Frequenzen.

Will man alle Frequenzen mit gleicher Störfestigkeit übertragen, so muß man zur Phasenmodulation übergehen, d. h., man setzt die Meßgröße nicht proportional zum Frequenzhub, sondern unabhängig von ω direkt proportional zum Nutzphasenhub.

Nach der Beziehung $\Delta\Omega = \omega\Delta\varphi$ bedeutet dies, daß der Frequenzhub bei PM proportional mit der Modulationsfrequenz ω ansteigt.

Die Phasenmodulation ist für hinreichend große Werte von $\Delta\varphi_n \gg \Delta\varphi_{st}$ nur mit erhöhtem schaltungstechnischen Aufwand (d. h. mittels Frequenzvervielfachung) zu erreichen. Der meßtechnische Vorteil der FM und der PhM ist außer der Störfestigkeit die hohe Meßgenauigkeit von Frequenzen, z. B. durch Schwebungsmethoden.

3.2.2. Zur Störfestigkeit der Korrelationsverfahren

Das Prinzip der Verbesserung des Störabstandes besteht bei dem bereits in Abschn. 2.3. beschriebenen Korrelationsverfahren darin, daß bei der Mittelwertbildung des algebraischen Produktes der beiden Zeitvorgänge die überlagerten stochastischen Störungen ausgemittelt werden.

Bei der Bildung der Autokorrelationsfunktion eines verrauschten Signals $s(t) + r(t)$ mit $s(t)$ als Nutzsignal und $r(t)$ als Störrauschsignal ergibt sich die Summe von drei Komponenten:

$$\overline{(s(t) + r(t))^2} = \overline{s(t)^2} + \overline{r(t)^2} + \overline{2s(t)\, r(t)} \quad \text{für } \tau = 0.$$

Der Querstrich bedeutet den Kurzzeit-Mittelwert. $\overline{s(t)^2}$ ist der Nutzsignalleistung proportional, $\overline{r(t)^2}$ ist der Rauschleistung proportional und das dritte Glied ist die doppelte Kreuzkorrelationsfunktion von Nutz- und Störsignal: $\overline{2s(t) \cdot r(t)} = 2\Psi_{sr}(0)$.

Da $s(t)$ und $r(t)$ nicht kohärent und nicht korreliert sind, verschwindet diese Komponente mit wachsender Integrationszeit T! Wir können also für hinreichend lange Integrationszeit schreiben:

$$\overline{(s(t) + r(t))^2} = P_{\text{ges}} = P_s + P_r \qquad \text{(für } R = 1 \text{ Ohm).}$$
$$= \Psi_{ss}(0) + \Psi_{rr}(0)$$

Dies bedeutet, daß die Leistung bei Überlagerung von zwei inkohärenten Vorgängen gleich der Summe der Einzelleistungen ist, was bereits in Abschn. 3.1.3. erwähnt wurde. Es addieren sich im Mittel nicht die Amplituden, sondern die Leistungen!

Man kann bei harmonischen Schwingungen als Nutzsignal jedoch eine Verbesserung des Störabstandes erreichen, wenn die Vorgänge zeitverschoben korreliert werden, und zwar derart, daß die harmonische Schwingung um eine oder mehrere Perioden T_0 phasenverschoben ist: $\tau = nT_0$.

Bei harmonischen Schwingungen gilt:

$$\Psi_{ss}(\tau) = P_s \cdot \cos \omega\tau \quad \text{mit} \quad P_s = \overline{s(t)^2} = s^2_{\text{eff}} = \Psi_{ss}(0).$$

Bemerkung: Man setzt die quadratischen Mittelwerte gleich den Leistungen, indem man den Widerstand auf $R = 1$ und wir erhalten:

Für $\tau = nT_0$ wird $\cos \omega\tau = \cos \omega_n T_0 = 1$ und wir erhalten:

$$\Psi_{s+r}(\tau) = \overline{\big(s(t) + r(t)\big) \cdot \big(s(t-\tau) + r(t-\tau)\big)}$$

$$= \Psi_{ss}(0) + \Psi_{rr}(\tau) \quad \text{für } \tau = nT_0.$$

Damit liefert das Nutzsignal wieder den vollen Beitrag, während der Rauschanteil $\Psi_{rr}(\tau)$ um so stärker verschwindet, je kleiner die Korrelationsdauer τ_0 des Rauschens ist: $nT_0 \gg \tau_0$.

Dies bedeutet, daß die Rauschkomponente umso weniger in Erscheinung tritt, je größer die Bandbreite des Rauschens ist, das der harmonischen Schwingung überlagert ist.

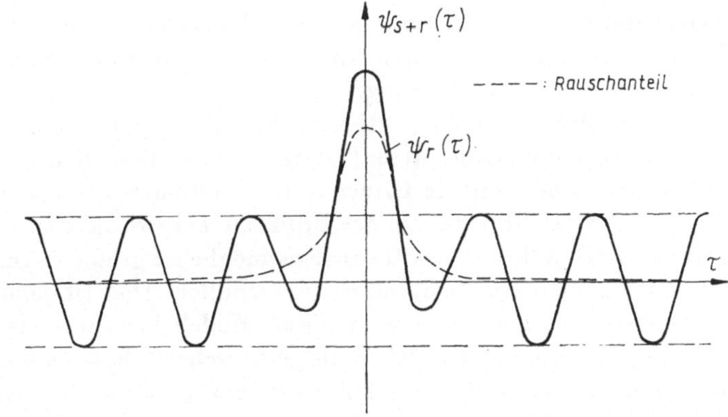

Abb. 3.3. Verlauf der Autokorrelationsfunktion eines harmonischen, aber verrauschten Signals

Die Wirkung ist die gleiche wie beim Durchgang der harmonischen Schwingung durch ein Filter, das auf die Frequenz des Nutzsignals abgestimmt ist und eine möglichst kleine Bandbreite hat.

Bemerkung: Die erforderliche Mindestbandbreite ergibt sich aus der Signaldauer, beide sind zueinander umgekehrt proportional.

Eine kleine Filterbandbreite entspricht zugleich einer großen Integrationszeit, womit man erkennt, daß beide Methoden weitgehend übereinstimmen. Der Korlator wirkt als selektives Filter für harmonische Schwingungen.

Abb. 3.3 stellt dar, wie der Rauschanteil der Autokorrelation bei einem harmonischen Nutzsignal mit wachsender Korrelationsdauer τ verschwindet!

Wesentlich effektiver ist jedoch die Kreuzkorrelationsmethode, wenn als Kontrollsignal die gleiche harmonische Schwingung unverrauscht zur Verfügung steht. Dann gilt folgendes:

$$\overline{\big(s(t) + r(t)\big) \cdot s(t - \tau)} = \Psi_{ss}(\tau) + \Psi_{sr}(\tau).$$

Es entfällt hier die Rauschleistung $\overline{r(t)^2}$. Das ist der entscheidende Grundgedanke. Es bleibt — im Modellfall! — die Korrelationsfunktion $\Psi_{ss}(\tau)$ des Nutzsignals allein übrig. Im Realfall verbleibt ein Restrauschen $\Psi_{sr}(\tau)$, das erst bei unendlich langer Integrations-Zeit verschwindet, also stets noch berücksichtigt werden muß. Immerhin ist eine Rauschabstandsverbesserung von 30 dB, d. h. ein Effektivspannungsverhältnis von ca. 30:1, noch erreichbar, wie Versuche gezeigt haben. Das Störrauschen kann also vor dem Korrelator noch eine Zehnerpotenz in der Amplitude größer sein als das Testsignal und trotzdem gelingt es, dessen Korrelationsfunktion so hervorzuheben, daß sie erkennbar ist. Bei harmonischen Schwingungen als Testsignale tritt die Periodizität im τ-Bereich als Testsignalbild unmittelbar in Erscheinung.

Das Maximum der Kreuzkorrelationsfunktion zwischen dem verrauschten Nutzsignal und dem unverrauschten Testsignal tritt um so schärfer ausgeprägt in τ-Richtung in Erscheinung, je kürzer die Korrelationsdauer des Störrauschens ist. Nach dem Reziprozitätsgesetz der FOURIER-Transformation ist dies dann der Fall, wenn die Bandbreite des Rauschens möglichst groß ist. Im Extremfall des „weißen" Rauschens ist die Bandbreite unendlich. Dies ist jedoch physikalisch nicht realisierbar. Trotzdem wird dieses Modell bei theoretischen Untersuchungen benutzt und das Rauschen als „δ-korreliert" bezeichnet: die Korrelationsdauer geht gegen Null, die AKF wird zum Diracimpuls mit — theoretisch — unendlichem Maximalwert. Man benutzt derartige Breitband-Rauschsignale daher auch als Testsignale und simuliert sie als „pseudo-random-Signale" durch stochastische Impulsfolgen.

Wenn man sowohl ein Nutzsignal als auch ein Störsignal als Rauschsignal vorliegen hat, bilden diese zueinander inkohärente und nicht korrelierte stochastische Prozesse.

Wenn sie dagegen aus einer gemeinsamen Rauschquelle stammen, sind sie kohärent, aber unkorreliert, falls die Zeitverzögerung $\tau \gg \tau_0$ ($=$ Korrelationsdauer) ist. Breitband-Signale erfordern, wie der Name selbst sagt, Meßkanäle mit großer Bandbreite. Somit wird wieder die Störabstandsverbesserung durch einen Mehraufwand an Bandbreite erreicht!

Ein derartiger Fall von Nutz- und Störrauschen tritt z. B. in der Radioastronomie bei der Korrelationspeilung auf. Der Radiostern ist die Testsignalquelle, das Störrauschen stammt hauptsächlich vom Eigenrauschen des Meßempfängers. Beide sind zueinander inkohärent. Beim Empfang mit zwei Meßempfängern mit großem Basisabstand von ca. 10 bis 100 km kann man den Zenitdurchgang des

unsichtbaren Radiosterns mit Hilfe des Maximums der Kreuzkorrelations-
funktion der Empfangsspannungen beobachten und damit das Azimuth des
Sterns messen. Das Maximum der Rauschstrahlung liegt u. a. bei $\lambda = 21$ cm
(Wasserstoff-Spektrum). (Fall einer τ-Auswertung!)

Eine ähnliche Anwendung zeigt Abb. 3.4, eine Anordnung zur relativen Messung und zum quantitativen Vergleich der Reflexions-Eigenschaften eines Materials. Ein Schallsender strahlt Breitband-Rauschen als Testsignal aus. Die Bandbreite ist so zu wählen, daß die zu ihr reziproke Korrelationsdauer hinreichend

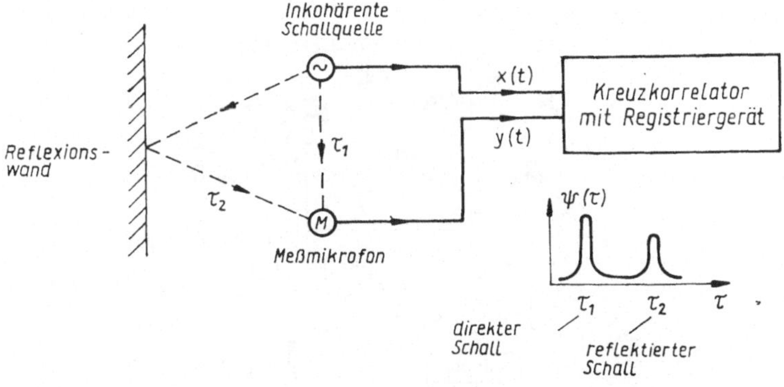

Abb. 3.4. Versuchsanordnung zur Untersuchung von Reflexions-Eigenschaften durch die Laufzeit-Selektion (Korrelationsanalyse)

klein gegenüber den Laufzeitunterschieden der Signalkomponenten (mit den
Laufzeiten τ_1 und τ_2) ist. Der direkte Schall und der reflektierte Schall wird durch
Laufzeitselektion getrennt. Das Maximum der Kreuzkorrelations-Funktion
$\Psi(\tau)$ erscheint jeweils, wenn die Zeitverzögerung τ, vorgenommen im Korrelator,
gleich groß ist wie die Laufzeit über die Meßstrecke. Hierbei werden die bei den
beiden Maxima (Abb. 3.4) auftretenden Leistungen $\Psi(\tau_1)$ und $\Psi(\tau_2)$ miteinander
verglichen. Obwohl das Meßmikrophon ständig beide Signalkomponenten auf-
nimmt, tritt nur bei Synchronismus mit dem Vergleichssignal $x(t)$ eine Ψ-An-
zeige auf. (Fall einer Ψ-Auswertung!)

Abb. 3.5 zeigt eine weitere Anwendung der Störsignalunterdrückung durch
Kreuzkorrelation. Es handelt sich um die Untersuchung des Störschalles in einer
Maschinenhalle mit verschiedenen Störschallquellen. Es wird laut Abb. 3.5
die Maschine E untersucht. Deswegen wird in unmittelbarer Nähe dieser Schallquelle ein Meßmikrophon 2 aufgestellt, das das Kontrollsignal von E liefert.
Am Meßort steht das Meßmikrophon 1, das alle Schallstörsignale der Maschinenhalle empfängt, aber nur auf die Schallwellen von E reagiert. Die übrigen Schall-

wellen der Arbeitsplätze *A* bis *I* mit Ausnahme von *E* sind zu *E* inkohärent, d. h. statistisch nicht verwandt. Es tritt die Kohärenz-Selektion auf. Aber auch die aus einer Schallquelle stammenden Schallwellen, aus der Maschine *E*, werden vom Korrelator nur angezeigt, wenn die Laufzeit τ_i mit der im Korrelator eingestellten Zeitverzögerung τ übereinstimmt (Fall der Korrelations-Selektion). Es treten mehrere Maxima bei τ_1, τ_2, τ_3 auf, wenn sich der Störschall von *E* auf mehreren Wegen von *E* zum Meßort ausbreitet. Daher kann man auch die notwendigen Abschirmmaßnahmen treffen. Voraussetzung für diese Methode ist die Stationarität der Schallquellen, damit lange genug eine Mittelwertbildung vorgenommen

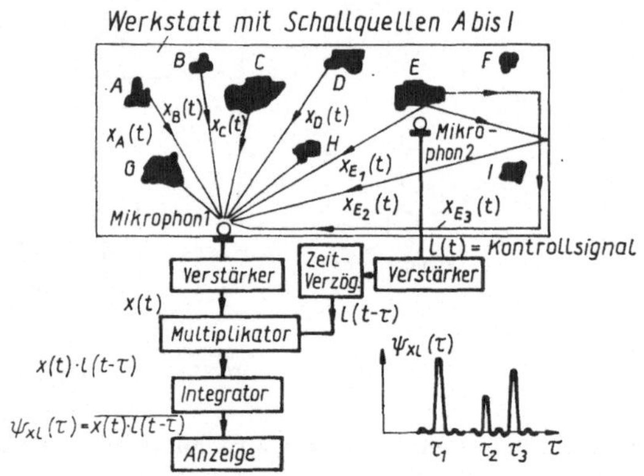

Abb. 3.5. Untersuchung von Schallstörern mittels der Laufzeit-Selektion (Korrelations-Analyse)

werden kann. Die auftretenden Kreuzkorrelations-Anteile verschwinden ja erst bei hinreichend langer Integrationszeit. Eine weitere Voraussetzung ist ein wesentlicher Unterschied in der Klangfarbe und Dynamik der Störgeräusche, d. h. eine hinreichende statistische Unabhängigkeit. Beachtenswert ist, daß derartige Untersuchungen bei vollem Arbeitsbetrieb vorgenommen werden können.

Dieses Beispiel zeigt den Unterschied der Kohärenz und der Korrelationsselektion, der bei vielen Anwendungen ausgenutzt wird. Deshalb soll dies nochmals zusammenfassend erklärt werden:

Kohärenz- und Korrelations-Selektion:

Man hat bei der Unterdrückung von Störsignalen (z. B. von Störrauschen) zwei Fälle zu unterscheiden: Im einen Fall sind die beiden zu trennenden Signale völlig unkorreliert, für alle Werte von τ. Sie sind statistisch nicht verwandt, nicht kohärent.

Dann verschwindet die KKF für alle Werte von τ bei hinreichend langer Beobachtungsdauer ($=$ Integrationsdauer). Wir nennen den Fall der Abtrennung eines inkohärenten Störsignals „Kohärenz-Selektion", weil die Kohärenz der Signale entscheidend ist. Im anderen Fall sind die beiden zu trennenden Signale kohärent, aber nicht korreliert. Sie stammen von der gleichen Signalquelle und sind trennbar, wenn die Zeitverschiebung τ groß gegen τ_0, die Korrelationsdauer des Signals ist. Wir nennen diesen Fall die „Korrelations-Selektion", weil die Korrelation der Signale entscheidend ist.

Die Kohärenzselektion (Unterdrückung nicht kohärenter Signale) wendet man zur Unterdrückung von Fremdstörern an, insbesonders zur Verbesserung des Störabstandes von Meßempfängern.

Die Korrelationsselektion (Unterdrückung kohärenter, aber nicht korrelierter Signale) wendet man an, wenn ein mehrfacher Übertragungsweg vorliegt, um laufzeitverschobene Signalkomponenten zu trennen.

Zur Anzeige eines Maximums der Kreuzkorrelation müssen die Signale kohärent und korreliert sein, d. h. aus einer Signalquelle stammen und zeitsynchronisiert sein ($\tau = 0$).

Gegenüber anderen Selektionsverfahren der Informationstechnik hat die Korrelationsanalyse den Vorteil, daß sie es gestattet, Signale voneinander zu trennen, die im gleichen Spektrumbereich auftreten und zur gleichen Zeit empfangen werden. In solchem Falle führt weder die spektrale Selektion mit Bandfiltern noch die zeitliche Selektion mit Austaststufen zum Erfolg.

Die Realisierung erfolgt entweder mit der analogen Gerätetechnik oder nach Abtastung mit digital arbeitenden Geräten, d. h. mit Computern. Die Anwendungen in der Raumfahrt zur Satellitennavigation haben die Technologie von Minicomputern stark gefördert.

3.3. Erhöhung der Störfestigkeit bei digitalen Verfahren

Bei jeder Verbesserung der Störfestigkeit der Meßwertübertragung gilt das Grundgesetz der Informationstechnik, daß der Gewinn an Störabstand nur durch einen Mehraufwand an Bandbreite oder durch eine Kodierungsredundanz erkauft werden kann. In diesem Falle kann man entweder die Elementarzeichen-Länge eines bit konstant halten. Dies bedeutet einen verringerten Informationsfluß. Oder man kann die Zeichenlänge verringern, um den Informationsfluß konstant zu halten. Dann bedeutet dies eine erhöhte Bandbreite, da diese zu der Elementarzeichenlänge reziprok ist.

Wie dies im einzelnen geschehen kann, besagt die allgemeine Theorie nicht. In Abschn. 3.2. wurden zwei ausgewählte Beispiele für die Analogtechnik besprochen. Es waren typische Breitbandverfahren: die Frequenzmodulation und die Korrelation.

Nachfolgend wenden wir uns in Abschn. 3.3. noch zwei Beispielen aus der Digitaltechnik zu. Bei ihnen wird ein zweckentsprechender Mehraufwand zur Kodierung einer Information benutzt, um eine größere Störfestigkeit zu erreichen. Trotz erheblicher Unterschiede in den theoretischen Grundlagen ist in beiden Fällen das Prinzip und die erreichte Wirkung sehr ähnlich. Wir betrachten in 3.3.1. die Methode der angepaßten Filter für die Impulsortung bei diskreter Feinstruktur des Testsignals und in 3.3.2. die Methode der Kodierungsredundanz für die Meßdatenübertragung mittels fehlererkennender und fehlerkorrigierender Kodes. In 3.3.1. handelt es sich um einstellige Binärsignale (= Ortungsimpulse), in 3.3.2. um mehrstellige Binärsignale (= Kodewörter).

3.3.1. Methode des angepaßten Filters für Impulse mit diskreter Feinstruktur [44, 45]

Das angepaßte Filter ist ein Empfangsfilter für ein Sende-Impuls-Signal mit Feinstruktur. Es ruft eine Impulskompression hervor, d. h. eine Verkürzung des Sende-Impulses, so daß man trotz langer Sendeimpulse, d. h. hoher Signalenergie, eine erheblich kürzere Zeitauflösung erreicht. Man wendet das angepaßte Filter für die Impulsortung dann an, wenn das Empfangssignal ohne Impulskompression im Störrauschen verschwinden würde. Damit ist es ein wirksames Meßverfahren bei starkem Störpegel. Seine Verwendung kommt nur dann in Frage, wenn eine einfache Erhöhung der Nutzsignalamplitude nicht möglich ist, entweder weil die Grenze der erzeugbaren Sendeleistung erreicht ist (Radar-Ortung) oder weil der noch zulässige Pegel des Testsignal den untersuchten Prozeß keinesfalls beeinflussen darf (Prozeßanalyse). In beiden Fällen kann man die Signalenergie nicht durch eine Erhöhung der Signalamplitude, sondern nur durch eine Erhöhung der Signaldauer noch vergrößern. Und dann kommt es auch nur in Frage, wenn die Zeitauflösung beibehalten werden soll, obwohl die Signaldauer verlängert wird.

Es läßt sich zeigen, daß der erreichbare Störabstand durch das Verhältnis Signalenergie zu Störleistungsdichte bestimmt ist und damit durch eine Erhöhung der Signalenergie, und zwar durch eine Erhöhung der Signaldauer, weitgehend verbessert werden kann.

Zur Erklärung der Wirkungsweise des angepaßten Filters dient Abb. 3.6a. Man gibt dem Sendesignal (= Testsignal) eine Feinstruktur durch eine kontinuierliche oder durch eine diskrete Aufteilung (Frequenz- oder Phasenänderung). Wir betrachten eine Anzahl n von Elementarimpulsen, aus denen sich das Testsignal zusammensetzen läßt.

Durch eine Superposition der einzelnen Elementarimpulse werden die kohärenten und korrelierten Nutzsignalanteile amplitudenmäßig addiert, die unkorrelierten Stör-Rauschanteile dagegen in den Leistungen addiert. Der maximal erreichbare Störabstandsgewinn ist dann bei n Elementarimpulsen $n^2:n = n$, wie schon in Abschn. 3.1.3. gezeigt wurde. Die Superposition der Elementarimpulse kann auf verschiedene Weise erfolgen. Entweder werden die Impulse durch Lauf-

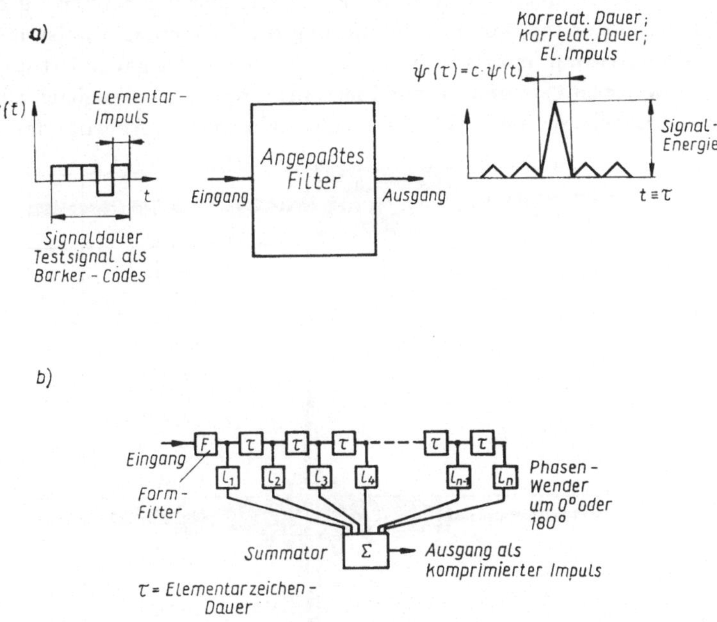

Abb. 3.6. Schema des angepaßten Filters mit Impulskompression zur Störabstands-Verbesserung (a) und des Empfangs-Laufzeitfilters (b)

zeit-abhängige Parameter (Trägerfrequenzen) derart kodiert, daß die langsamsten Frequenzen zuerst und die schnellsten Frequenzen zuletzt ausgesandt werden und das Empfangs-Netzwerk mit frequenzabhängiger Laufzeit diese Frequenzen so verzögert, daß alle Frequenzanteile beim Eintreffen des letzten Elementarimpulses synchronisiert sind und gleichzeitig am Ausgang des Netzwerkes austreten, wobei sich die Amplituden aller Elementarimpulse zum gleichen Zeitpunkt überlagern.

Anstelle einer diskreten Kodierung kann in diesem Falle auch eine kontinuierliche Kodierung des Ortungsimpulses vorgenommen werden. Diese Technik ist bis zu hoher Vollkommenheit entwickelt worden, um die Reichweite von Ortungsanlagen zu verbessern.

Auch wird am Ausgang des normalen Empfängers eine Laufzeitkette derart angeordnet, daß taktweise im Zeitabstand der Einzelimpulse alle Elementarimpulse addiert werden (Abb. 3.6b). Die Kodierung kann u. a. durch eine Phasenänderung des Trägersignals um 180° erfolgen. Dann kann man im Prinzip die Elementarimpulse des Ortungssignals durch ein +- oder ein —-Zeichen kennzeichnen. Die Amplituden seien gleich. Die Kunst der Kodierung besteht darin, daß sich bei der taktweisen Summierung die Elementarimpulse möglichst weitgehend auslöschen und dann und nur dann, wenn der ganze Ortungssignal in die Laufzeitkette eingelaufen ist, alle Elementarimpulse phasengleich addiert werden. Nach dem Schema von Abb. 3.6b sind dabei an die Abgriffe der Laufzeitkette

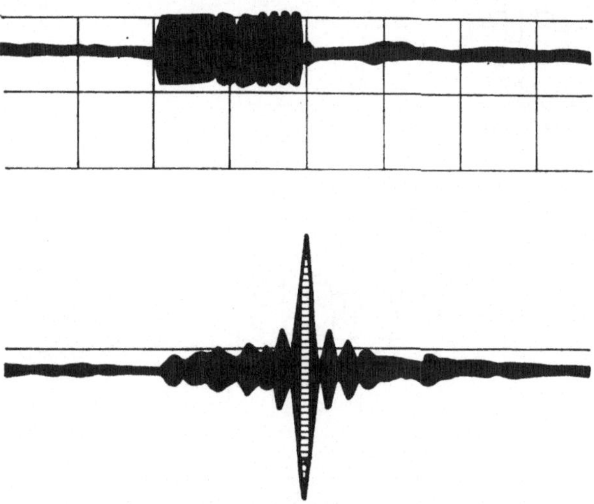

Abb. 3.7. Impuls-Empfang mit einem angepaßten Filter

Phasendrehglieder angeschlossen. Die Struktur der Phasendreh-Einrichtung muß entgegengesetzt zur Struktur des kodierten Ortungs-Signals sein (das Ende der Laufzeitkette entspricht dem ersten Elementarimpuls, der Anfang der Laufzeitkette dem letzten Elementarimpuls). Dann wird nach dem vollständigen Einlauf des Ortungsimpulses in die Laufzeitkette Gleichphasigkeit aller Elementarimpulse erreicht (Abb. 3.7).

Hierbei treten zwei Probleme auf:

1. Es gilt den geeigneten Kode zu finden derart, daß wirklich sich beim Ein- und beim Auslaufen die Impulse nicht zu sogenannten Nebenmaxima, also zu parasitären Ortungssignalen, addieren. Nach Möglichkeit sollen außer dem Hauptmaximum von n-facher Elementar-Impulshöhe nur noch einfache, positive oder negative Nebenmaxima auftreten.

Derartige Kodes werden als BARKER-Kodes bezeichnet. Abb. 3.7 zeigt ein Beispiel. Für $n > 13$ gibt es keine optimalen Impulskodes, d. h., die Nebenmaxima sind z. T. höher.

2. Die Aufsummierung muß auf der hochfrequenten Seite erfolgen, d. h. vor der Gleichrichtung, wenn die Grenzreichweite verbessert werden soll. Denn beim normalen Gleichrichter verschlechtert sich der Störabstand bei hohem Rauschpegel. Man muß also eine kohärente Gleichrichtung vornehmen (bei Frequenzkodierung) oder die Teilimpulse hochfrequent addieren (bei Phasenkodierung). Im letzteren Falle kann man kein Schieberegister als Laufzeitkette benutzen, sondern ein analoges Laufzeitketten-Netzwerk, das einen erheblichen Aufwand erfordert. Bei niedrigen Frequenzen kommt hier auch eine Transistorkettenschaltung in Frage, die in der Fachliteratur als „Eimerkettenschaltung" bezeichnet wird.

Zusammenfassend ist also festzustellen, daß das angepaßte Filter eine Impulskompression durchführt und zwar die Sendesignaldauer auf die Dauer eines Einzelimpulses komprimiert, wobei die n-fache Verbesserung des Störabstandes das erreichbare Optimum darstellt.

Der hiermit geschilderte methodische Grundgedanke läßt allerdings etwas noch nicht erkennen, nämlich die enge Verwandtschaft mit den Korrelationsverfahren!

Daher sei zur Ergänzung folgendes bemerkt (vgl. Lit. [44, 45, 62]).

Der Frequenzgang des angepaßten Filters steht in engem Zusammenhang mit dem Spektrum des Nutzsignals. Wir lassen nachfolgend die Einschränkung auf die diskrete Kodierung fallen und betrachten einen bestimmten kontinuierlichen Nutzsignalverlauf $s(t)$, überlagert von einem Rauschsignal $r(t)$. Der Frequenzgang des Filters sei $G(\omega)$ und die Gewichtsfunktion des Filters $g(t)$. Beide Kenngrößen sind miteinander durch die FOURIER-Integraltransformation verknüpft:

$$\underline{G}(\omega) = \int\limits_{-\infty}^{\infty} g(t)\, \mathrm{e}^{-j\omega t}\, \mathrm{d}t \quad \text{und} \quad g(t) = \frac{1}{2\pi} \int\limits_{-\infty}^{\infty} \underline{G}(\omega)\, \mathrm{e}^{j\omega t}\, \mathrm{d}\omega.$$

Bemerkung: Die Unterstreichung deutet an, daß die Größe komplex ist.

Einfluß des Filters auf das Störrauschen:

Angenommen, die Störleistungsdichte des Eingangsrauschsignals $r(t)$ sei S_r $=$ konst. Dann beträgt sie auf der Ausgangsseite des Filters $[G(\omega)]^2\, S_r$, und die Ausgangsrauschleistung beträgt:

$$P_{r_a} = \frac{1}{2\pi} \int\limits_{-\infty}^{\infty} [\underline{G}(\omega)]^2\, S_r\, \mathrm{d}\omega = \frac{1}{2\pi} \int\limits_{-\infty}^{\infty} G(\omega)^2\, S_r\, \mathrm{d}\omega$$

mit $G(\omega) = |\underline{G}(\omega)|$ als Betrag von $\underline{G}(\omega)$.

12*

Einfluß des Filters auf das Nutzsignal:

Wir berechnen zur Ermittlung des Störabstandes auf der Ausgangsseite zunächst die Nutzsignalleistung am Ausgang über die Amplitudendichte (= das Spektrum) des Nutzsignals, an das das Filter angepaßt werden soll!

Die Amplitudendichte betrage eingangsseitig:

$$\underline{X}_{s_e}(\omega)$$

Dann beträgt sie ausgangsseitig:

$$\underline{G}(\omega) \cdot \underline{X}_{s_e}(\omega)$$

und die momentane Ausgangsleistung an $R = 1\,\mathrm{Ohm}$ (als Quadrat des Signals ausgedrückt) ergibt sich zu:

$$x_{s_a}(t)^2 = P_{s_a} = \left(\frac{1}{2\pi} \int\limits_{-\infty}^{\infty} X_{s_e}(\omega) \cdot \underline{G}(\omega)\, e^{j\omega t}\, d\omega \right)^2.$$

Sie ist — wie das Nutzsignal — zeitvariabel, stellt also nicht die mittlere Leistung dar.

Wir betrachten nun den Zeitpunkt $t = t_0$, in dem das Nutzsignal seinen Maximalwert erreicht. Dann beträgt der Störabstand λ:

$$\lambda = \frac{\dfrac{1}{4\pi^2} \left(\int\limits_{-\infty}^{\infty} X_{s_e} \cdot \underline{G}(\omega)\, e^{j\omega t_0}\, d\omega \right)^2}{\dfrac{1}{2\pi} S_r \int\limits_{-\infty}^{\infty} [\underline{G}(\omega)]^2\, d\omega}.$$

Der erreichbare Maximalwert des Störabstandes hängt von der günstigsten Wahl des Frequenzganges des Filters ab. Er muß an das Nutzsignal angepaßt werden, dessen Struktur wir hier zunächst als bekannt voraussetzen.

Für den Zähler von λ läßt sich nach der SCHWARZschen Ungleichung ein Maximalwert einsetzen. Es gilt:

$$\left(\int\limits_{-\infty}^{\infty} [\underline{X}_{s_e}(\omega) \cdot \underline{G}(\omega)]\, d\omega \right)^2 \leqq \int\limits_{-\infty}^{\infty} [\underline{X}_{s_e}(\omega)]^2\, d\omega \cdot \int\limits_{-\infty}^{\infty} [\underline{G}(\omega)]^2\, d\omega.$$

Diese Beziehung erlaubt eine Abschätzung des erreichbaren Störabstandes hinter dem angepaßten Filter:

$$\lambda \leq \lambda_{\max} = \frac{\dfrac{1}{2\pi}\displaystyle\int\limits_{-\infty}^{\infty}[\underline{X}_s(\omega)]^2\,d\omega \cdot \displaystyle\int\limits_{-\infty}^{\infty}[\underline{G}(\omega)]^2\,d\omega}{S_r\displaystyle\int\limits_{-\infty}^{\infty}[G(\omega)]^2\,d\omega} = \frac{\dfrac{1}{2\pi}\displaystyle\int\limits_{-\infty}^{\infty}[\underline{X}_{s_e}]^2\,d\omega}{S_r}$$

$$= \frac{\text{Nutzsignal-Energie}}{\text{Rauschleistungsdichte}} \quad \text{in} \quad \frac{\text{Ws}}{\text{W/Hz}} = 1 \ (\text{dimensionslos}).$$

Danach wird der maximale Störabstand durch das Verhältnis der Nutzsignal-Energie dividiert durch die Rauschleistungsdichte bestimmt. Man erkennt, daß es darauf ankommt, die Nutzsignalenergie und nicht die Nutzsignalleistung zu erhöhen! Man kann also prinzipiell den Störabstand durch eine Vergrößerung der Signaldauer beliebig erhöhen. Dies ist plausibel, da mit anwachsender Signaldauer die erforderliche Bandbreite reziprok zu ihr abnimmt und damit auch die Störleistung, die der Bandbreite proportional ist!

Das Maximum des Störabstandes läßt sich nur dann erreichen, wenn folgende Bedingungen erfüllt werden:

(1) $\underline{X}_{s_e}(\omega) \cdot \underline{G}(\omega) = |X_{s_e}(\omega)| \cdot |\underline{G}(\omega)| \cdot e^{-j\omega t_0}$ und

(2) $k\,|\underline{X}_s(\omega)| = |\underline{G}(\omega)|$.

Diese Bedingungen lassen sich wie folgt interpretieren:

Nach (1) müssen die Phasendifferenzen im Spektrum von $X_{s_e}(\omega)$ so kompensiert werden, daß das Ausgangssignal des Filters zu einem gewissen Zeitpunkt t_0 nach dem Eintreffen des Signals einen Synchronismus aller Partialschwingungen aufweist. Sie erreichen dann zum Zeitpunkt t_0 alle ihren Scheitelwert und ergeben die größtmögliche Amplitude des Ausgangs-Nutzsignals! Irgendwelche neuen Frequenzen können in dem angepaßten Filter nicht entstehen, da es als linear angenommen wird.

Nach (2) werden alle Partialschwingungen des Nutzsignals um so mehr verstärkt, je stärker sie im Spektrum des Nutzsignals enthalten sind. Der frequenzabhängige Verstärkungsgrad $G(\omega)$ des angepaßten Filters soll proportional zum Signalspektrum verlaufen. Da andererseits die Rauschsignalkomponenten in gleicher Weise verstärkt werden wie das Nutzsignal selbst, so bedeutet dies, daß alle Rauschanteile um so mehr unterdrückt werden, je schwächer das Nutzsignal in dem betreffenden Frequenzbereich vertreten ist. Weiter folgt, daß das Ausgangssignalspektrum der Amplituden proportional zum Quadrat des Eingangssignalspektrums ist. Daher ist das Ausgangssignal ein Leistungsmaß!

Es verbleibt die Frage nach dem Zeitverlauf des Ausganges des angepaßten Filters, wenn das nicht verrauschte Ortungssignal das Eingangssignal des Filters ist.

Das Maximum des Ausganges wird erreicht, wenn die Bedingung erfüllt ist (s. o.):

$$\underline{G}(\omega)\,\underline{X}_s(\omega) = |\underline{G}(\omega)|^2 = |\underline{X}_s(\omega)|^2.$$

Dies ist der Fall, wenn $\underline{G}(\omega) = X_s{}^*(\omega)$ ist. Der Stern bedeutet den konjugiert komplexen Wert!

Zur Realisierung müssen wir noch eine Zeitverzögerung t_0 zulassen. Dann gilt:

$$\underline{G}(\omega) = \underline{X}_s{}^*(\omega) \cdot e^{-j\omega t_0}$$

und damit ist das Filter an das Nutzsignal angepaßt. Die Verzögerungszeit t_0 ist notwendig, um alle Harmonischen des Nutzsignals so zu verzögern, daß am Ausgang Synchronismus im Zeitpunkt t_0 herrscht. Der Phasengang des Spektrums wird kompensiert.

Der Zeitverlauf der Ausgangsspannung ergibt sich durch die FOURIER-Transformation des Ausgangs-Spektrums $\underline{X}_s(\omega)\,\underline{X}_s{}^*(\omega)$:

$$x_{s_a}(t) \equiv s_a(t) = \frac{1}{2\pi} \int\limits_{-\infty}^{\infty} X(\omega)\,X^*(\omega)\,e^{-j\omega t_0} \cdot e^{j\omega t}\,d\omega$$

$$= \frac{1}{2\pi} \int\limits_{-\infty}^{\infty} |X_s(\omega)|^2\,e^{j\omega(t-t_0)}\,d\omega.$$

Jetzt können wir die spektrale Leistungsdichte $S_s(\omega)$ des Nutzsignals einführen. Es gilt:

$$S_s(\omega) = \frac{|\underline{X}_s(\omega)|^2}{2T}$$

als Mittelwert über die Beobachtungszeit $2T$.

So ergibt sich weiter:

$$s_a(t) = 2T \int\limits_{-\infty}^{\infty} S(\omega)\,e^{j\omega(t-t_0)}\,df$$

$$= 2T\,\Psi_{ss}(t - t_0).$$

Wir erkennen daraus, daß der Zeitverlauf des Ausgangssignals mit der Autokorrelationsfunktion des Nutzsignals übereinstimmt!

Diese Betrachtung führt zur Erkenntnis, daß das angepaßte Filter ein Kurzzeit-Korrelator ist, der die AKF unmittelbar im Zeitbereich als Ausgangs-Spannung liefert. Diese Feststellung stimmt mit der bereits anfangs gemachten Bemerkung überein, daß die Ausgangs-Spannung des angepaßten Filters ein Leistungsmaß ist und daß die Phaseninformation des Signalspektrums kompensiert wird, also entfällt.

Das Maximum der AKF tritt nach der Zeit t_0 auf. Diese Zeitverzögerung muß bei einer genauen Zeit- oder Entfernungsmessung berücksichtigt werden. Diese Zeitverzögerung hängt eng mit der Realisierbarkeit des Filters zusammen. Der geforderte Frequenzgang $\underline{X}_2{}^*(\omega) \cdot e^{-j\omega t_0}$ bedeutet, daß die zugehörige Gewichtsfunktion $g(t)$ des Filters folgende Gestalt hat:

$$g(t) = \mathrm{F}_{-1}\,\{\underline{G}(\omega)\} = \text{konst. } s(t_0 - t),$$

wenn $s(t)$ der Zeitverlauf des Nutzsignals ist, an das das Filter angepaßt werden soll. Die Gewichtsfunktion muß spiegelbildlich zur Signalfunktion verlaufen. Anderseits gilt für jede Gewichtsfunktion als Stoßreaktion: $g(t) = 0$ für $t < 0$, da eine Systemwirkung nicht vor Beginn eines Anstoßes $\delta(t)$ einsetzen kann. Die Verzögerungszeit t_0 muß also in der Größenordnung der Signaldauer liegen, sonst läßt sich das Netzwerk nicht realisieren!

Zusammenfassend erkennen wir, daß der Gewinn an Störabstand um den Faktor n mit der n-fachen Signalbandbreite erkauft wird. Diese ist reziprok zur Dauer eines Elementarimpulses, also um das n-fache größer als die reziproke Signaldauer.

Es gilt die Beziehung: Signaldauer mal Bandbreite $= n$ statt 1, verursacht durch die Feinstruktur des Ortungsimpulses. Das Ortungssignal ist ein Repräsentant der Breitbandsignale.

Die Kodierung des Ortungsimpulses kann kontinuierlich („analog") oder diskontinuierlich („digital") erfolgen. Ferner kann sie durch eine Frequenz- oder eine Phasenmodulation erfolgen. Abb. 3.6 und 3.7 zeigen die Ausführung der Kodierung mittels Phasenmodulation in diskontinuierlicher Form: der Ortungs-Impuls wird in n Elementarimpulse aufgeteilt, die sogenannte BARKER-Kodierung. In der Ortungstechnik treten durch den Dopplereffekt Trägerfrequenzverschiebungen auf, eine Tatsache, auf die schon in Abschn. 2.3.2.2. hingewiesen wurde und die zum Begriff der Ambiguity-Funktion (= Mehrdeutigkeitsfunktion) führte. Abb. 2.25 zeigt, wie die Autokorrelationsfunktion — die Ausgangszeitfunktion des angepaßten Filters — in Abhängigkeit von der Träger-Dopplerfrequenz-Verschiebung aufgespalten wird. Dies führte zu komplizierten Untersuchungen über die optimale Signalsynthese für angepaßte Filter, derart, daß eine eindeutige Autokorrelationsfunktion — etwa nach Abb. 2.25 b — erreicht wurde.

Man beachte den großen Kodierungsaufwand: statt 1 bit werden n bit ausgesandt, um die Ortungsinformation mit der erforderlichen Zeitauflösung — in der Größenordnung des Elementarimpulses — zu gewährleisten!

3.3.2. Methoden der Kodierungsredundanz [14]

Wir betrachten nun eine zweite Methode der Digitaltechnik, die Störfestigkeit von Signalen zu erhöhen. Hierbei handelt es sich um *mehrstellige, binäre Kodewörter*.

Der Begriff der zulässigen Kodewörter und der Hamming-Abstand:

In Abschn. 1.3. waren bereits die Grundlagen der Kodierung von Amplituden durch Binärsignalgruppen behandelt worden.

Hiernach ergibt ein q-stelliges Binärkodewort die Menge von 2^q Kodewörtern, da jede Ziffer entweder eine 0 oder eine 1 ist. Davon sind q Binärkodewörter linear unabhängig voneinander, z. B. diejenigen, die nur an einer Stelle eine 1, sonst überall eine 0 besitzen. Die übrigen Kodewörter kann man durch Addition modulo 2 aus den linear unabhängigen bilden.

Darstellung durch Vektoren in einem Dualraum:

Betrachtet man die q linear unabhängigen Kodewörter als Einheitsvektoren eines q-dimensionalen Raumes, so stellen die möglichen Kodewörter die Kanten eines q-dimensionalen Würfels dar. Abb. 3.8 zeigt dies für $q = 3$. Jedes Kodewort unterscheidet sich von den anderen um mindestens eine Ziffer und ist als Eckpunkt des Würfels um mindestens eine Kantenlänge vom nächsten entfernt. Man nennt diesen Mindestabstand d den HAMMING-Abstand oder die HAMMING-Distanz.

Wenn bei der Übertragung eines Kodewortes nur ein Fehler auftritt, d. h. nur eine einzige Stelle verfälscht wird, so kann man den Fehler nicht mehr entdecken und korrigieren, weil durch den Fehler ein anderes Kodewort der Kodewortlänge entsteht.

Der Fehler kann durch einen Einheitsvektor dargestellt werden. Der Fehler $\varepsilon = 010$ bedeutet die Verfälschung der 2. Stelle. Er führt die Binärzahl 111 in die Binärzahl 101 über und die Binärzahl 101 in die Binärzahl 111 usw.

Der Grundgedanke der erhöhten Störsicherheit besteht darin, daß man aus der Menge der möglichen 2^q Kodeworte einen Teil ausscheidet, die als nicht zugelassene Kodewörter bezeichnet werden. Die Menge der zugelassenen Kodewörter unterscheidet sich untereinander um mehr als 1 Ziffer, z. B. um mindestens 2 Ziffern. Im Dualraum liegen sie dann um mindestens zwei Würfelkanten voneinander entfernt; z. B. sind es die Binärzahlen: 011, 101 und 110; zusammen mit dem Nullwort 000 sind es statt 8 nur 4 Kodewörter. Man könnte auch die Kodewortmenge 001, 010, 100 und 111 als zugelassene Kodewörter auswählen, ebenfalls mit dem HAMMING-Abstand $d = 2$. Bei $d = 2$ gehen 50% aller möglichen Kodeworte verloren. Jede nicht benutzte Stelle bedeutet den Verlust von $^1/_2$ der Kodewörter. Bei $d = 3$ ist es nur noch $\dfrac{1}{2^{d-1}} = \dfrac{1}{4}$ der Gesamtmenge von 2^q, die noch zugelassen ist.

Ein HAMMING-Abstand $d > 1$ bedeutet eine Kodierungsredundanz und damit die Möglichkeit, die Störfestigkeit zu verbessern. Allerdings gibt die Informationstheorie dabei keinen Hinweis, wie diese Verbesserung der Störfestigkeit zu erfolgen hat.

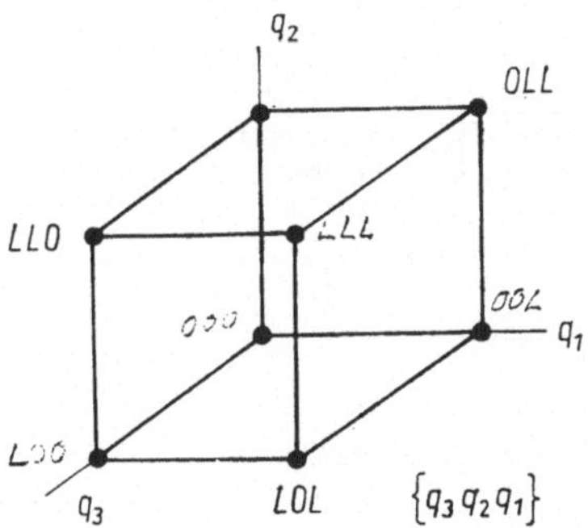

Abb. 3.8. Binär-Signal-Darstellung für einen Hamming-Abstand $d = 2$

folgen hat. Bei Beibehaltung der Länge der Elementarzeichen (bit) bedeutet die Kodierungsredundanz eine Verringerung des Informationsflusses oder sie bedeutet bei Beibehaltung des Informationsflusses eine Verkleinerung der Elementarzeichenlänge.

Kodierungsredundanz durch Einführen von Prüfziffern:

Um zu erkennen, wo ein Übertragungsfehler aufgetreten ist, fügt man dem „Informationswort" Prüfziffern hinzu, die eine lineare Kombination der Informationsziffern sind. Diese Prüfziffern stellen den Mehraufwand zur Kodierung dar.

Wir erklären die Methode für einen einzigen Fehler je Kodewort und zwar für $i = 4$stellige Informationsworte. Die Menge der zugelassenen Kodeworte beträgt also $2^q = 2^i = 2^4 = 16$ Informationsworte, die selbst Ziffern oder Symbole kodieren.

Fügt man k binäre Kontroll- oder Prüfziffern zum Informationswort hinzu, so kann man damit $2^k - 1$ Situationen (ohne das Nullwort $0_k = 000$ für $k = 3$) kennzeichnen. Diese Situationen sind die aufgetretenen, möglichen Fehler: entweder können die k Prüfziffern falsch sein oder die i-Informationsziffern. Für diese bleiben $2^k - 1 - k = i$ übrig. Dies ist die optimale Anzahl von Informationsziffern für eine vorgegebene Anzahl von k Prüfziffern:

z. B.: $i_{opt} = 2^k - k - 1$

   $k\ \ = 1\quad 2\quad 3\quad 4\quad 5$

   $i_{opt} = 0\quad 1\quad 4\quad 11\ 19$

Für die weitere Erläuterung der Methodik wählen wir den Fall $k = 3$ und $i = 4$.

Das Ziel der weiteren Überlegungen ist es, ein „Verbundsystem" aufzufinden, daß die Aufgabe der Einfügung der Kodierungsredundanz auf der Sendeseite erfüllt. Ferner suchen wir nach einem weiteren „Verbundsystem", das auf der

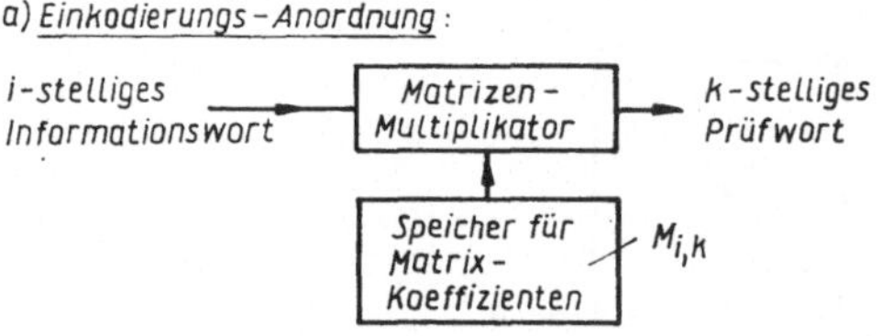

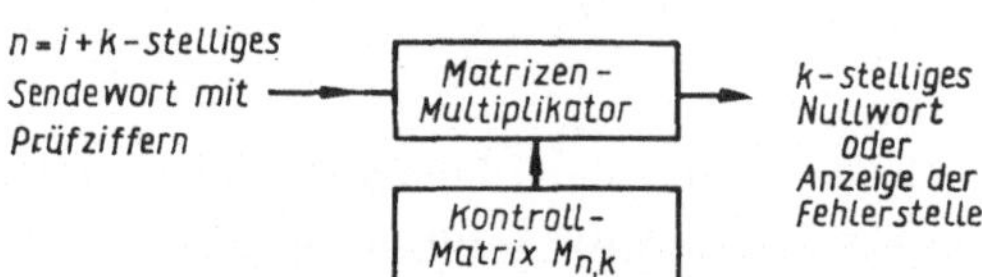

Abb. 3.9. Verbund-Systeme mit Matrix-Multiplikation für die Einkodierung und Dekodierung fehlerkorrigierender Kodes

Empfangsseite die Kodierungsredundanz dazu benutzt, den Fehler zu entdecken und zu korrigieren. Beide Aufgaben sollen durch elektronische Rechenschaltungen oder durch Computerprogramme realisiert werden können.

Zur Einkodierung der Kodierungsredundanz durch Prüfziffern benötigt man ein mathematisches Konzept, das jedoch nicht eindeutig festliegt. Wir bringen hier zwei Verfahren als Beispiel:

3.3.2.1. Anwendung der Matrizen-Multiplikation

Die eine Möglichkeit zur Lösung der gestellten Aufgabe ergibt sich durch Benutzung der Matrizenmultiplikation, eine andere durch die Benutzung der

Polynommultiplikation. Beide sind Beispiele für die Konstruktion von digitalen Verbundsystemen.

Man faßt bei diesem Konzept ein Kodewort als einreihige Matrix auf. Das i-stellige Kode-Informationswort wird durch eine Multiplikation mit einer „Einkodierungsmatrix" in das k-stellige Prüfwort transformiert. Nach den Gesetzen der Matrizenrechnung muß diese Einkodierungsmatrix i Reihen und k Spalten besitzen: $M_{i,k}$.

Es gilt: Informationswort mal Einkodierungsmatrix = Prüfwort.

Nennen wir die Informationsziffern x_i und die Prüfziffern y_j, und die Matrixkoeffizienten $c_{i,j}$, so gilt:

$$(x_1\ x_2\ x_3\ x_4) \cdot \begin{pmatrix} c_{11} & c_{21} & c_{31} \\ c_{12} & c_{22} & c_{32} \\ c_{13} & c_{23} & c_{33} \\ c_{14} & c_{24} & c_{34} \end{pmatrix} = (y_1\ y_2\ y_3)$$

Dies entspricht den Prüfgleichungen:

$$x_1 c_{11} + x_2 c_{12} + x_3 c_{13} + x_4 c_{14} = y_1,$$

$$x_1 c_{21} + x_2 c_{22} + x_3 c_{23} + x_4 c_{14} = y_2,$$

$$x_1 c_{31} + x_2 c_{32} + x_3 c_{33} + x_4 c_{34} = y_3,$$

verkürzt geschrieben als Matrixgleichung:

$$\boldsymbol{x} \cdot \boldsymbol{M}_{i,k} = \boldsymbol{y}.$$

Wir benutzen die Addition modulo 2, damit auch die Prüfziffern y_j Binärziffern sind. Offen bleibt noch die Wahl der Koeffizienten c_{ij}. Dazu schreiben wir die Prüfgleichungen in der Form:

$$\boldsymbol{y} + \boldsymbol{x} \cdot \boldsymbol{M}_{i,k} = 0 \ (= \text{„Kontrollgleichungen"}), \text{ d. h.}$$

I)$\qquad y_1 + x_1 c_{11} + x_2 c_{12} + x_3 c_{13} + x_4 c_{14} = 0$

II)$\qquad y_2 + x_1 c_{21} + x_2 c_{22} + x_3 c_{23} + x_4 c_{24} = 0$

III)$\qquad y_3 + x_1 c_{31} + x_2 c_{32} + x_3 c_{33} + x_4 c_{34} = 0.$

Bemerkung: Bei den Binärzahlen gibt es keinen Unterschied von Addition und Subtraktion modulo 2!

Auf der Empfangsseite müssen diese drei Kontrollgleichungen I—III geprüft werden, ob sie tatsächlich jeweils 0 ergeben. Dazu wird das Sendewort $z = (x_1, x_2, x_3, x_4, y_1, y_2, y_3)$ mit einer Kontrollmatrix $M_{n,k}$ multipliziert: $z \cdot M_{n,k}$

$= O_k \cdot O_k$ ist ein k-stelliges Nullwort, hier in unserem Beispiel dreistellig. Die Kontrollmatrix muß $n = i + k$ Reihen und k Spalten haben, da es das n-stellige Sendewort in ein k-stelliges Kodewort transformieren soll. Zwei Wahlmöglichkeiten sind noch vorhanden: die Wahl der Reihenfolge der Informations- und der Prüfziffern im Sendewort und die Wahl der Koeffizienten c_{ij}.

Die Kontrollmatrix $M_{n,k}$ unterscheidet sich von der Einkodierungsmatrix gemäß den Kontrollgleichungen durch Einfügung einer hier dreireihigen Einheitsmatrix

$$\begin{pmatrix} 1 & 0 & 0 \\ 0 & 1 & 0 \\ 0 & 0 & 1 \end{pmatrix},$$

da die y_j jeweils nur in einer Kontrollgleichung auftreten.

HAMMING hatte nun folgenden Gedanken realisiert, die Fehlererkennung und Fehlerkorrektur bei 1 Fehler möglich zu machen: Er benutzt das Ergebnis der Kontrolle auf der Empfangsseite, das Produkt $z \cdot M_{n,k}$, das k Ziffern, im Beispiel 3, als Kontrollwort enthält, die Ergebnisse der drei Kontrollgleichungen (I, II, III). Bei Fehlerfreiheit ergibt sich das Kontrollwort $000 = 0_k$. Statt der Null tritt in jeder Kontrollgleichung als Ergebnis eine 1 auf, dort wo eine falsch übertragene Ziffer aus $x_1, x_2 \ldots y_3$ steht.

Bei $n = i + k = 7$ Ziffern gibt es 7 Möglichkeiten. Diese 7 Möglichkeiten müssen durch sieben verschiedene Kontrollwörter erkennbar sein. Falls eine der Prüfziffern y_1 oder y_2 oder y_3 falsch übertragen wird, lauten die Kontrollergebnisse:

	I	II	III
$\bar{y}_1$:	1	0	0
$\bar{y}_2$:	0	1	0
$\bar{y}_3$:	0	0	1

(Querstrich: falsche, d. h. inverse Binärziffer)

Denn y_1 kommt nur in I, y_2 nur in II und y_3 nur in III vor! Falls x_1 oder x_2 oder x_3 oder x_4 falsch übertragen wird, ergibt sich beim vorliegenden Ansatz der Kontrollgleichungen jeweils das Kontrollwort 111, da in jeder Prüfgleichung jede Inform.-Ziffer vorkommt. Will man verschiedene Kontrollwörter erhalten, dürfen drei Inf.-Ziffern nur zweimal und eine dreimal vorkommen. Daher können ein Teil der Koeffizienten gleich 0 gewählt werden, die restliche gleich 1. Dies ergibt folgende Prüfgleichungen:

$$\text{I:} \quad y_1 \oplus x_1 \oplus x_2 \qquad \oplus x_4 = 0$$
$$\text{II:} \quad y_2 \oplus x_1 \qquad \oplus x_3 \oplus x_4 = 0$$
$$\text{III:} \quad y_2 \oplus \qquad \oplus x_2 \oplus x_3 \oplus x_4 = 0$$

mit folgenden Kontrollwörtern bei je einem Fehler:

Fehler:	$\bar{y}_1$	$\bar{y}_2$	$\bar{y}_3$	$\bar{x}_1$	$\bar{x}_2$	$\bar{x}_3$	$\bar{x}_4$
Kontrollwort:	100	010	001	110	101	011	111
Stellenzahl:	1	2	3	4	5	6	7

(als Binärzahl von links nach rechts lesen!)

Man kann also den erkannten Fehler an Hand des Kontrollwortes einer bestimmten Ziffer des Sendewortes zuordnen, wenn man folgende Reihenfolge wählt: $z = (y_1, y_2, x_1, y_3, x_2, x_3, x_4)$.

Die Fehlerkorrektur geschieht dann ebenfalls sehr einfach, indem man die inverse Binärzahl einsetzt, für eine 0 eine 1 und umgekehrt. Die Einkodierungsmatrix hat dann folgende Gestalt:

$$M_{i,k} = \begin{pmatrix} 110 \\ 101 \\ 011 \\ 111 \end{pmatrix}$$

und die Kontrollmatrix lautet:

$$M_{n,k} = \begin{bmatrix} 1 & 0 & 0 \\ 0 & 1 & 0 \\ 1 & 1 & 0 \\ 0 & 0 & 1 \\ 1 & 0 & 1 \\ 0 & 1 & 1 \\ 1 & 1 & 1 \end{bmatrix}$$

Man erkennt, daß die Reihen der Kontrollmatrix nichts anderes sein dürfen als die binären Stellenzahlen im Sendewort.

Der gesamte Zusammenhang läßt sich leicht übersehen, wenn man einmal den einstelligen Fehler als bekannt annimmt; z. B. sei die dritte Stelle des Sendewortes falsch übertragen:

$$\bar{z} = z + \varepsilon \quad \text{mit} \quad \varepsilon = 0010000$$

und $\bar{z} \cdot M_{n,k} = (z + \varepsilon) \cdot M_{n,k} = \varepsilon \cdot M_{n,k}$ wegen $z \cdot M_{n,k} = 0$. $\varepsilon \cdot M_{n,k}$ ist gleich derjenigen Reihe der Kontrollmatrix, wo der Fehler ε eine 1 besitzt. Zur Ausführung des Produktes $\varepsilon \cdot M_{n,k}$ schreiben wir einfach als Spalte neben die

Matrix:

$$\varepsilon \cdot M_{n,k} = 0 \cdot \begin{array}{l} 0\ 100\ \ \ 000 \\ 0\ 010\ \ \ 000 \\ 1\ 110 = 110 \\ 001\ \ \ 000 \\ 0\ 101\ \ \ 000 \\ 0\ 011\ \ \ 000 \\ 0\ 111\ \ \ 000 \end{array}$$

Summe: $= 110$, d. h., Stellenzahl des Fehlers lautet „Nr. 3".

Damit ist die Konstruktion dieses binären Verbundsystems im Prinzip abgeschlossen.

Mathematisch betrachtet benutzen wir hier für das Verbundsystem eine algebraische Struktur mit den Verknüpfungsoperationen der Addition modulo 2 und der Matrizenmultiplikation. Die Menge der zugelassenen Kodeworte (als Informationsworte) bildet eine Gruppe mit dem HAMMING-Abstand $d = 1$ der Kodeworte. Die Sendeworte bilden die gleich große Menge von 2^i Kodeworten, aber mit $n = i + k$ Stellen. Die k hinzugefügten Prüfbits sind linear abhängig von den i Informationsbits. Sie ergeben einen HAMMING-Abstand von $d = 3$. Allgemein benötigt man für die Korrektur von t Fehlern eine Mind.-HAMMING-Distanz von $d = 2t + 1$.

Der HAMMING-Abstand stellt ein Abstands-Maß ϱ im Signalraum dar, der damit ein metrischer Raum ist. ϱ muß stets folgende Bedingungen erfüllen:

$$\varrho(a, b) = \varrho(b, a) \text{ als Symmetriebedingung}$$

$$\varrho(a, b) = 0 \text{ nur für } a = b$$

$$\varrho(a, c) \leqq \varrho(a, b) + \varrho(b, c)$$

als Dreiecksaxiom ist ϱ stets eine nicht negative, reelle Zahl: $\varrho > 0$.

‖ Der HAMMING-Abstand eines Kodes ergibt sich aus der kleinsten Anzahl der 1-Binärziffern, die in einem Kodewort vorkommen können.

Bei einem Informationswort beträgt diese Minimalzahl 1. Dazu kommen die Prüfbits des Prüfworts $x \cdot M_{i,k}$. Dies sind in unserem Beispiel mindestens 2 Eins-Bits, insgesamt sind stets mindestens drei Einsbits vorhanden: $d = 3$. Die Erklärung ergibt sich aus der Tatsache, daß die zugelassenen Kodewörter eine Gruppe darstellen, in der jedes Element als Summe von mindestens zwei Elementen darstellbar ist. Nun ist hier Summe und Differenz gleich. Damit ergeben die Kodewörter mit der kleinsten Anzahl von Eins-Bit den kleinsten Abstand, den Wörter des Kodes haben können, also den HAMMING-Abstand.

Zur Entdeckung und Korrektur eines Fehlers ist ein HAMMING-Abstand von $d = 2t + 1 = 2 \cdot 1 + 1 = 3$ notwendig.

Die zugelassenen Kodewörter liegen alle in einem i-dimensionalen Unterraum im n-dimensionalen Raum der n-stelligen binären Kodewärter. Es sind nur i-Binärziffern voneinander unabhängig, k dagegen von diesen linear abhängig.

Der Abstandsbegriff d nach HAMMING des metrischen Dualraumes ist ein wichtiges Maß für die Störfestigkeit des den Meßwert übertragenden Kodewortes.

Eine weitere Besonderheit der hier benutzten algebraischen Struktur ist die, daß die Struktur Nullteiler-Eigenschaft besitzt. Dies bedeutet, daß für zwei nicht verschwindende Faktoren sich das Produkt Null (hier als Nullwort) ergeben kann.

Für das fehlerfreie Sendewort gilt stets: $z \cdot M_{n,k} = 0$. Alle zugelassenen Sendeworte besitzen also den gleichen Nullteiler $M_{n,k}$, die Kontrollmatrix.

Technisch wirkt das kontrollierende Verbundsystem auf der Empfangsseite als *digitales Sperrfilter*, indem die zugelassenen Kodeworte (alle Kodeworte!!) unterdrückt werden und nur die Fehleranzeige-Worte am Ausgang als Kontrollwort erscheinen in der Gestalt $\varepsilon \cdot M_{n,k}$! Bei bekanntem $M_{n,k}$ läßt sich, wie oben gezeigt, der Fehler ε entdecken und korrigieren.

Damit sind diese Systeme inverse Systeme zu den Korrelatoren, die unter Informationsreduktion die Nutzsignale durchlassen und die Störsignale unterdrücken. Die Korrelatoren haben Bandfiltereigenschaften!

3.3.2.2. *Anwendung der Polynommultiplikation*

Es gibt noch eine zweite Möglichkeit, eine Fehlerkorrektur durch zusätzlichen Kodierungsaufwand zu erreichen: durch die Anwendung der *Polynommultiplikation* als multiplikative Verknüpfung des Verbundsystems. Es wird die *Isomorphie* von Kodeworten mit Polynomen ausgenutzt und dadurch ein Verbundsystem mit einer anderen algebraischen Struktur als in 3.3.2.1. gewonnen. Wir werden nachfolgend sehen, daß wieder die Existenz von Nullteilern bei dieser algebraischen Struktur die Fehlerkorrektur ermöglicht.

Es werden die Binärziffern des Kodewortes (des n-Tupels) zu Koeffizienten eines ihm zugeordneten Polynoms. Jede Binärzahl ist ja selbst eine Potenzsumme mit der Basis 2! Hierzu ein Beispiel: die Binärzahl 1101 bedeutet in klass. Schreibweise nicht anderes als $1 \cdot 2^3 + 1 \cdot 2^2 + 0 \cdot 2^1 + 1 \cdot 2^0 = X^3 + X^2 + 1$, wenn man verallgemeinert X anstelle von 2 als Basis einsetzt. X spielt hier die Rolle einer unbestimmten Größe, die jedoch nicht berechnet werden braucht, sondern hier nur formale Bedeutung hat.

In der Kodierungstheorie ist es aus innermathematischen Gründen üblich geworden, Binärwörter sowie die zugehörigen Polynome nach steigenden Potenzen zu schreiben! Man schreibt also das Kodewort 1101 als Polynom $1 + X + X^3$, eine Schreibweise, die wir übernehmen.

Als additive Verknüpfung der Polynome wird die Addition modulo 2 der Koeffizienten gewählt. Dann besteht eine volle Übereinstimmung zwischen der Addition von Binärzahlen und Polynomen mit den Binärziffern als Koeffizienten, z. B. ergibt:

$$1101 \oplus 1011 = 0110 \quad \text{und} \quad (1 + X + X^3) \oplus (1 + X^2 + X^3)$$

$$= X + X^2, \quad \text{da} \quad 1 \oplus 1 = 0 \text{ ist.}$$

Es werden die Koeffizienten der Potenzen gleichen Grades modulo 2 addiert. Das algebraische Pluszeichen zwischen den Potenzen hat nur formale Bedeutung. Der Ausdruck X^i dient hier zunächst nur zur Kennzeichnung der $1 + i$ten Stelle des Binärwortes. Die erste Stelle entspricht der Potenz X^0, die letzte Stelle n der Potenz X^{n-1}.

Die multiplikative Verknüpfung der Kodeworte ist durch die Polynomschreibweise als der aus der elementaren Algebra übernommenen Polynom-Multiplikation festgelegt. Sie bestimmt nun die Eigenschaften der algebraischen Struktur des Verbundsystems.

Gegenüber 3.3.1. — Matrizenmultiplikation — treten nun Unterschiede auf:

a) Das Produkt zweier Polynome ergibt wieder ein Polynom und damit ein Kodewort.

b) Die Stellenzahl n dieses Kodewortes beträgt $n = i + k - 1$, wenn i und k die Stellenzahlen der Faktoren sind;

$$\text{z. B.} \quad 1101 \cdot 101 = (1 + X + X^3) \cdot (1 + X^2) = 1 + X + X^2 + X^6$$

$$= 111001$$

Man rechnet wie in der gewöhnlichen Algebra:

$$
\begin{array}{r}
1101 \cdot 101 \\
1101 \\
0000 \\
1101 \\
\hline
111001
\end{array}
$$

Falls ein Faktor konstant vorgegeben ist, kann die Multiplikation rein elektronisch laut Abb. 1.15 vorgenommen werden.

c) Die maximale Stellenzahl n wird durch die Nebenbedingung $X^n = 1$ erreicht. Der höchste Polynomgrad ist dann $(n - 1)$. Dies ist notwendig, da infolge der multiplikativen Verknüpfungsoperation der Polynommultiplikation sonst die Menge der resultierenden Produktkodeworte nicht abgeschlossen wäre!

Diese Begrenzung der Menge der Kodeworte bzw. Polynome führt auf eine Ringstruktur, zum Polynomring modulo $X^n - 1$ mit zwei Operationen, der additiven Verknüpfung modulo 2 und der multiplikativen Polynom-Produkt-Bildung.

Bei einer Ringstruktur ergibt die 1. Verknüpfung, hier die Addition modulo 2, eine kommutative Gruppenstruktur (vgl. Abschn. 1.3.3.), die zweite Verknüpfung muß die Bedingung der Abgeschlossenheit der Menge, das assoziative Gesetz und die Existenz eines Eins-Elementes (100 ... 0) erfüllen, dagegen wird nicht die Existenz eines inversen Elementes gefordert.

Mathematisch wird diese Struktur als Restklassenalgebra der Polynome modulo $X^n - 1$ bezeichnet. Eine entscheidende Eigenschaft ist die Abgeschlossenheit der Menge bei beliebiger Wiederholung von Addition und Multiplikationen.

Bemerkung: Die Polynome sind hier in erster Linie Objekte, mit denen nach bestimmten Regeln gerechnet wird, der Funktionscharakter tritt hierbei in den Hintergrund. Er tritt dann auf, wenn man für X eine bestimmte Zahl $X = a$ wählt, der das Polynom $f(a)$ zugeordnet ist.

Für den meßtechnischen Zweck der Erhöhung der Störsicherheit eignet sich diese Struktur, wenn man wie folgt verfährt: Man ordnet einem Informationswort I (mit i-Stellen) ein Polynom $I(X)$ des Grades $i - 1$ zu, die höchste Potenz beträgt X^{i-1}. Die Potenz X^0 ergibt die erste Stelle.

Man wählt einen Kodierungsfaktor — eine Binärzahl — in Form eines „Basispolynoms" $G(X)$.
Das Produkt $I(X) \cdot G(X)$ ergibt das Sendepolynom $S(X)$:

Es gilt:

$$I(X) \cdot G(X) = S(X).$$

Dadurch wird die Kodierungsredundanz eingefügt — als Vorbedingung für eine Erhöhung der Störfestigkeit.

Dadurch wird die Stellenzahl auf n erhöht, aber von den 2^n möglichen Sendekodeworten werden nur einige wenige als zulässig betrachtet, insgesamt 2^i an der Zahl. Es gilt $2^n/2^i = 2^k$.

Bemerkung: Man beachte, daß jede redundante Binärziffer die Zahl der möglichen Kodeworte um den Faktor 2, d. h. auf das doppelte erhöht! Als zulässig wird bei diesem Verfahren jedes Kodewort der Stellenzahl n betrachtet, das den Faktor $G(X)$ in Polynomschreibweise enthält.

Dies ist erfüllt, wenn das Basispolynom irreduzibel für rein binäre Koeffizienten ist.

Aus dem Basispolynom $G(X)$ entstehen durch die Multiplikation mit den linear unabhängigen Informationswörtern 100.0, 010.0, 001.0 usw. bis 000.01, d. h. mit den Potenzen $X^0 = 1, X, X^2 \ldots X^{i-1}$ die linear unabhängigen i Sendeworte (Sendepolynome). Aus diesen lassen sich durch Addition alle 2^i zulässigen Sendeworte bilden.

Die wichtige Nullteilereigenschaft — wie in 3.3.1. bereits zur Konstruktion eines störfesten Kodes benutzt — ergibt sich aus der Zusatzforderung, daß das Basispolynom $G(X)$ ein Teiler des Modul-Polynoms $X^n - 1 = 0$ ist.

Es gilt dann folgende Beziehung: $X^n - 1 = G(X) \cdot H(X) = 0$
$H(X)$ wird als Generatorpolynom bezeichnet und stellt den Nullteiler von $G(X)$ dar, indem $G(X) \cdot H(X) = 0$ gilt.

Es ist demnach:

$$H(X) = \frac{X^n - 1}{G(X)}.$$

Dann gilt aber auch für jedes zugelassene Sendewort:

$$S(X) \cdot H(X) = I(X) \cdot G(X) \cdot H(X) = 0.$$

Das Generatorpolynom $H(X)$ ist also der Nullteiler für alle zugelassenen Sendeworte (in Polynomform geschrieben).

Die Division des empfangenen und möglicherweise gestörten Sendewortes durch das Generatorpolynom ergibt dann und nur dann ein Null-Polynom, wenn die Übertragung fehlerfrei erfolgte. Die Bedingung

$$S(X) \cdot H(X) = 0$$

muß erfüllt sein. Hierbei müssen alle Koeffizienten des Produktpolynoms $S(X) \cdot H(X)$ verschwinden.

Wenn nun ein Fehler auftritt, den wir mit $\varepsilon(X)$ bezeichnen und der mit einem der einstelligen Informationswörter $1000 = 1, 0100 = X, 0010 = X^2$ usw. übereinstimmt, so ergibt die Fehlerkontrolle auf der Empfangsseite:

$$\big(S(X) + \varepsilon(X)\big) \cdot H(X) = S(X) \cdot H(X) + \varepsilon(X) \cdot H(X) = \varepsilon(X) \cdot H(X)$$

als Restpolynom. Da $H(X)$ als Generatorpolynom und Nullteiler vom Basispolynom $G(X)$ dem Empfänger bekannt ist, kann durch die Division des Restpolynoms durch das Generatorpolynom der Fehler $\varepsilon(X)$ erkannt und korrigiert werden!

Die hier in 3.3.2. geschilderten Kode werden als zyklische Kode bezeichnet, da durch eine zyklische Verschiebung stets wieder ein zugelassenes Kodewort entsteht. Dies erklärt sich durch die Identität der Verschiebung nach rechts um eine Stelle mit der Multiplikation mit dem Faktor X, wobei die Potenz X^{n-1} des Polynoms statt in X^n nun in 1 übergeht, da $X^n - 1 = 0$ sein muß. Die letzte Ziffer rechts erscheint als erste Stelle links im Kodewort. Zum Beispiel 1001010 wird 0100101 bzw. für $X^7 = 1$ wird $(1 + X^3 + X^5) \cdot X = X + X^4 + X^6$!

Die zugelassenen Sendeworte, die als Polynom den gemeinsamen Kodierungsfaktor $G(X)$, das Basispolynom, enthalten, bilden ein sogenanntes Hauptideal. Dieses bildet eine Teilmenge der möglichen Kodewörter, derart gekennzeichnet, daß jedes beliebige Element der Gesamtmenge durch die multiplikative Verknüpfung mit einem Element der Teilmenge — des Ideals — in ein Element dieser Teilmenge übergeht. Es gibt wenig Anwendungsbeispiele technischer Art für den in der Algebra so wichtigen Idealbegriff. Hier in der Kodetheorie liegt er nun vor (vgl. PETERSON [14]).

Ausführungs-Beispiel:

Modul-Polynom: $m(X) = (X^7 - 1) = 0$
Basis-Polynom zur Einkodierung: $G(X) = (1 + X + X^3)$ als irreduzibler Teiler von $M(X)$
Generator-Polynom zur Fehlerkontrolle: $H(X) = (1 + X + X^2 + X^4)$
Zugelassene Sendeworte:

$$S(X) = G(X) \cdot (a_0 + a_1 X + a_2 X^2 + a_3 X^3)$$

$$= G(X) \cdot I(X) \quad \text{mit} \quad a_0, a_1, a_2, a_3 \in \{0, 1\}$$

Es ist stets $S(X) \cdot (1 + X + X^2 + X^4) = \emptyset$ ($\emptyset$ = Nullpolynom).
Abb. 3.10 zeigt das Prinzipschaltbild für die Einkodierung und für die Dekodierung auf der Sende- und Empfangsseite. Man benutzt vor und hinter dem Übertragungskanal, der das Störsignal $\varepsilon(X)$ hineinbringt, je einen Polynom-Multiplikator als Verbundsystem.

Auf der Sendeseite wird das Informationswort als Informations-Polynom $I(X)$ mit dem Basis-Polynom $G(X)$ multipliziert, das den Kode bestimmt und fest eingespeichert ist.

Die Stellenzahl des Sendewortes $S(X) = I(X) \cdot G(X)$ ist auf n begrenzt, indem die Nebenbedingung $(X^n - 1) = 0$ eingehalten wird. Auf der Empfangsseite erscheint das durch einen einfachen Fehler gestörte Sendesignal $S(X) + \varepsilon(X) = I(X) \cdot G(X) + \varepsilon(X)$. Es wird mit dem Generator-Polynom $H(X)$ durch das 2. Verbundsystem (= Polynommultiplikator) multipliziert. Das Generator-Polynom $H(X) = \dfrac{X^n - 1}{G(X)}$ ist auf der Empfangsseite bekannt und als Dekodierungspolynom eingespeichert.

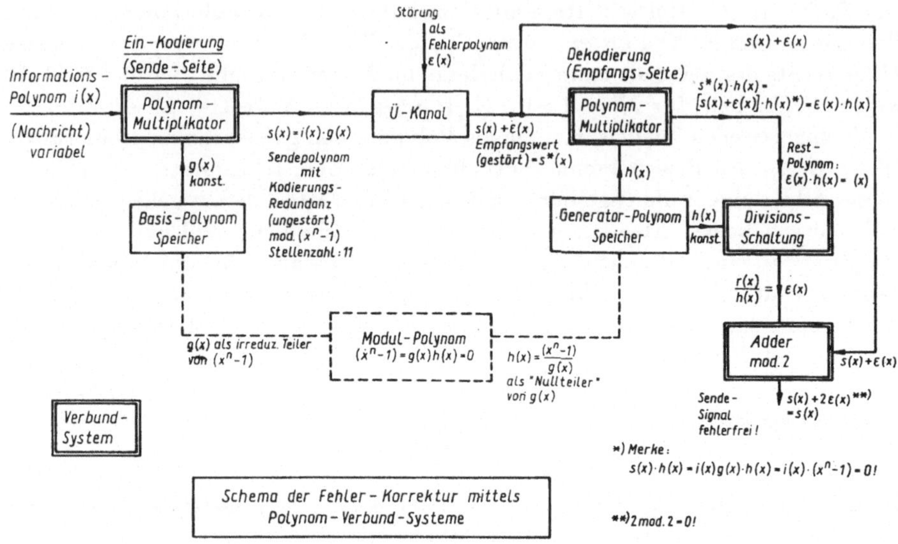

Abb. 3.10. Schaltschema der Fehler-Korrektur mittels Polynom-Verbund-Systemen

Wegen $G(X) \cdot H(X) = X^n - 1 = 0 = 0$ wird das fehlerfreie Sendewort unterdrückt: $I(X) \cdot G(X) \cdot H(X) = I(X) = I(X) \cdot (X^n - 1) = 0$, und es erscheint auf der Ausgangsseite nur das Restpolynom $R(X) = \varepsilon(X) \cdot H(X)$. Durch elektronische Division durch $H(X)$ ergibt sich das Fehlerpolynom $\varepsilon(X)$ selbst. Es wird mittels eines Adders mod. 2 zum gestörten Sendesignal $S(X) + \varepsilon(X)$ hinzuaddiert und

Beispiel der dreistelligen und binären Kodewörter:

000:	Nullelement	(0)	100:	x^2		(4)
001:	1	(1)	101:	1	$+ x^2$	(5)
010:	x	(2)	110:	$x + x^2$		(6)
011:	$1 + x$	(3)	111:	$1 + x + x^2$		(7)

Verknüpfungsoperationen: Addition modulo 2:

$$\begin{array}{c|cc} \oplus & 0 & 1 \\ \hline 0 & 0 & 1 \\ 1 & 1 & 0 \end{array}$$

(„Antivalenz")

algebr. Multiplikation:
(„Und")

$$\begin{array}{c|cc} \cdot & 0 & 1 \\ \hline 0 & 0 & 0 \\ 1 & 0 & 1 \end{array}$$

schließlich erscheint das fehlerkorrigierte Sende-Signal $S(X) + 2\varepsilon(X) = S(X)$ wegen 2 mod 2 = 0.

So wird durch eine sinnreiche Anordnung von Verbundsystemen auf der Basis der Restklassen-Algebra der Polynome die Fehlerkorrektur erreicht.

Schlußbetrachtung

Die vorliegenden Ausführungen haben gezeigt, daß die Prozeßanalyse zur Übertragung und Auswertung von Meßvorgängen oder Meßwertfolgen eine Fülle von algebraischen und statistischen Methoden benutzt. Die Optimierungskriterien sind die Störfestigkeit und die Informationsreduktion. Zur Signalwandlung werden Verbundsysteme benutzt, die eine algebraische Verknüpfungsoperation des Meß-Informations-Flusses mit einem Vergleichsprozeß oder einer Kontroll-Funktion durchführen.

Der Meßingenieur muß einen Überblick über die theoretischen Möglichkeiten der Prozeßanalyse besitzen, die seitens des informatorischen Aspekts angeboten werden. Daneben benötigt er zugleich eine gründliche Kenntnis der zugehörigen Verfahrenstechnik, wobei energetische, stoffliche und andere Gesichtspunkte zur Auswahl der Meßmethoden eine maßgebende Rolle spielen. Letzten Endes entscheidet erst die experimentelle Untersuchung, welche Kenngrößen zur Prozeß-identifizierung und zur Prozeßkontrolle optimal brauchbar sind.

Die Kenntnis der Methoden der Meßstochastik geben jedoch Hinweise auf Entwicklungstendenzen und auf bisher nicht benutzte Möglichkeiten.

Tafel 8 gibt ohne Anspruch auf Vollständigkeit einen Überblick über heute aktuelle Anwendungen der Meßstochastik!

Tafel 8: *Zur Schlußbetrachtung*

Anwendungsgebiete der Meß-Stochastik, spez. der Verbund-Analyse

I. *Industrielle Meßtechnik*
   Elektro-Akustik: Sprachanalyse, Schallanalyse
   Schwingungstechnik: Schadensfrüherkennung an Maschinen, z. B. Turbinen
   Geschwindigkeitsmessungen, z. B. an Walzgut, turbulenten Strömungen, stochastischen Transportprozessen
   Kernreaktortechnik: Neutronenflußkontrolle
   allgem.: Prozeßkontrolle und Prozeßidentifizierung (on line)

II. *Naturwissenschaftliche Forschung*
   Radioastronomie: Messung des Ortes und der räumlichen Ausdehnung von Strahlungsquellen, spez. Radiosternen
   Meteorologie: Messung der Drift der Ionospäre

Spektroskopie: Interferometrie, Laser-Doppler-Anemometrie
Radartechnik: Entfernungs- und Geschwindigkeitsmessung, Windstärke-Bestimmung
über dem Meer,
Raumfahrt: Meßwertübertragung von Satelliten, Navigation und Fernsteuerung,
v-Messung

III. *Medizintechnik*
Objektive Audiometrie und Ophtalmologie durch Potential-Evozierung
EKG-Analyse
Auswertung von Enzephalogrammen
Messung pränataler Herztöne
Automatische Krankenüberwachung

Literaturverzeichnis

Zur Meßtheorie und Meßinformationstechnik

[1] Acta IMEKO VI: "Theory of Measurement Systems". Preprints der WGMA in der KdT, Berlin 1973, Section 1

[2] BALL, G. A.: „Korrelationsmeßgeräte". VEB Verlag Technik Berlin 1968

[3] BARTELS, E.: „Beitrag zur praktischen Systemanalyse mit Korrelationsverfahren". Dissertation an der T. H. Hannover 1966

[4] BEAUCHAMPS, K. C.: "The use of walsh functions in the computer processing of discrete data". Acta IMEKO VI Section 1, Referat B 110

[5] FADDEN, I. A.: "The correlation function of a sine wave plus noise after extreme clippings". Trans IRE, IT (June 1956), Seite 82—83

[6] FINKELSTEIN, L.: "The importance of measurement science". Acta IMEKO VI Suppl. Referat A-1

[7] FRITZSCHE, G.: „Theoretische Grundlagen der Nachrichtentechnik". VEB Verlag Technik, Berlin 1972

[8] HUHNKE, D.: „Die Ermittelung der Dynamik schneller elektrischer Thermometer mit Hilfe der Korrelationsanalyse". Acta IMEKO 1973, Vol. III, B-715

[9] KRAUS, M., und E. G. WOSCHNI: „Meßinformationssysteme, Kennfunktionen Güte-Kriterien, Optimierung". Verlag Technik, Berlin 1975

[9a] KROGMANN, U.: „Das Kalman-Filter, zusammenfassende Darstellung und Diskussion der Filtergleichungen". Internationale Elektronische Rundschau 28 (1974), H. 3, S. 45—49 und H. 4, S. 71—75

[10] LANGE, F. H.: „Korrelationselektronik", 2. Auflage. VEB Verlag Technik, Berlin 1962, engl. "Correlation Techniques", Iliffe Books, London 1967 (erweiterte Auflage)

[11] MESCH, F.: „Systematische Übersicht zur Anwendung von Korrelationsverfahren in der Meßtechnik". Vortrag beim Aussprachetag „Korrelationsmethoden in der Meßtechnik", veranstaltet von der VDI/VDE-Ges. Meß- und Regelungstechnik am 16./17. 2. 76 in Frankfurt/M.

[12] MICHELSEN, K. F.: „Ein Verfahren zur digitalen Messung von statistischen Momenten und Korrelationsfunktionen". Dissertation an der Universität Rostock 1972

[13] MOFFAT, R. J.: "The measurement chain and validation of experimental measurements". Acta IMEKO VI, Section 1, Referat B 103

[14] PETERSON, W. W.: "Error-Correcting-Codes", Verlag John Wiley, New York und London 1961

[14a] SCHMELMOVSKY, K. H.: „Physikalische Modelle der Signaltechnik". Aus „Mathema-

tische Modellbildung in Natur-Wissenschaft und Technik". Akademie-Verlag, Berlin 1976, S. 103—118

[15] STEIN, P.: "Environment-response combinations in measuring system components and the role of statistics". Acta IMEKO VI, Section 1, Referat B 120

[15 a] STRATONOWITSCH, P. L.: „Anwendung der Theorie der Markow-Prozesse für die optimale Signal-Filterung" (russ.). Radiotechnik und Elektronik 1960, Nr. 11, S. 1751 bis 1763

[16] VELTMAN, B. P. TH.: "Linear Correlation Functions With Polarity Correlators". Paper to be presented at the NATO-Advanced Study Institute on Signal Processing with Emphasis on Underwater Acoustics, August 1968. Twente Institute of Technology, Enschede, The Netherlands

[17] VELTMAN, B. P. TH.: "The Correlator as an integrated part of a measuring instrument". Acta IMEKO IV (1967, vol. II, p. 275—283)

[18] VELTMAN, B. P. TH.: "Hardware Implementation of Correlation Measurements". Vortrag auf dem Aussprachetag „Korrelationsmethoden in der Meßtechnik", veranstaltet von der VDI/VDE-Ges. für Meß- und Regelungstechnik am 16./17. 2. 1976

[19] WOLFF, W., und H. GURGEL: „Statistische Verfahren zur Geräuschanalyse", Dissertation an der Universität Rostock 1972

[20] WOSCHNI, E. G.: „Meßdynamik". S. Hirzel-Verlag, Leipzig 1964

[21] WOSCHNI, E. G.: „Meßgrößen-Verarbeitung". S. Hirzel-Verlag, Leipzig 1969

[22] WOSCHNI, E. G.: „Informationstechnik". VEB Verlag Technik, Berlin 1973

[22 a] WRZESINSKY, R.: „Wiener- und Kalman-Filter und ihre Bedeutung für die Nachrichtentechnik". Archiv für el. Uebertragung 27 (1973), H. 2, S. 79—87

Zur Signal- und System-Theorie

[23] AISINOW, M. M. (Аизинов, М. М.): Изданные вопросы теории сигналов и теории цепей. Изд. Связь, Москва 1971

[24] BERG, L.: „Operatorenrechnung" I: Algebr. Methoden, II: Funktionentheoretische Methoden, Deutscher Verlag der Wissenschaften, Bln. 1974

[25] BÖSSWETTER, C.: „Signalanalyse und -Synthese mit Walshfunktionen". Frequenz 25 (1971), H. 1, S. 9—14; H. 2, S. 37—46

[26] BÖSSWETTER, C.: „Erzeugung von Walshfunktionen". Nachr. techn. Zeitschrf. 23 (1970), S. 201—207

[27] DOLEŽAL, V.: "Dynamics of linear systems". Academia, Prag 1967

[28] FINE, N. J.: "On the Walsh-Functions". Trans-Am-Math. Soc. Bd. 65 (1949), S. 372 bis 414

[29] FRANKS, L. E.: "Signal Theory". Prentice-Hall, Englewood 1969

[30] FRITZSCHE, G.: „Systeme, Felder, Wellen". VEB Verlag Technik, Berlin 1975

[31] HAAR, A.: „Zur Theorie der orthogonalen Funktionen". Mathematische Annalen Bd. 69 (1910), S. 331—371

[32] HARMUTH, H. F.: "Transmission of Information by Orthogonal Functions". Springer Verlag, Berlin 1972

[33] KÄMMERER, W.: „Einführung in mathem. Methoden der Kybernetik", Akademie-Verlag, Berlin 1971

[34] KLAUS, G.: „Wörterbuch der Kybernetik". Dietz Verlag, Berlin 1968

[35] KLEIN, W.: „Mehrpol-Theorie". Akademie-Verlag, Berlin 1975

[35a] KLEIN, W.: "Finite Systemtheorie". B. G. Teubner, Stuttgart 1976

[36] KÜPFMÜLLER, K.: „Systemtheorie der el. Nachrichtentechnik". Verlag S. Hirzel, Stuttgart 1952

[37] LANGE, F.H.: „Signale und Systeme". Bd. I: Spektrale Darstellung, Bd. II: Gesteuerte elektronische Systeme", Bd. III: s. [62]

[38] PESCHEL, M. u. G. WUNSCH,: „Methoden und Prinzipien der Systemtheorie". VEB Verlag Technik, Berlin 1972

[39] PICHLER, F.: „Mathematische Systemtheorie". Verlag Walter de Gruyter, Berlin 1975

[40] PICHLER, F.: „Zur Theorie verallgem. Faltungs-Systeme — dyadische Faltungs-Systeme und Walshfunktionen", „Elektr. Informationsverarbeitung und Kypernetik", VEB Verlag Technik, Berlin 1974

[41] RADEMACHER, F.: „Einige Sätze über Reihen von allgemein orthogonalen Funktionen". Mathematische Annalen, Bd. 87 (1922), S. 112—138

[42] REINISCH, K.: „Kybernetische Grundlagen und Beschreibung kontinuierlicher Systeme der automatischen Steuerung". VEB Verlag Technik, Berlin 1974

[43] SCHÜSSLER, H. W.: „Digitale Systeme zur Signalverarbeitung". Springer-Verlag, Berlin 1973

[44] SCHIRMAN, J. D.: „Signal-Entscheidung und Signal-Kompression". Verlag sowjet. Radio, Moskau 1974 (russ.)

[44a] STÜRZ, CIMANDER: „Automaten". Theorie und Anwendung in der digitalen Schaltungstechnik. VEB Verlag Technik, Berlin 1972

[45] WAGMAN, J. L.: „Strukturierte Signale und das Unbestimmtheit-Prinzip der Funkortung". Verlag Sowjet. Radio, Moskau 1974 (russ.)

[46] WALSH, J. L.: "A closed set of normal orthogonal functions". Amer. J. Mathem. Bd. 45 (1923), S. 5—24

[47] WUNSCH, G.: „Systemtheorie der Informationstechnik". Akadem. Verlagsgesellsch. Geest u. Portig, Leipzig 1971

[48] WUNSCH, G.: „System-Theorie". Akadem. Verlags-Ges. Geest u. Portig, Leipzig 1975

[49] WUNSCH, G.: „System-Analyse". Bd. 1: Lineare Systeme. VEB Verlag Technik, Berlin 1972

[50] ZADEH, A. L., u. CH. DESOER: "Linear System Theory". Mc. Graw Hill, New York 1965

Zur Wahrscheinlichkeitstheorie, Informationstheorie und Stochastik

[51] ACKERMANN, W. G.: „Einführung in die Wahrscheinlichkeitsrechnung". S. Hirzel Verlag, Leipzig 1955

[52] BARTLETT, M. S.: "Stochastic Processes". Cambridge University Press 1956

[52a] CHARKEWITSCH, A. A. (Харкевич, А. А.): „Борьба с помехами". Изд. Наука, Москва 1965. (dt. Übersetzung: Der Kampf gegen Störungen. Oldenbourg-Verlag München 1968)

[53] FEY, P.: „Informationstheorie". Akademie-Verlag, Berlin 1963

[54] FISZ, M.: „Wahrscheinlichkeitsrechnung und mathem. Statistik". Deutscher Verlag der Wissenschaften, Berlin 1958

[55] GILOI, W.: „Simulation und Analyse stochast. Vorgänge". R. Oldenbourg-Verlag, München 1966

[56] GRINTEN, P. M. E. M., VAN DER: „Stochastische Prozesse in der Meß- und Regelungstechnik". R. Oldenbourg-Verlag, München 1965

[57] JAGLOM, A. M.: „Einführung in die Theorie stationärer Zufallsfunktionen". Akademie-Verlag, Berlin 1959

[58] JAGLOM, A. M. und I. M.: „Wahrscheinlichkeit und Information". Deutscher Verlag d. Wissenschaften, Berlin 1965

[59] KEMPE, V.: „Analyse stochastischer Systeme". WTB Nr. 137. Akademie-Verlag, Berlin 1976

[60] KEMPE, V.: „Theorie stochastischer Systeme". WTB Nr. 136. Akademie-Verlag, Berlin 1974

[61] KUGLER, J.: „Beitrag zur Erfassung nichtstationärer stochastischer Prozesse". Dissertation an der T. H. Magdeburg 1976

[62] LANGE, F. H.: „Signale und Systeme, Band 3: Regellose Vorgänge". VEB Verlag Technik, Berlin 1973

[63] LANGE, F. H.: „Korrelationselektronik". VEB Verlag Technik, Berlin 1962, 2. Auflage

[63a] LANGE, F. H.: „Signaltheorie und Störfestigkeit". Nachrichtentechnik/Elektronik 27 (1977), H. 9, S. 371—372

[64] LONGO, G.: "Quantitative-qualitative measure of information". Internat. Centre of mechan. sciences (Sommerkurs in Undine). Springer-Verlag 1972

[65] MÜLLER, P. H.: „Wahrscheinlichkeits-Rechnung und mathem. Statistik-Lexikon der Stochastik". Akademie-Verlag, Berlin 1975. „Tafeln der mathem. Statistik". VEB Fachbuch-Verlag, Leipzig 1973

[66] NEIDHARDT, P.: „Informationstheorie und automatische Informationsverarbeitung". VEB Verlag Technik, Berlin 1964

[67] PETERS, J.: „Einführung in die allgemeine Informationstheorie". Springer-Verlag, Berlin 1967

[68] PHILIPPOW, E.: „Taschenbuch Elektrotechnik" Band 3, Nachrichtentechnik. 1. Spezielle Theorien der Nachrichtentechnik". VEB Verlag Technik, Berlin 1969

[69] PUGATSCHEV, W. S. (Пугачев, В. С.): „Теория случайных функций". Наука Москва 1962

[70] ROSANOW, J. A.: „Stochastische Prozesse" Akademie-Verlag, Berlin 1975

[71] ROSANOW, J. A.: „Wahrscheinlichkeitstheorie". WTB Nr. 68. Akademie-Verlag, Berlin 1972

[72] SCHADACH, D. J.: „Biomathematik". WTB Nr. 83. Akademie-Verlag, Berlin 1971

[73] SCHLITT, H.: „Systemtheorie für regellose Vorgänge". Springer-Verlag, Berlin 1966

[74] SCHULZ, G.: „Informationstheorie mit Bewertung". Wiss. Zeitschrift d. Humboldt Univer. Berlin XX (1971), S. 175—183

[75] SHANNON, CL.: "A mathematical theory of communication". Bell System Techn. Journ. 27 (1948), H. 7, S. 398ff.

[76] STEMPELL, D.: „Programmierte Einführung in die Wahrscheinlichkeitsrechnung“. Verlag die Wirtschaft, 4. Aufl., Berlin 1972
[77] TAKACS, L.: „Stochastische Prozesse“. R. Oldenbourg-Verl., München 1966
[78] TEMBROCK: „Biokommunikation“. Akademie-Verlag, Berlin 1971
[79] WUNSCH, G.: „Systemanalyse“, Band 2. Statistische Systemanalyse. VEB Verlag Technik, Berlin 1973
[80] ZEMANEK, H.: „Elementare Informations-Theorie“. Oldenbourg-Verlag, Wien u. München 1959
[81] ZECHA, M.: Energiespektrum und Auflösungs-Vermögen von Ortungs-Signalen. Nachrichtentechnik/Elektronik 27 (1977), H. 10, S. 407—410

Symbolverzeichnis

Vorbemerkung: Die benutzten Formelzeichen sind weitgehend der gängigen Fachliteratur angepaßt. Die daraus sich ergebenden Mehrdeutigkeiten werden durch den Begleittext geklärt.

a	Binärsignal
a_i	Koeffizient einer nicht-linearen Kennlinie
$A(X)$	Polynom-Kodewort
A	Systemmatrix der Zustandsbeschreibung
b	Binärsignal
$B(X)$	Polynom-Kodewort
B	Steuermatrix der Zustandsbeschreibung
B	Bandbreite
c	Binärsignal
C	Beobachtungs-Matrix der Zustandsbeschreibung
$C(X)$	Polynom-Kodewort
C	Kapazität in F
c	Lichtgeschwindigkeit
D	Durchgangsmatrix der Zustandsbeschreibung
E	Erwartungswert, statist. Mittelwert im Ensemble
f	Frequenz
f_g, f_0	Grenzfrequenz
$f(t)$	Zeitfunktion
$F(s)$	Bildfunktion
$\mathscr{F}$	FOURIER-Transformation
$\mathscr{F}_{-1}$	inverse FOURIER-Transformation
F	Informationsfluß in bit/s
$g(t)$	Impulsreaktion, Gewichtsfunktion eines lin. Systems
$G(j\omega)$	Frequenzgang eines lin. Systems
$G(X)$	Basispolynom
h_{ij}	Koeffizient der H-Matrix
H	Informationsentropie in bit/Symbol
$H(X)$	Generatorpolynom
i, I	elektr. Strom in A
I	Entscheidungsgehalt, Kodierungsaufwand eines Symbols
$I(X)$	Informationswort-Polynom
$J_i(\Delta\varphi)$	BESSEL-Funktion i-ter Ordnung des Arguments $\Delta\varphi$
$\mathscr{L}$	LAPLACE-Transformation
$\mathscr{L}_{-1}$	invere LAPLACE-Transformation
ld	dyadischer Logarithmus (= lb)

L	Binärsignal (auch 1)
m	Modulationsgrad bei AM
M_i	Moment i-ter Ordnung
$M(p)$	Zählerpolynom
$M_{n,k}$	Matrix in n Reihen und k Spalten
n	skalarer Faktor
N	Anzahl von Meßereignissen
$N(p)$	Nenner-Polynom
Op{ }	Operator
$p = \sigma + j\omega$	komplexe Frequenz
$p(x)$	Wahrscheinlichkeits-Verteilungsdichte
$P(x_i)$	Wahrscheinlichkeit eines Ereignisses x_i
$P(X/Y)$	bedingte Wahrscheinlichkeit von X beim Auftreten von Y
P_{ges}	Gesamtleistung
P_{st}	Störleistung
P_n	Nutzleistung
q	Stellenzahl eines binären Kodewortes
Q_{inf}	Informationsmenge in bit
$r(t)$	Störrauschen
R	Wirkwiderstand in Ohm
$s_i(x) = \dfrac{\sin x}{x}$	Spaltfunktion
sp	Matrix-Spalte
$S(f)$	Leistungs-Spektrum
$S(X)$	Sendewort-Polynom
t	Zeitvariable
T	Zeitintervall, Impulsdauer
u_i	Nützlichkeitskoeff. von LONGO
u, U	elektr. Spannung
v_i, V_i	Bewertungskoeffiz. von LONGO
V	Symbolfluß in Symbolen/s
v	Objekt-Geschwindigkeit
wal	WALSH-Funktion
W	WALSH-Matrix
w_i	Bewertungskoeffizient von SCHULZ
$x(t)$	Zeitfunktion einer Prozeß-Realisierung
$\overline{x(t)}$	Mittelwert von x im Zeitbereich
$\hat{x}$	statistischer Mittelwert von x
$x_e(t)$	Eingangs-Signal
$x_a(t)$	Ausgangs-Signal
$\hat{X}$	Scheitelwert
X	Polynom-Unbekannte
z	binäres Ausgangs-Signal eines log. Bauelements
$\oplus$	Addition modulo 2
$\delta(t)$	DIRAC-Impuls
Δf	Bandbreite
$\Delta\varphi$	Phasenhub
$\Delta\Omega$	Frequenzhub bei FM
Δt	Abtast-Zeitintervall
η	Wirkungsgrad, Einheitswurzel
φ_0	Phasenwinkel
$\varphi_n(t)$	Standardsignal für Signalanalyse
$\varrho(\tau)$	normierte Korrel. Funktion
σ	Streuung, Charakter einer Gruppe

$\sigma = \mathrm{Re}(p) =$ Dämpfungskonstante		Ω	Hochfrequenz, Trägerfrequenz
τ	Zeitverzögerung, Zeitdifferenz	χ	Charakter einer dyadischen Gruppe
$\omega = 2\pi f$	Kreisfrequenz (auch abgekürzt als Frequenz im Text bezeichnet)	$\chi(\tau, \Delta\Omega)$	AMBIGUITY-Funktion
		$\Psi(\tau)$	Korrelationsfunktion
ω	Niederfrequenz	$\psi_n(t)$	LAGUERRE-Funktion

Bemerkung zur Begriffs-Definition (nach G. Fritzsche): Es werden die *Kenngrößen* aus den Meßwerten abgeleitet. Hierbei sind die *Kennwerte* als Funktionale und die *Kennfunktionen* (als parameterabhängige Kennwerte) zu unterscheiden.

Sachwortverzeichnis